知りたい！サイエンス

地球とヒトと微生物

身近で知らない驚きの関係

山中健生＝著

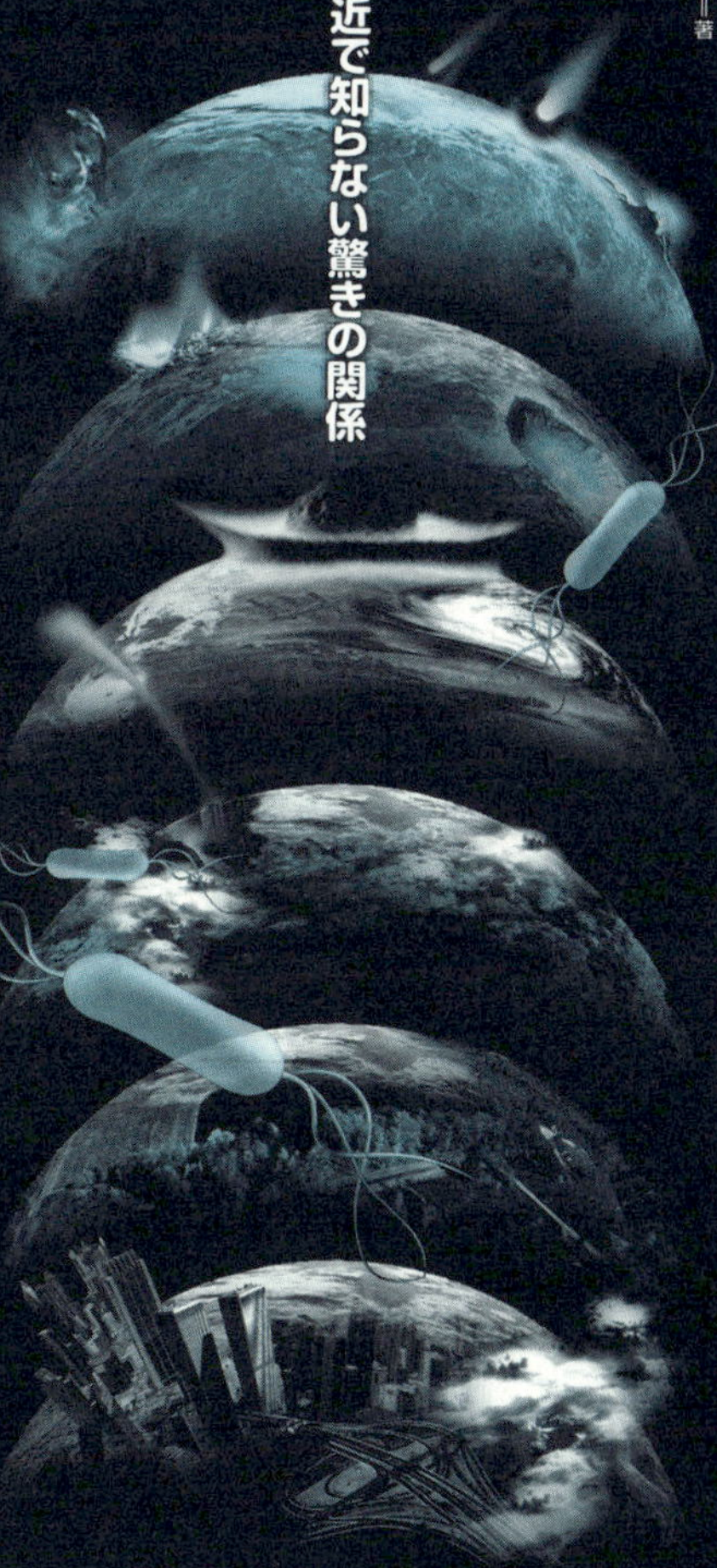

ヒトが生きていく上で欠かせないもの、それが**微生物**。
肉眼では見えない**小さな生き物**が、**地球**という大きなものに多大なる影響を与えている。
微生物と**地球**の関係とは？　それが**ヒト**の生活にどう関わっているのか？
そういう関係を追求するのが「**生物地球化学**」。
「**生物地球化学**」を通じて、**微生物**を介した**地球**と**ヒト**の**相互作用**を見てみよう。

技術評論社

はじめに

細菌（バクテリア）、カビ、酵母などの微生物は、私たちの周辺に沢山棲んでいて、私たちに利益をもたらしたり、害を与えたりします。

まず、微生物は有機物ごみを分解して地球の表面（海中を含む）を清掃してくれます。日本酒は、コウジ菌というカビと酵母を使って造ります。もちろんビールやワインなども酵母を使って造りますし、味噌や醤油もコウジ菌の力を利用して造ります。ヨーグルトは乳酸菌を利用して造りますし、チーズは乳酸菌とほかのいろいろな細菌の力（場合によってはカビの力も）を利用して造るのです。さらに、アミノ酸は細菌の力を利用して、抗生物質も細菌やカビの力を利用して造ることができます。

しかし、微生物の中には、私たちに害を与えるものも沢山います。結核菌やコレラ菌、大腸菌O157などの病原菌は、多くの読者の方がご存知でしょう。ところが、私たちに害を与える細菌で、皆さんがご存知ないだろうと思われるケースがわかってきました。

たとえば、細菌がコンクリートを腐食してぼろぼろにすることなど、読者の皆さんは、にわかには信じられないかもしれません。ましてや、細菌が家を破壊するという話になると「そんなことはありえない」とおっしゃるでしょう。たしかに細菌1個の力は、きわめて弱いのです。しかし、床下の土の中に、硫酸還元菌、硫黄酸化細菌、好酸性鉄酸化細菌という3種の細菌が、1立方メートルあたり10^{14}個くらい棲んでいると、ある条件下では地面の不均等な隆起が起き、ひどい場合は48センチメートルも土が盛り上がることがわかっています。そして、細菌が造る硫酸によって、地面上で柱を支えている束石がぼろぼろに崩れ落ちて柱が傾いたり、敷居がそったりして、家ががたがたになるのです。これが宅地の盤膨れによる家屋の被害で、実際、福島県いわき市周辺では1000戸近くの住宅や工場がこの被害にあっています。細菌というと病原菌を思いうかべ、悪いやつだとお考えの方も多いだろうと思いますが、さらに家を壊すとあっては、「細菌はやっぱり悪いことをする」という思いを強めることでしょう。

しかし、細菌をふくむ微生物は、地球上の〝有機物ごみ〟を分解して環境をきれいにしてくれる大切な存在です。さらに、たとえば、窒素ガスをアンモニアに変化させて植物に供給する細菌がいるほか、アンモニアから亜硝酸塩を経て硝酸塩にして再び窒素ガスにする窒素の循環に、数種の細菌が関与しています。また、硫化水素が単体硫黄を経て硫酸になり、再び硫化水素になる硫黄の循環にも、数種の細菌が関与しているのです。このような物質循環に関与している細菌には、無機物だけで生きることのできる無機栄養細菌（独立栄養細菌）が多いのです。無機栄養細菌には、ほかに、pH2・0で二価鉄を酸化する好酸性鉄酸化細菌というのもあり、電極からの電子を食べて生育することもできるという面白い細菌です。この細菌は、鉱石から金属を浸出するバクテリアリーチングに応用されたり、金属の湿式製錬に応用されたりしています。筆者は、約40年間、このような無機栄養細菌の研究をしてきました。本書では、主に無機栄養細菌の特徴などを述べ、その地球環境および人間との関係について述べてみようと思います。

地球の表面（海底、大気をも含む）には様々な微生物が生息していて、人間はそれらのおかげで生きてゆくことができるともいえます。微生物の中には病原菌など人間にとって都合の悪いものもありますが、ここでは地球環境と密接に関係した微生物を取り上げ、それらが人間の生活にどのように関わっているかを考えたいと思います。このように（微）生物を介した人間と地球の相互作用を研究する学問分野を「生物地球化学」といいますが、本書ではその一端をご紹介することができると思います。

第1章では、微生物はどんなものを食べて生きているか、いろいろな微生物の栄養様式について述べます。ヒトや動物は、有機物を酸素ガスで酸化した際に遊離されるエネルギーを利用して生命過程を支えており、多くの微生物も同じような様式で生命過程を支えています。しかし、微生物の中には、無機物を酸素ガスで酸化して生命過程に必要なエネルギーを獲得しているものや、有機物や無機物を酸素ガス以外の無機物、たとえば硫酸塩や硝酸塩で酸化してエネルギーを得ているものもあります。さらに、酸素ガスの利用できない条件下で、有機物を有機物により、あるいは無機物を無機物によって酸化し、発酵という過程でエネルギーを得ている微生物もあります。癌細胞も発酵に似た過程で増殖に必要なエネルギーを得ています。

第2章では、微生物が生命過程に必要なエネルギーを得るための舞台装置ともいえる電子伝達系を構成するシトクロムというタンパク質について解説します。シトクロムにはヘムという鉄を含んだ有機化合物が結合しています。癌細胞ではヘムの生合成過程が抑制されており、それが癌組織の切除する場合に役立っていることも紹介します。

第3章では、窒素循環に関与する細菌について考察します。窒素ガスをアンモニアに変える窒素固定菌の細胞内で、窒素ガスの還元を触媒するニトロゲナーゼという酵素は、酸素ガスに対して極めて弱いのが普通です。ところが、窒素固定菌の中には、呼吸のためにどうしても酸素ガスを必要とするものがあります。このような窒素固定菌が矛盾をどのように解決しているかについても述べます。また、アンモニアは、アンモニア酸化細菌によって亜硝酸（塩）を経て硝酸（塩）へと酸化されますが、この一連の反応がスムーズに進行しなかったため、亜硝酸が蓄積してハウス内の野菜が全滅したことや、江戸時代には硝化細菌を使って火薬の原料である硝石を造っていたことを紹介します。さらに、硝化に関連して、ヒトの体組織内でも一酸化窒素が生合成されることや、この一酸化窒素が、動脈を拡張させせて狭心痛を治すことや、ペニスの勃起に関係していることにも触れます。

第4章では硫黄の循環に関わる細菌について述べます。硫酸塩を還元して硫化水素を造る硫酸還元菌は、硫化水素によっていろいろな被害をもたらしますが、この細菌の生息した足跡から、生命の起源の古さを探ることができるのです。また、結核菌は毒性（病原性）を発揮するために特別な硫黄化合物を造る必要があり、細菌体内で硫酸塩を還元して硫化水素を造ります。この細菌では、硫化水素は直ちに硫黄を含む化合物の生成に使われますが、このような反応系はヒトにはないので、この系の酵素をターゲットとして薬を開発すれば、副作用がないか、きわめて小さい結核治療薬ができるのではないかと欧米では考えられています。さらに、癌細胞には硫化水素やメタンチオールなどの含硫ガスが存在することがわかりました。癌組織からこれらの含硫化合を除去すれば、癌の治療ができる可能性があります。また、硫化水素を酸化する硫黄酸化細菌は、硫酸を造り、硫酸還元菌と組んでコンクリートを腐食するので、硫化水素の濃度の高い下水処理施設のコンクリートの表面は数年間でぼろぼろに壊れる場合があります。

第5章では、二価鉄を酸化する細菌と三価鉄を還元する細菌について述べます。二価鉄を酸化する細菌はバクテリアリーチングなどに応用されます。三価鉄を還元する細菌の中には、ほかの金属をも還元できるものがあり、金の化合物を還元して金属の金、つまりピカピカ光る金の生成に関わっているものについても述べます。さらに、磁石を持つ磁性細菌は、北半球に棲むと地球の北極へ向かって移動しますが、南半球に棲むと地球の南極へ向かって移動することを紹介します。

第6章では、炭素の循環と微生物の関係について考えてみます。二酸化炭素を消費するのは、もちろん熱帯雨林が強力な存在ですが、海洋に棲む藻類やシアノバクテリアも二酸化炭素の消費では劣らぬ力があります。高等植物にはC_3植物とC_4植物があり、両者は二酸化炭素の捕まえ方が違っているために、成長速度などが違うことを紹介します。温室効果が極めて大きいメタンを生成する微生物や、その微生物によるメタンの発生を抑制する方法についても考察します。

第7章では、古細菌について述べます。古細菌には、100℃で生育するなど、生物にとっての極限環境で生きているものが多く、これらは地球マグマが地表（海底をも含めて）に顔をのぞかせているようなところに棲んでいるものが多いことについて考察します。

そして、最後の第8章では、生命の起源当時の生物は何を食べていたかを考えてみます。その当時の生物は、少なくともグルコースを食べて生命過程に必要なエネルギーを造ることはできなかったというのが筆者の考えです。

なお、微生物の学名の発音を片仮名で記しておきましたが、それらはラテン語の発音に忠実であるよりも、むしろわが国の研究者がよく用いている発音にできるだけ従いました。

2015年2月

山中　健生

CONTENTS

第3章

自然界における窒素の循環と細菌たち……51

第4章

自然界における硫黄の循環と細菌たち……117

第1章

微生物とは何か

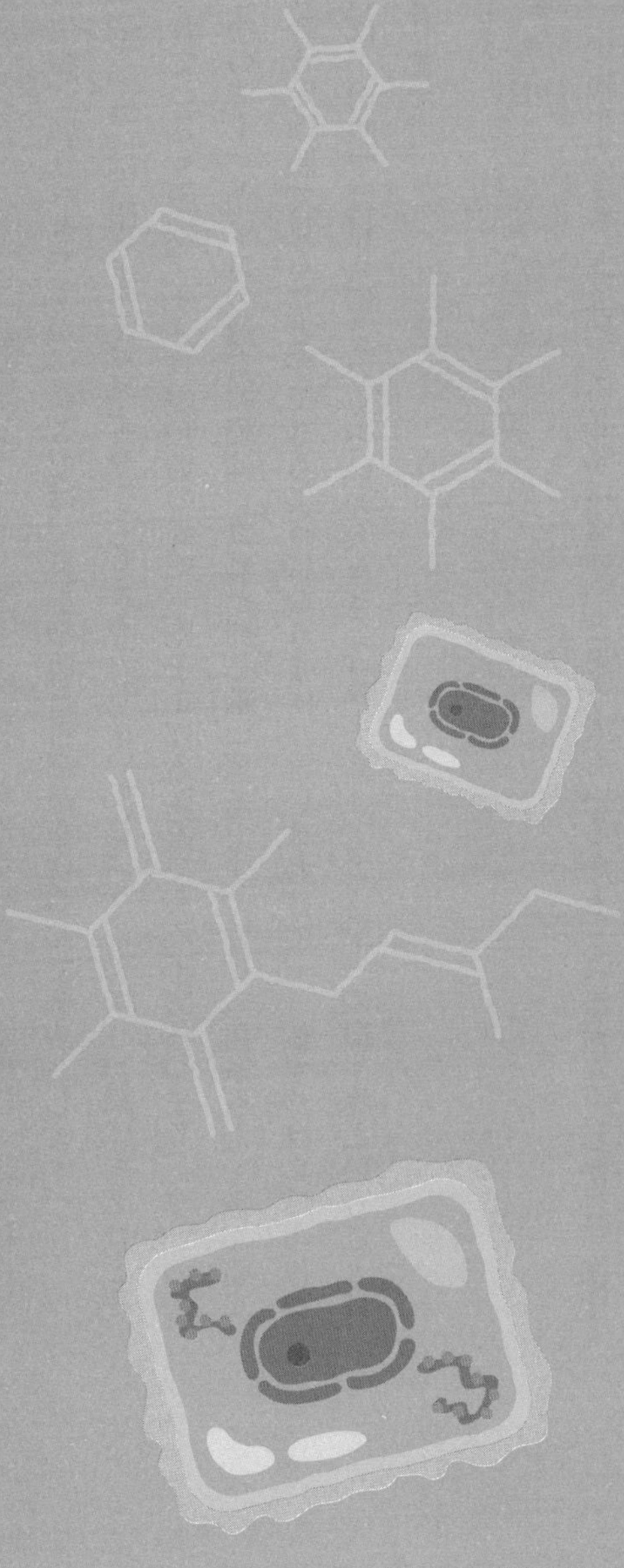

1-1

肉眼では見えない生物

微生物とは、顕微鏡を用いないと肉眼では見えないくらいの大きさの生物のことで、細菌（バクテリア）、カビ、酵母、キノコ、原生生物などが含まれます。細菌は、正確には原核生物というべきですが、ここでは、真正細菌と古細菌を合わせて細菌とします。

「キノコは肉眼でも十分見える」と考える方も多いでしょう。実は、一般にキノコと呼ばれているものは、キノコの特別の姿で、胞子を作る装置である子実体つまり「傘」のことなのです。キノコの通常の姿は、カビと同じ細い菌糸です。カビの菌糸もたくさん絡まり合うと肉眼で見ることができるようになります。というわけで、一個ずつばらばらになれば、肉眼では見えにくいくらいの大きさ（直径1ミリメートル以下）の微生物ということになります。

原核生物と真核生物

「生物を大きさで区別する必要はない」と思う人もいるかもしれません。しかし、微生物の世界は、ただ小さい生物の集まりというだけではありません。そこには細胞構造の異なる2種類の生物が含まれています。

真正細菌（大腸菌のような普通の細菌）と古細菌は、核膜に包まれた明確な核を持ちませんが、核様体を持ち、原核生物と呼ばれます。古細菌については、第7章で述べますが、しばらくの間、とくに真正細菌と古細菌を区別する必要のない場合は、細菌と原核生物は同義語として話を進めます。一方、カビ、酵母、キノコ、原生生物（高等動植物も含みます）は、その細胞が分裂していないときは核膜に包まれた明確な核を持つため、真核生物と呼ばれます（図1-1）。

抗生物質への挙動が違う

真正細菌と真核生物は、抗生物質に対する挙動が非常に異なります。

たとえば、適当な濃度のストレプトマイシン（抗生物質のひとつ）は、真正細菌の生育を阻害します。しかし、真核生物の生育は阻害しません。したがって、真正細菌の感染による病気には、ストレプトマイシンは副作用の少ない良い薬[*1]ということになります。

一方、カビや酵母の感染で起きる病気には、副作用が少なくて良く効く薬は少ないのです。というのも、ヒトもカビや酵母と同じ真核生物ですから、カビや酵母をやっつける薬はヒトにも作用し、副作用が現われるのです。

抗生物質の中でも、ペニシリンとその誘導体は、ほとんどの細菌の細胞壁を作るペプチドグリカンという物質の生合成を阻害します。とくにこの物質からなる分厚い細胞壁を持

＊1　**良い薬**
ただし、真核生物の細胞の中にある細胞小器官「ミトコンドリア」は真正細菌のような性質を持っており、これがストレプトマイシンの作用を受けるので、ストレプトマイシンは原理的に副作用ゼロの薬ではありません。

図 1-1　**細菌と真核生物の細胞の比較（模式図）**
（細胞内の構造は原核生物と真核生物の特徴を比較するのに必要なもののみを描いた）

(A) 光合成をしないグラム陰性細菌（グラム陽性細菌は細胞壁外膜がなく、ペプチドグリカンの層が厚い。また、ペリプラズムはほとんどない）

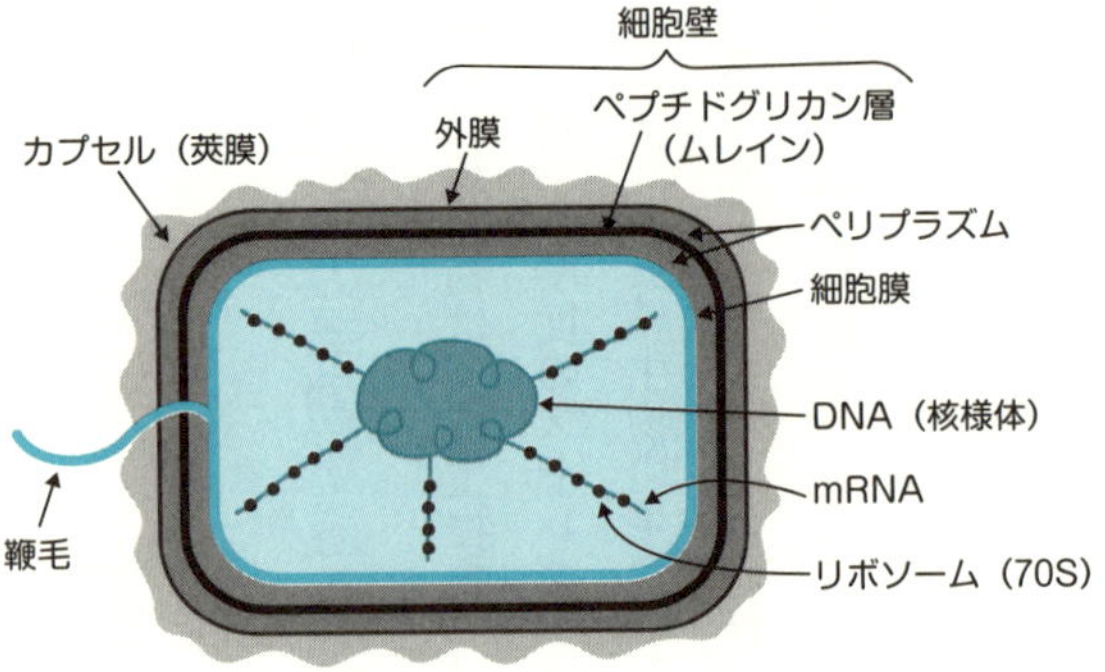

(B) 光合成をしない真核生物（とくに動物）の細胞

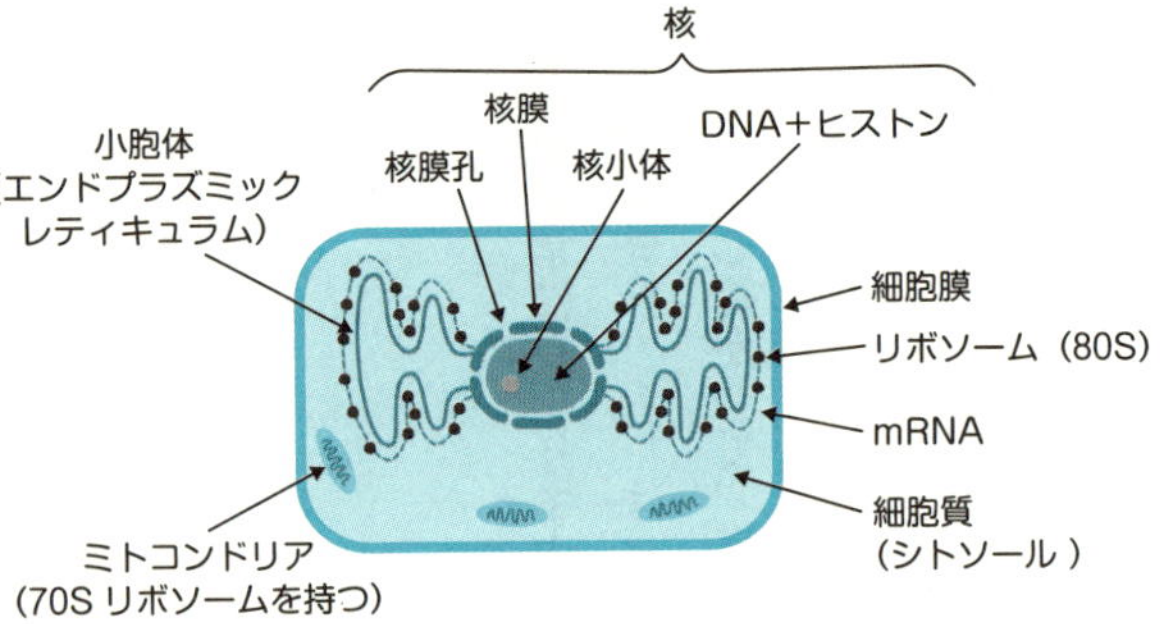

(C) 光合成をする真核生物（植物）の細胞

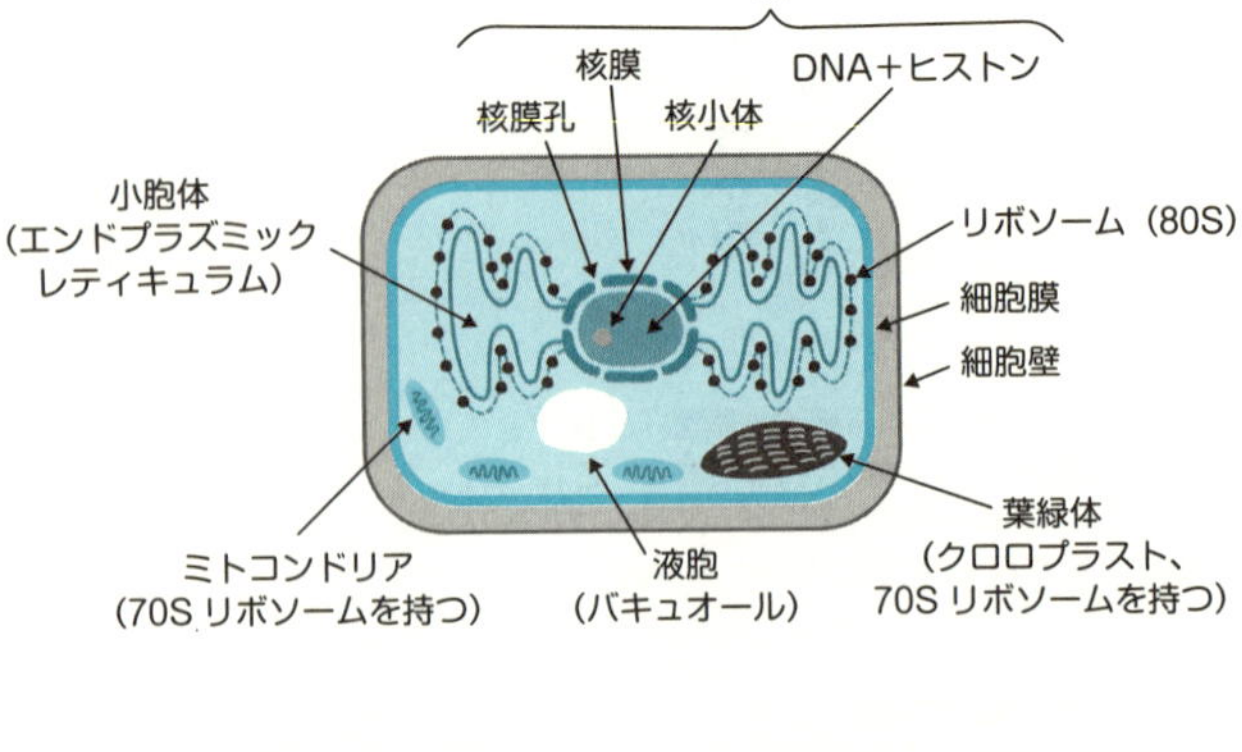

つグラム陽性細菌*2の生育を阻害します。ペプチドグリカンはヒトの細胞には存在しないので、これらの抗生物質は原理的には副作用のきわめて少ない薬*3と考えられます。なお、古細菌は原核生物ですが、ストレプトマイシンによって生育が阻害されないことから真正細菌とは違います。

このように、微生物の世界は2種類の細胞構造を持つ生物の集まりだという特徴があることがおわかりになるでしょう。

1-2 微生物は何を食べるか

人間が生きてゆくためには、食物を食べなければなりません。食物から生体構成物質など必要な物質を生合成することはもちろんですが、食物から得られる物質を酸素ガスで酸化し、その際に遊離されるエネルギーで生命過程（生体物質の生合成や運動など）を支えるためでもあります。このエネルギーは、ほとんどの場合、ATP（アデノシン5′－三リン酸）という化合物の中に蓄えられます。そして、必要に応じてATPをADP（アデノシン5′－二リン酸）へ分解することによって取り出されます。

＊2　**グラム陽性細菌**
グラム染色という染色法による細菌分類のひとつ。細胞壁の外膜を持たず、分厚いペプチドグリカン層（真正細菌細胞壁の主要成分）があることが特徴。

＊3　**副作用のきわめて少ない薬**
しかし、残念ながらこれらの抗生物質に対して容易に耐性菌が出現します。

微生物も生きてゆくためには餌を食べなければなりません。ヒトと同じように有機物の餌を酸素ガスで酸化してATPを作る場合もありますが、無機物の餌の場合もあります し、酸素ガスの代わりに硝酸塩や硫酸塩を用いて餌である有機物や無機物を酸化することもあります。さらに、有機物を有機物で酸化してATPを作る微生物や、光のエネルギーを利用してATPを作る微生物もいます（表1-1）。

光なしで有機物を食べる微生物

光を利用せずに、有機物を酸素ガスで酸化してATPを作るのは、微生物に限ったことではありません。ヒトや動物もこのようにしてATPを作ります。細菌にも有機物を酸素ガスで酸化してATPを作るものが多いのですが、硝酸塩や硫酸塩などで有機物を酸化してATPを作ったり、有機物を有機物で酸化したり、有機物の水素原子を水素分子として取り除くことで有機物を酸化してATPを作るものもあります。また、少数のカビも有機物を硝酸塩で酸化してATPを作ります。このように、光を利用せずに有機物を酸化してATPを作る（微）生物を、「化学有機栄養（微）生物」または「従属栄養化学合成（微）生物」といいます（図1-2）。

微生物には、「好気性微生物」と「嫌気性微生物」があり、さらに嫌気性でもあり好気性でもある「任意嫌気性（または通性嫌気性）微生物」があります。

表 1-1　種々の微生物の栄養様式

酸化される物質	酸化する物質またはエネルギー	栄養様式の呼び名	ATPの生成過程	微生物（群）の例
有機物	酸素ガス	化学有機栄養	（酸素）呼吸	枯草菌、アオカビ、ゾウリムシ
有機物	硝酸塩	化学有機栄養	硝酸呼吸	脱窒素菌
有機物	硫酸塩	化学有機栄養	硫酸呼吸	硫酸還元菌
有機物	有機物	化学有機栄養	発酵	嫌気条件下の酵母、乳酸菌
有機物	水素ガスの放出※	化学有機栄養	発酵	クロストリジウム属細菌
無機物	酸素ガス	化学無機栄養	（酸素）呼吸	アンモニア酸化細菌、硫黄酸化細菌
亜硫酸塩	亜硫酸塩	化学無機栄養	発酵	デスルホビブリオ・スルホジスミュータンス
チオ硫酸塩	硝酸塩	化学無機栄養	硝酸呼吸	チオバチルス・デニトリフィカンス
水素ガス	二酸化炭素	化学無機栄養	二酸化炭素呼吸	メタン生成細菌
水	光	光無機栄養	酸素発生型光合成	（高等植物）、藻類、シアノバクテリア、原核緑藻
硫化水素など	光	光無機栄養	非酸素発生型光合成	緑色硫黄細菌、紅色硫黄細菌
有機物	光	光有機栄養	非酸素発生型光合成	紅色非硫黄細菌

※有機物の水素原子を抜き取り、水素ガスとして放出すると、有機物は水素原子が減少して酸化されたことになる

図 1-2　「好気性化学有機栄養生物」が ATP と生体構成物質を生合成する関係（模式図）
（特別な場合を除いて、水の出入りは省略した。以下同様）

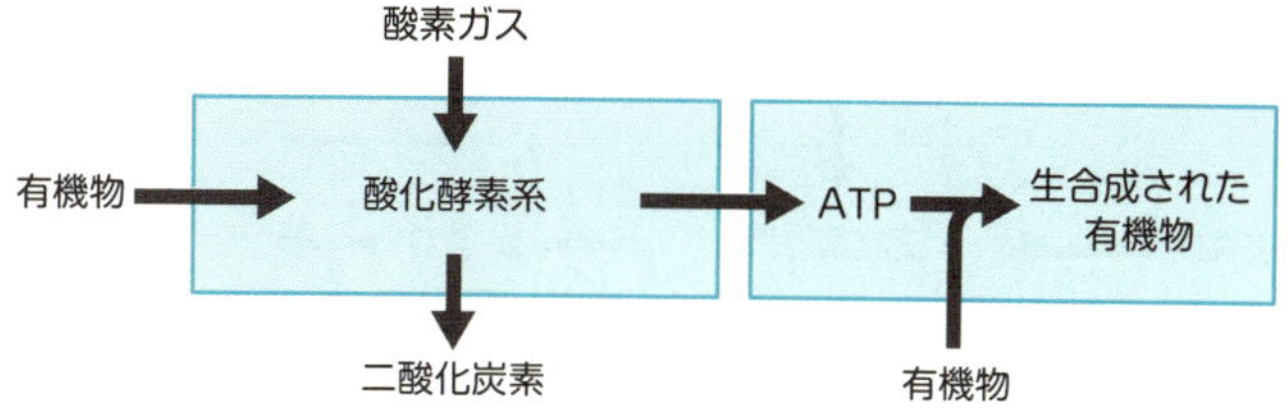

好気性とは、酸素ガスを必要とする性質を持つことです。また、好気的とは酸素ガスが存在する環境条件をいいます。同様に、嫌気性は酸素ガスがあると生育できない性質を表し、嫌気的は酸素ガスのない環境条件を表します。

「好気性化学有機栄養生物」は、酸素ガスで有機物を酸化して生育する生物という意味で、多くの細菌のほかに、先述のようにヒトを含む動物、カビ、酵母、およびゾウリムシのような原生生物などを含みます。とくに、好気性化学有機栄養微生物は、空気（酸素ガス）が存在する場合、地球表面の有機物ごみを分解するので、地球表面の浄化に役立っています。

空気が利用できない場所では、酸素ガスの代わりに硝酸塩や硫酸塩を利用する化学有機栄養微生物が有機物ごみを分解します。

硝酸塩で有機物を酸化してＡＴＰを作る過

図 1-3 「有機栄養硝酸呼吸」における ATP と生体構成物質の生合成の関係（模式図）

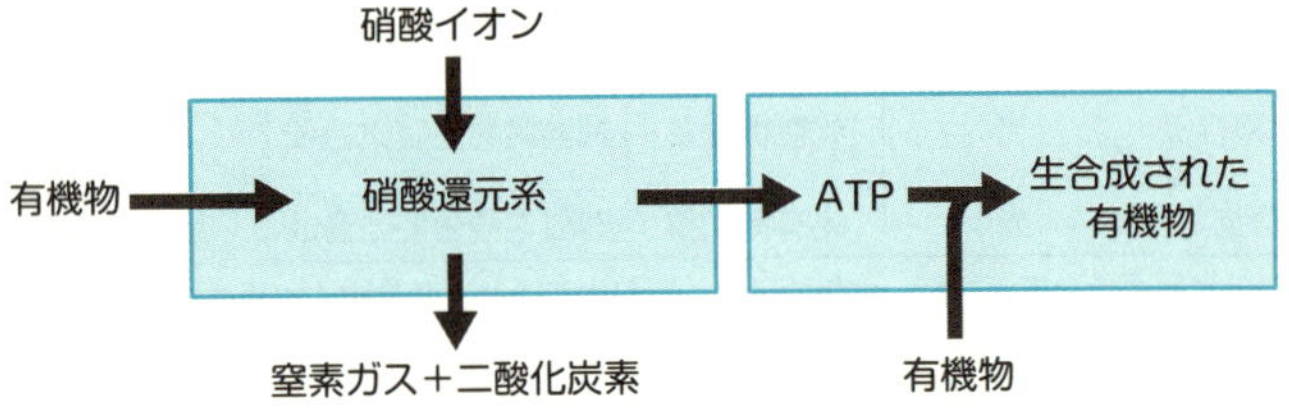

図 1-4 「有機栄養硫酸呼吸」における ATP と生体構成物質の生合成の関係（模式図）

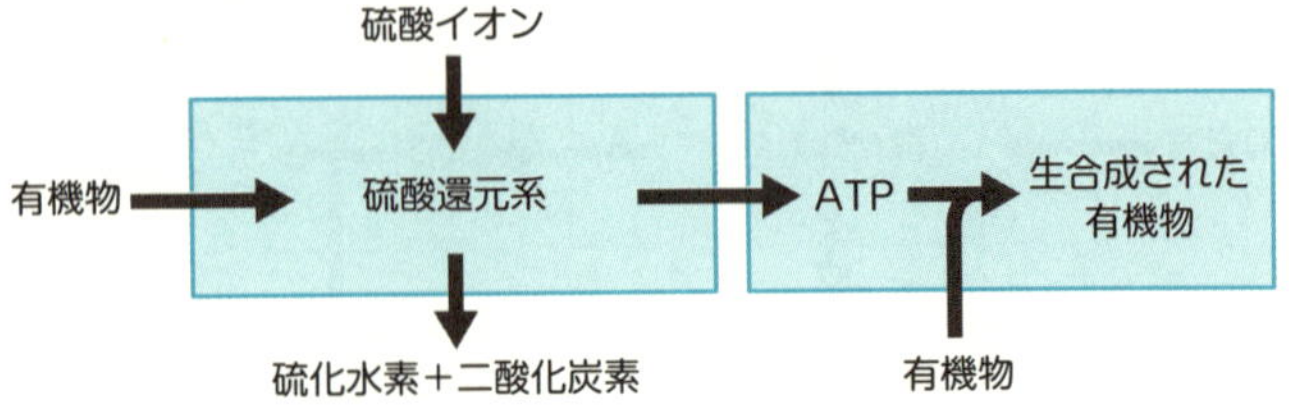

程を「硝酸呼吸」といいます（図1-3）。この過程では、多くの場合、硝酸塩が窒素ガスにまで還元されるので「脱窒」と呼ばれます。また、硫酸塩で有機物を酸化してATPを作る過程は「硫酸呼吸」と呼ばれます（図1-4）。この場合、硫酸塩は還元されて硫化水素になります。

これらのほか、有機物を単体硫黄および三価鉄で酸化してATPを作る過程も知られており、それぞれ、「硫黄呼吸」（図1-5）および「鉄呼吸」（図1-6）と呼ばれています。

これらの微生物の作用によって、空気（酸素ガス）が利用できない場所でも有機物の分解が起き、地球表面の浄化が行なわれているのです。これらの呼吸は酸素ガスの利用できない環境で行なわれますが、エネルギー獲得反応のメカニズムは酸素ガスを利用する呼吸の場合に似ています。

図 1-5　「有機硫黄呼吸」における ATP と生体構成物質の生合成の関係（模式図）

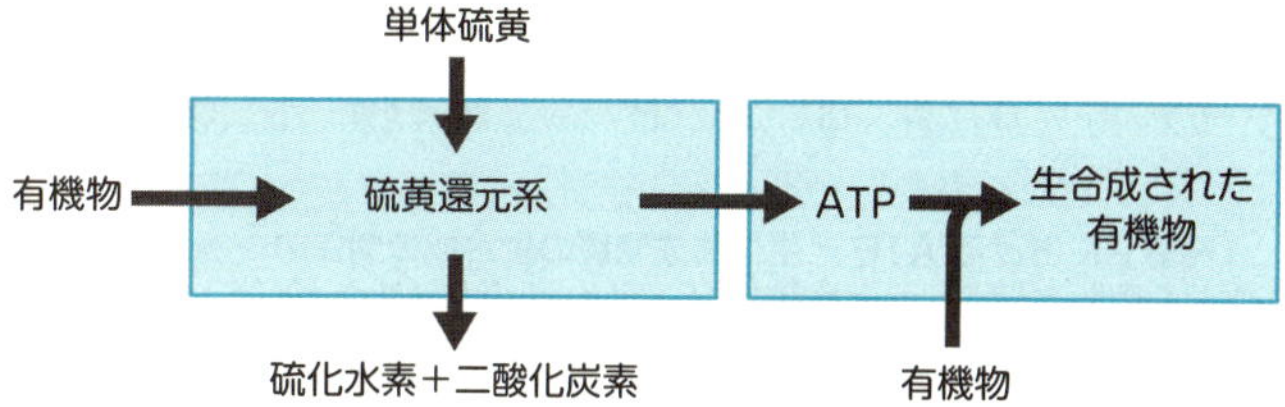

図 1-6　「有機鉄呼吸」における ATP と生体構成物質の生合成の関係（模式図）

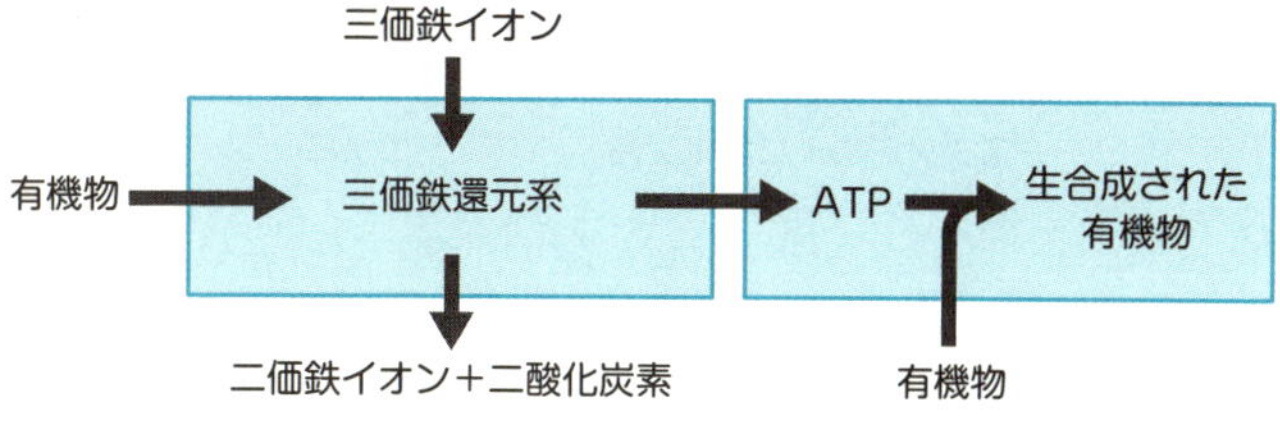

発酵とは

酸素ガスが利用できず、しかも硝酸塩や硫酸塩のような酸素ガスの代わりになる物質も利用できない環境下で、有機物を有機物で酸化してATPを生成する微生物があります。このATPの生成過程を「発酵」と呼びます。発酵は、有機物が単に分解されるように見えますが、過程の途中で有機物の有機物による酸化が起きているのです（図1-7）。

たとえば、アルコール発酵では、途中でグリセルアルデヒド－3－リン酸のアセトアルデヒドによる酸化が起き、アセトアルデヒドが還元されてアルコール（エタノール）になります。乳酸発酵では、グリセルアルデヒド－3－リン酸のピルビン酸による酸化が起こり、ピルビン酸は還元されて乳酸になります。これら2つの発酵系で、グリセルアルデヒド－3－リン酸は、グルコースから複数種類の酵素が関与する数段階の反応過程を経て生じます。その後、エタノールと乳酸が生じる反応は、図1-8の（a）、（b）に示すように、ピルビン酸

図 1-7 「発酵」における ATP と生体構成物質の生合成の関係の一例（模式図）
（ここでは、グルコースを発酵させてエタノールを生成する「アルコール発酵」の過程を示す）

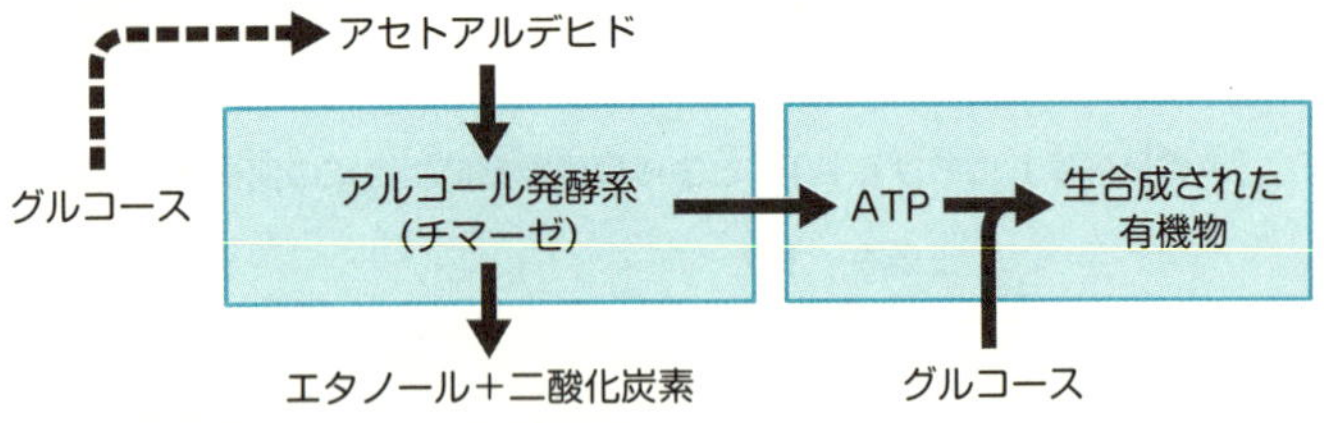

までは同じ経路で進みますが、その後の反応は別々の酵素の関与のもとに進行します。図にあるNAD（ニコチンアミドアデニンジヌクレオチド）は水素原子の運び屋で、水素原子をつけていない酸化型を「NAD^+」、水素原子をつけた還元型を「NADH」と表します。NADHは、いわば生体還元剤ともいうべきものです。NADによく似た水素原子の運び屋にNADP（ニコチンアミドアデニンジヌクレオチドリン酸）があり、その還元型のNADPHも生体還元剤です。NADとNADPは、今後、たびたび出てきますので覚えておいてください。なお、H^+は水素イオン（プロトン）で、水溶液中ならどこにでも存在しますから、いつでも利用できると考えます。

有機物を利用する発酵（有機発酵）では、有機物を有機物で酸化するほかに、有機物の水素原子を水素ガスとして大気中へ放出することで有機物を酸化する過程もあります（図1-9）。

この過程の場合、水素原子（実際は途中で水素イオンと電子になります）を水素ガスに変える酵素「ヒドロゲナーゼ」は、水素ガスを水素イオンと電子に変える反応も触媒するため、大気中の水素ガスの濃度が増加すると水素ガスの放出ができなくなり、有機物の酸化ができなくなります。ところが、隣にメタン生成菌がいると、水素ガスを二酸化炭素で酸化してメタンに変えてくれます（詳細は後述します）。メタンになると逆戻りしないので、有機物を水素ガスの放出で酸化する細菌は順調に生育でき、メタン生成菌も順調に生育できま

図 1-8　**有機物が有機物により酸化される反応の例**
（この例では、グリセルアルデヒド-3-リン酸がアセトアルデヒドやピルビン酸で酸化されて3-ホスホグリセリン酸が生じる。関与する酵素名は省略した）

(a) アルコール発酵の一反応

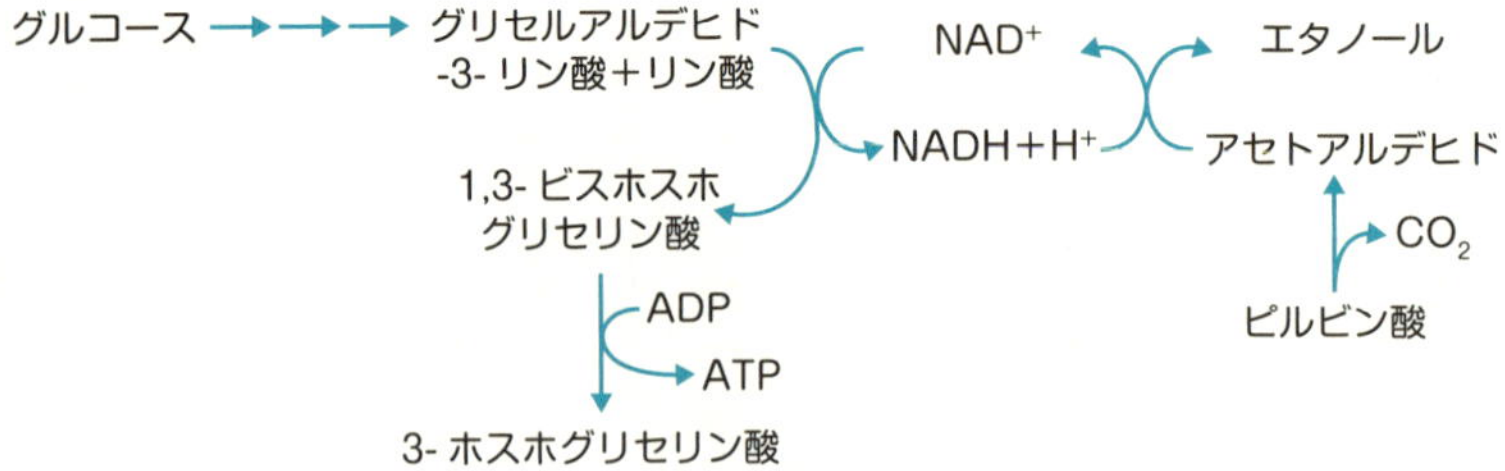

(b) 乳酸発酵の一反応

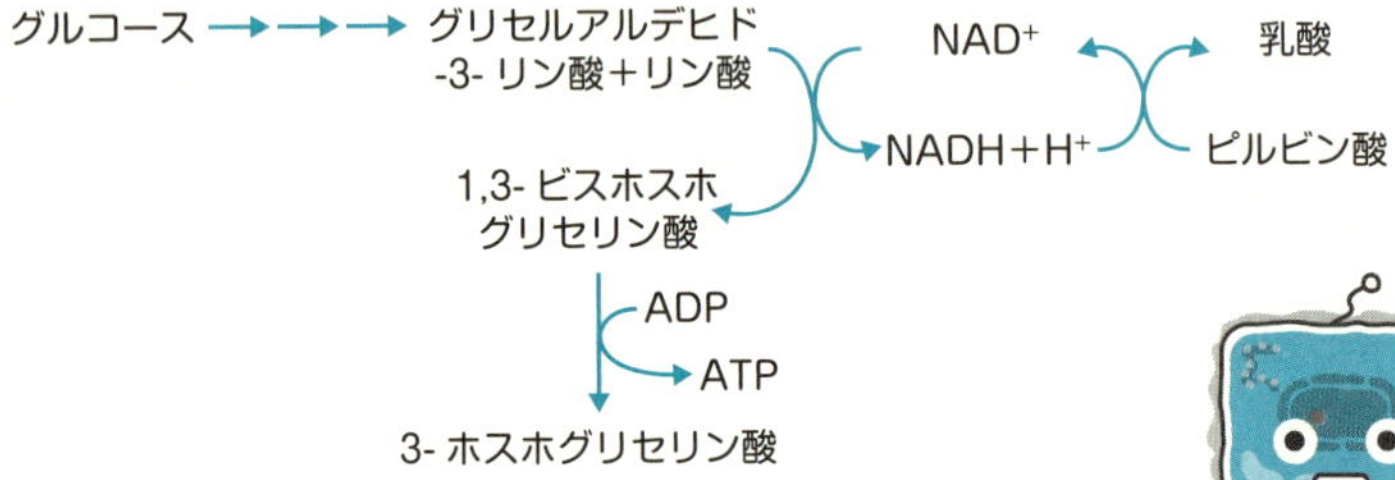

図 1-9　**水素ガスの放出により有機物が酸化される反応の例**
（この例では、ピルビン酸が酢酸に酸化される。関与する酵素は省略した。CoAは補酵素A、フェレドキシンは電子を運ぶタンパク質）

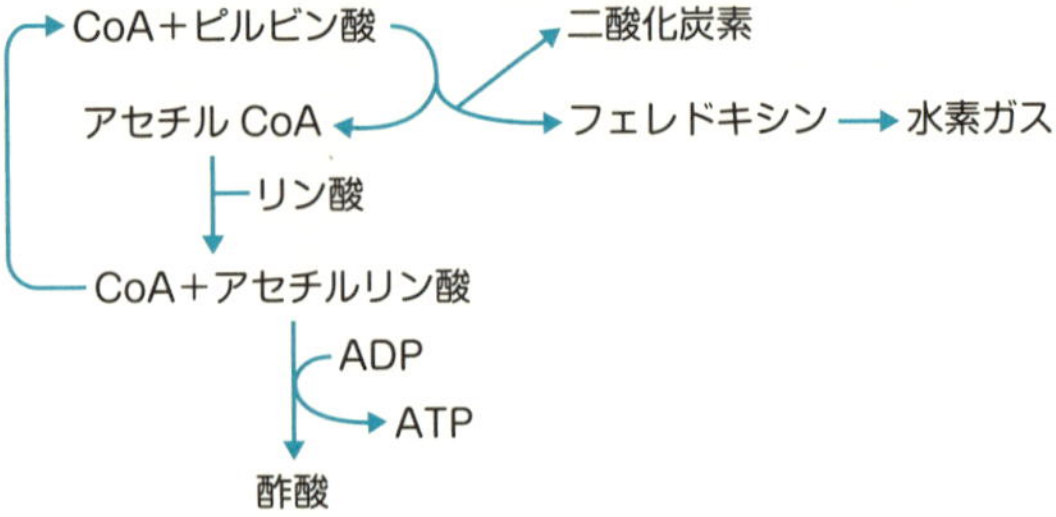

す。有機発酵をする微生物も、酸素ガスが利用できない環境で有機物ごみを分解するのに役立っているのです。

嫌気的条件下に無機物を無機物で酸化してＡＴＰを作る無機発酵も知られています（１１９および２５９ページも参照ください）。これは現在のところデスルホビブリオ・スルホジスミュータンス（*Desulfovibrio sulfodismutans*）という細菌で起きることがわかっています。たとえば、亜硫酸塩を亜硫酸塩で酸化して硫酸塩にし、酸化剤として使われた亜硫酸塩は硫化水素に還元されます。

光なしで無機物のみを食べる微生物

光なしで無機物のみを食べて生育することのできる微生物を「化学無機栄養微生物（または独立栄養化学合成微生物）」といいますが、原核生物に限られますから、化学無機栄養微生物は「化学無機栄養細菌」（古細菌を含む）となります。これは独立栄養化学合成細菌ともいわれ、光を用いずに無機物を酸化してＡＴＰを作って生育します。アンモニアを亜硝酸に酸化する「アンモニア酸化細菌」（図１-10）、亜硝酸塩を硝酸塩に酸化する「亜硝酸酸化細菌」（図１-11）、硫化水素を硫酸に酸化する「硫黄酸化細菌」（図１-12）、pH２・０で二価鉄を三価鉄に酸化する「好酸性鉄酸化細菌」（図１-13）などが知られています。とくに、化学無機栄養細菌には、地球表面における物質循環や物質変換に関与しているものが多く存在します。なお、アンモニア酸化細菌を亜硝酸細菌、亜硝酸酸化細菌を硝酸細菌ということもありますが、これらの名称は現在では国際的ではありません。

化学無機栄養細菌は、地球表面（大気や海洋を含む）における物質循環に大きく関わっています。たとえば窒素循環では、窒素固定菌による窒素ガスの還元で生じたアンモニアを、アンモニア酸化細菌が亜硝酸（塩）に酸化し、生じた亜硝酸（塩）を亜硝酸酸化細菌が硝酸（塩）に酸化して、生じた硝酸（塩）は脱窒微生物により再び窒素ガスになる、というように細菌が関わっています。硫黄酸化細菌は、硫化水素、単体硫黄および酸化されうる無機硫黄化合物（たとえばチオ硫酸塩）を酸化し、硫酸還元菌は硫酸塩を還元（厳密にいうと有機物を硫酸塩で

図 1-10　アンモニア酸化細菌におけるATPと生体構成物質の生合成の関係（模式図）

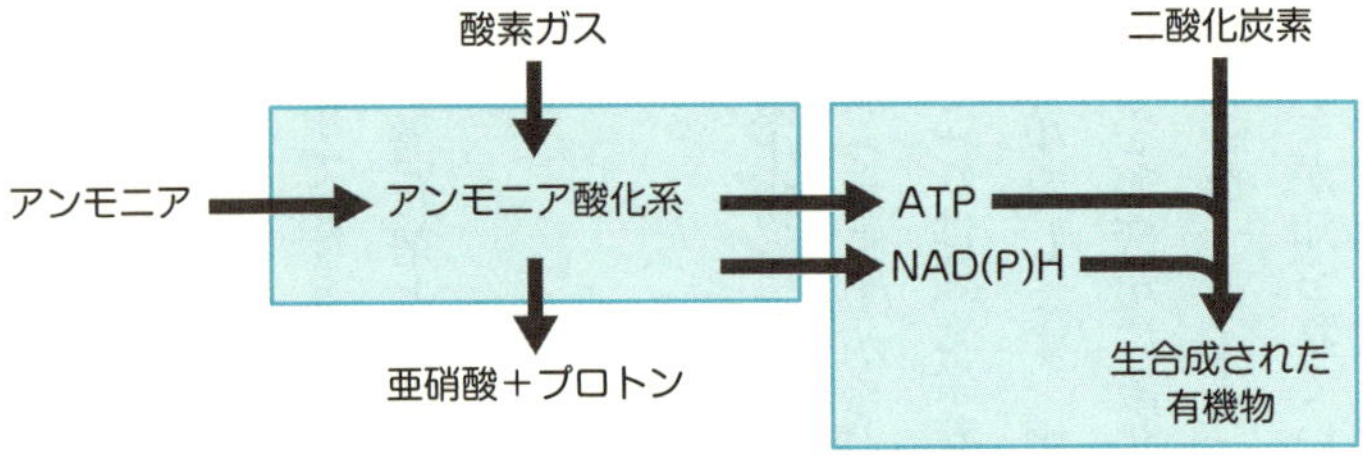

図 1-11　亜硝酸酸化細菌におけるATPと生体構成生合成の関係（模式図）

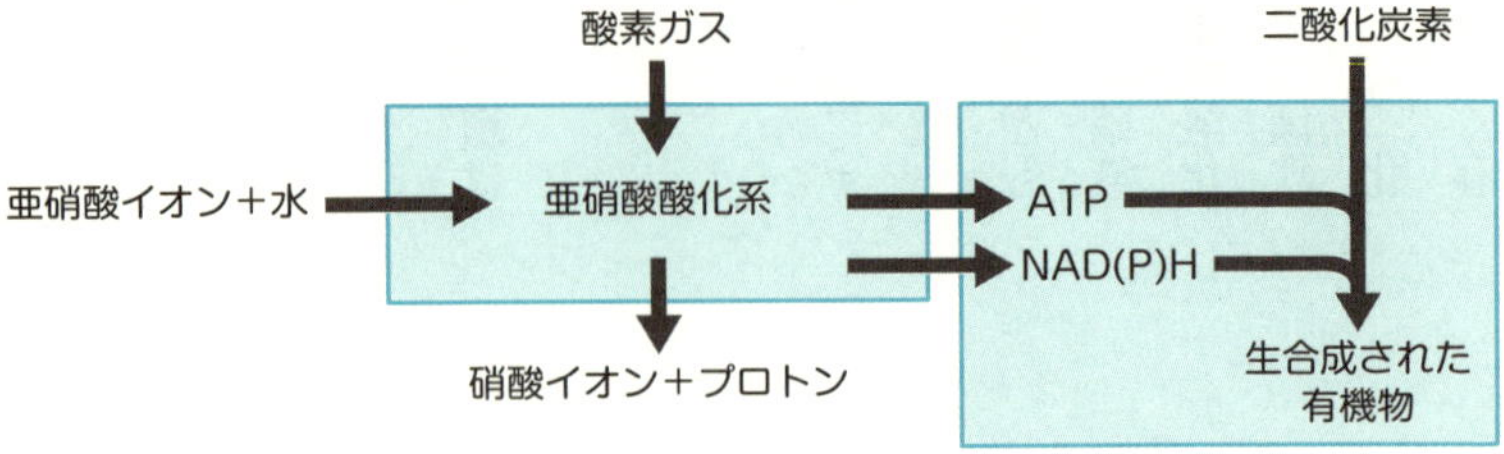

酸化）して硫化水素を生じることで、硫黄循環に関与しています。硫酸還元菌は有機栄養のものが断然多いのですが、水素ガスを硫酸塩で酸化して生育する無機栄養のものもあります。また、好酸性鉄酸化細菌は、pH2・0の酸性で二価鉄を三価鉄に酸化して、それにともない金属鉱床から種々の金属を溶かし出すので、いわば地球表面の形を変える力を持っていると言えるでしょう。

チオバチルス・デニトリフィカンス（*Thiobacillus dentrificans*）という細菌は、硫化水素、単体硫黄、チオ硫酸塩などを酸素ガスで酸化して生育できますが、酸素ガスを利用できない環境ではチオ硫酸塩を硝酸塩で酸化して生育します。フェログロブス・プラシドゥス（*Ferroglobus placidus*）という細菌（実際は古細菌）は嫌気的条件下で

図 1-12　硫黄酸化細菌において硫化水素の酸化により ATP と生体構成物質が生合成される関係（模式図）

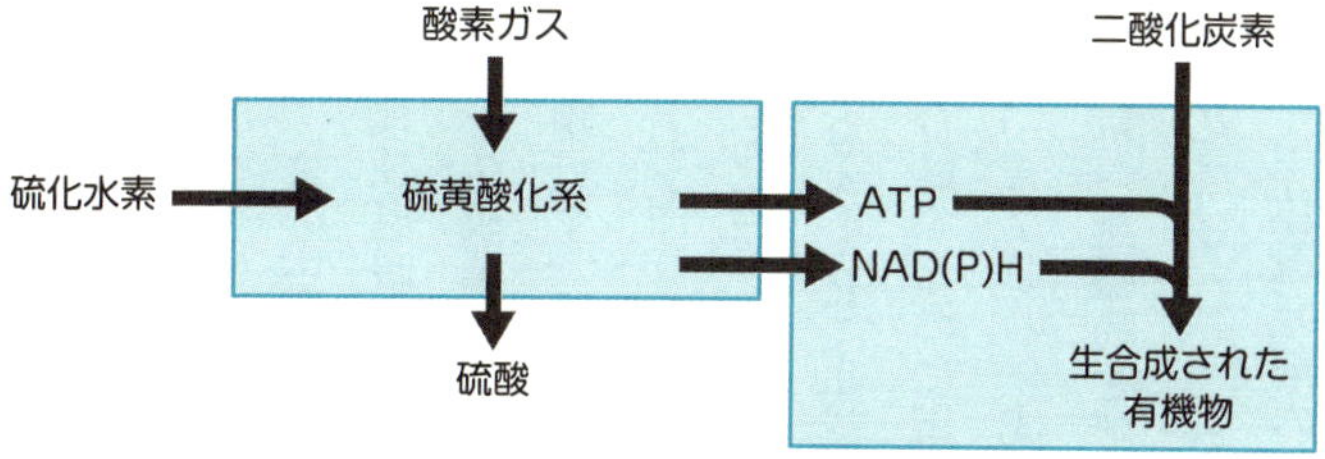

図 1-13　鉄酸化細菌における ATP と生体構成物質の生合成の関係（模式図）

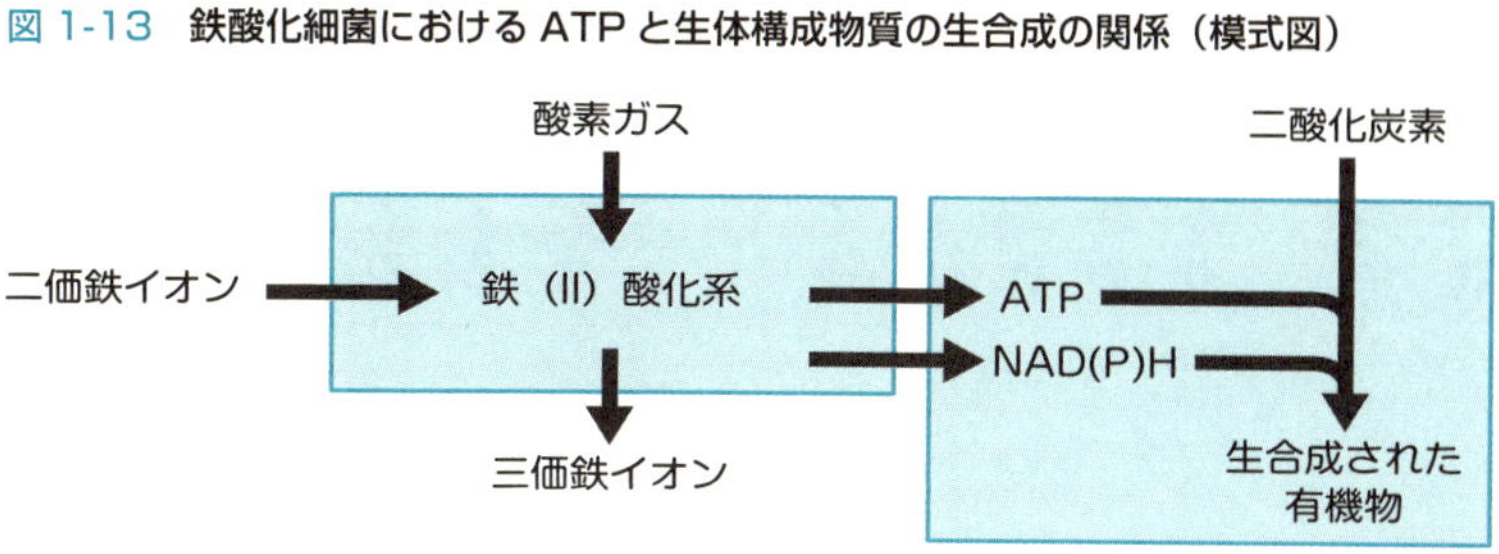

二価鉄を硝酸塩で酸化して生育します。もっと面白いのは、デクロロソマ・スイッルム（*Dechlorosoma suillum*）という細菌で、硝酸塩の存在下に鉱物中の二価鉄をそのままの状態で溶かしだすことなく三価鉄に酸化します。

メタン生成菌は古細菌ですが、多くは化学無機栄養的に生育し、水素ガスを二酸化炭素で酸化して生育でき、結果としてメタンを生成します。この古細菌は地球表面の炭素の循環に関与しますが、メタンは温室効果が大きいので、地球温暖化にも大いに関係があるのです。水素ガスを二酸化炭素で酸化して生育するメタン生成菌は、ＡＴＰを作るのにも細胞構成物質を作るのにも二酸化炭素を用いる面白い生物です（図1-14）。

化学無機栄養細菌は、無機物を酸化するときに遊離されるエネルギーでＡＴＰを作り、細胞構成物質を二酸化炭素から作ります。ですから、この細菌は無機物だけで生きてゆけます。化学無機栄養細菌は、一般的な生命過程に必要なＡＴＰ（化学有機栄養細菌の必要とするＡＴＰ）のほかに、細胞構成物質を二酸化炭素から生合成するのに用いられる生体還元剤（ＮＡＤＨとＮＡＤＰＨ）を作るためにもＡＴＰが必要で、ＡＴＰの生成はすべて無機物の酸化に依存しています。そのため、ＡＴＰを作るのに大量の無機物を酸化しなければなりません。だから、化学無機栄養細菌の生育は非常に遅いのです。

これに対して、次に述べる「光無機栄養生物」では、生体還元剤の生成もＡＴＰの生成も光のエネルギーを利用して行なわれます。また、化学有機栄養生物や光有機栄養生物では、細胞構成物質の生合成の多くが有機物の変換で作られるので、ATPの必要量は化学無機栄養細菌と比較して少なくてすみます。

一般に、化学無機栄養細菌は、10リットルの培地で1週間培養してやっと湿った状態の細菌細胞が約1グラム得られます。このような細菌の酵素やタンパク質を細胞から取り出して精製しようと思えば、湿った状態で100グラムくらいの細胞が欲しいでしょう。そうすると、1000リットルの培地で培養しなくてはなりません。たとえば、好酸性鉄酸化細菌を1000リットルの培地で培養すると、エネルギー源となる硫酸鉄（Ⅱ）（硫酸第一鉄）七水和物が25キログラム以上必要です（168ページの表を参照）。筆者も容量500リットルの培養装置を使用していたことがありますが、500リットルの培地でこの細菌を数回培養するために、硫酸鉄（Ⅱ）七水和物の25キログラム入り袋を数個研究室に積み上げておいたところ、来客に「何か建物の工事をするのですか？」と聞かれたことがあります。

図 1-14　メタン生成菌においてメタン生成によりATPと生体構成物質が生合成される関係（模式図）

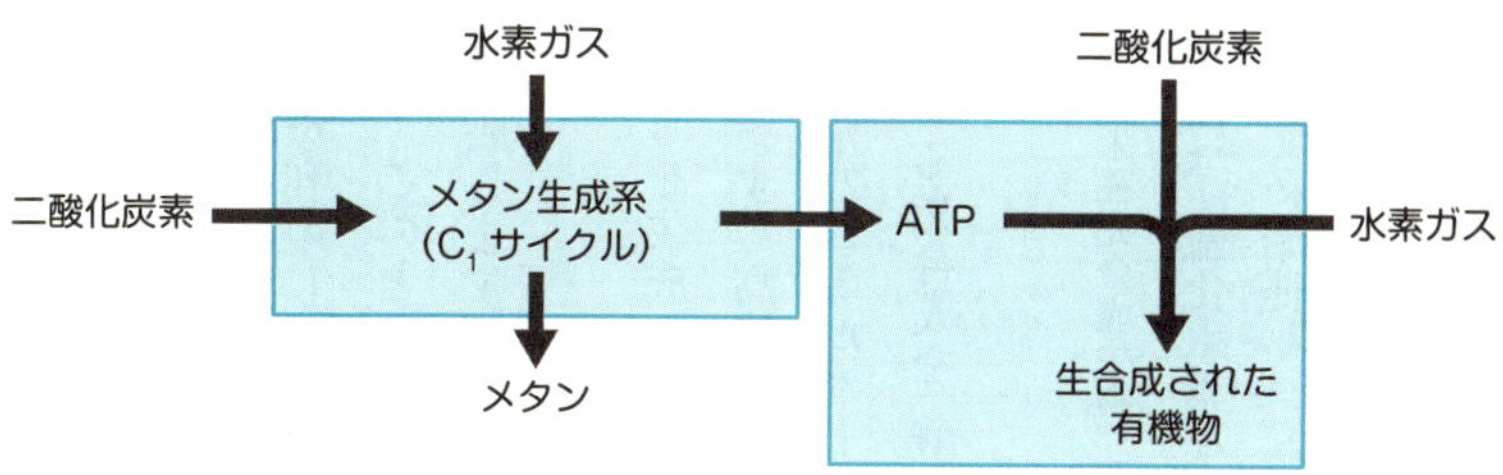

光を利用して生きる微生物

光のエネルギーを利用してATPを作り生育する生物は「光栄養生物」で、「光合成生物」とも呼ばれます。代表例は高等植物です。高等植物は光のエネルギーを利用して水を分解（厳密には酸化）して電子を抜き取り、酸素ガスを放出します。そして、このとき生じた電子を用いてATPとNADPHを作り、二酸化炭素から有機物を生合成します。したがって、高等植物では、水が電子供与体として利用されます。

このように光のエネルギーを利用して水を分解し、ATPとNADPHを生成している生物には、高等植物のほかに藻類、原核緑藻、シアノバクテリアがあります。高等植物と藻類は真核生物ですが、原核緑藻とシアノバクテリアは原核生物です。光のエネルギーを利用してATPを生成する生命過程を「光合成」といい、酸素ガスを発生する光合成を「酸素発生型光合成」と呼びます（図1-15）。

無機物のみを用いて光合成をする生物は、「光無機栄養生物（または独立栄養光合成生物）」と呼ばれます。高等植物、藻類、原核緑藻およびシアノバクテリアのほかに、硫化水素などから電子を引き出し、このような化合物を電子供与体として用いる光無機栄養細菌があります。光合成によって酸素ガスを放出しないので、「非酸素発生型光無機栄養細菌」と呼ばれます（図1-16）。

原核緑藻もシアノバクテリアも光無機栄養細菌ですが、これらは光合成の結果、酸素ガスを放出するので、「酸素発生型光無機栄養細菌」と呼ばれます。酸素発生型も非酸素発生型も、光無機栄養細菌は二酸化炭素から生体構成物質を作ります。なお、酸素発生型光栄養生物はすべて無機栄養生物ですから、とくに「無機」の字を入れる必要はありません。また、酸素発生型光栄養生物は、二酸化炭素を還元するための生体還元剤としてNADPHを用いますが、非酸素発生型光栄養細菌はNADHとNADPHの両方（NAD（P）H

図 1-15　「酸素発生型無機栄養光合成」における ATP と生体構成物質の生合成の関係（模式図）

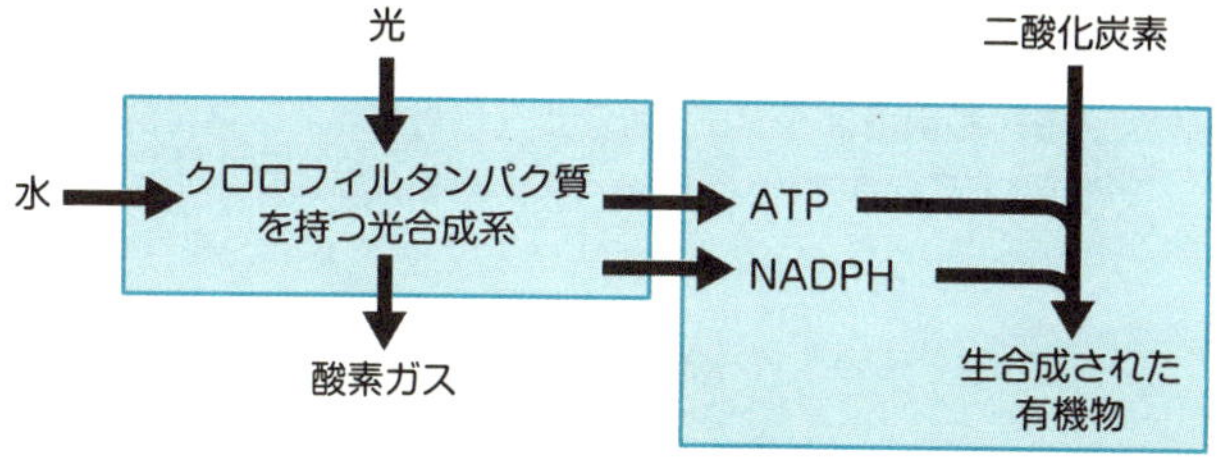

図 1-16　「非酸素発生型無機栄養光合成」における ATP と生体構成物質の生合成の関係（模式図）

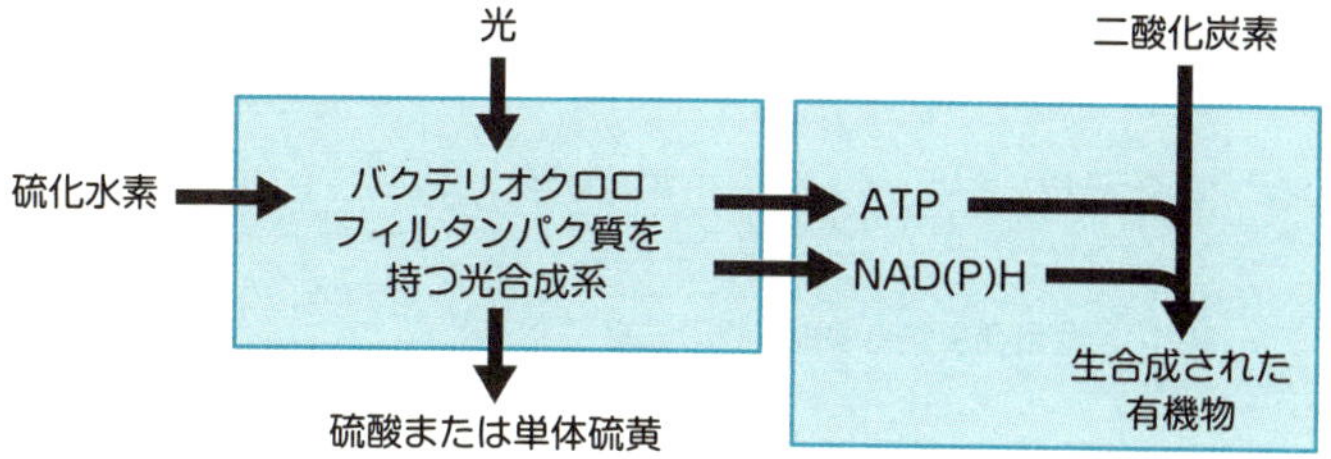

コラム1 原核緑藻とシアノバクテリア

シアノバクテリアは以前、ラン藻と呼ばれていました。光合成の結果、酸素ガスを放出するので、その光合成システムは高等植物や藻類のものと同じですが、フィコシアニン(およびフィコエリトリン)という色素タンパク質を多量に持ち、細胞が藍色に見えるので、ラン藻という名称がついていたのです。しかし、真正細菌と同じ細胞構造を持つため、シアノバクテリアと呼ばれるようになりました。この微生物の細胞には核も葉緑体もなく、その細胞壁はペプチドグリカンで構成されています。

一方、原核緑藻は緑色をしており、酸素発生型光合成を行ないますが、細胞構造が真正細菌のものと同じなので、普通の緑藻ではありません。シアノバクテリアと違い、原核緑藻はフィコシアニンやフィコエリトリンを持ちません。

シアノバクテリアはクロロフィルaのみ(クロロフィルcを持つものや主要クロロフィルがクロロフィルdのものもあります)を持ちますが、原核緑藻はクロロフィルaとbを持ちます。したがって、進化的に、原核緑藻は同じクロロフィルaとbを持つ緑藻や高等植物に、シアノバクテリアより近いように思われます。葉緑体は、生物進化の途上、真核生物にシアノバクテリアが共生して出現したと考えられていますが、原核緑藻が共生した可能性もあります。ただ、現時点では、葉緑体の遺伝子はシアノバクテリアの遺伝子と相同性が高いことがわかっているのに対して、原核藻類の遺伝子との関係はわかっていません。

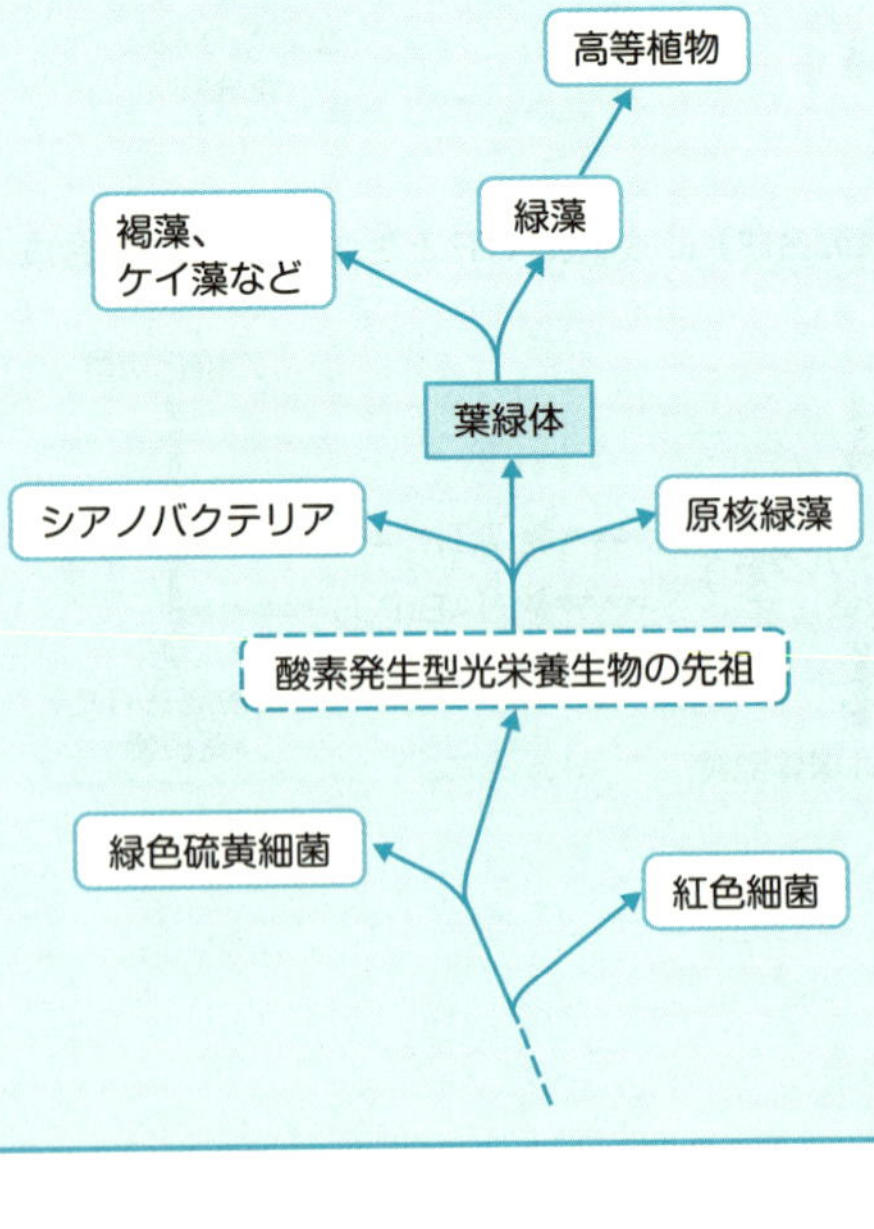

と表します）を用います。

光のエネルギーを利用してＡＴＰを作り、かつ有機物を食べる光栄養細菌があります。これは非酸素発生型光有機栄養細菌または非酸素発生型従属栄養光合成細菌と呼ばれますが、光有機栄養細菌はすべて非酸素発生型なので、わざわざ非酸素発生型という必要はありません。この細菌は、細胞構成物質を二酸化炭素からではなく有機物を変換して作り、光のエネルギーはもっぱらＡＴＰの生成に用います。そのとき必要な電子は有機物から供給されるので、有機物は電子供与体としても利用されます（図1-17）。

酸素発生型光栄養生物は、光化学反応中心の形成や集光のためクロロフィルａを持っています。クロロフィルは、ポルフィリンという有機物のマグネシウム結合物（厳密には錯体という）ですが、ポルフィリンの骨格構造の違いによって、クロロフィルａ、ｂ、ｃ、ｄの種類があります。高等植物や緑藻などはクロロフィルａとｂを、褐藻やケイ藻などはクロロフィルａとｃを、またシアノバクテリアはクロロフィルａのみを持ちます。ただし、一部のシアノバクテリアはクロロフィルａのほかに、ｃを持つものと、ｄを持つものがあります。吸収した光のエネルギーで水を分解して、ＡＴＰを作るための高エネルギー電子を生じる光化学系Ⅱ反応中心を形成するのはクロロフィルａで、その電子をＮＡＤＰＨの生成のため再び光励起するためのもう1つの光化学系Ⅰ反応中心を形成するのもクロロフィルａです。クロロフィルｂ、ｃ、ｄは、光合成反応中心の構成に使われなかったクロロフィルａとともに集光用に用いられます。

非酸素発生型光栄養細菌に存在するクロロフィルはバクテリオクロロフィルと呼ばれ、これにもａ、ｂ、ｃ、ｄ、ｅ、ｇがあります。非酸素発生型光栄養細菌では、光合成反応中心を形成するのはバクテリオクロロフィルａ（バクテリオクロロフィルｇの場合もあります）で、バクテリオクロロフィルｂ、ｃ、ｄ、ｅを持つ場合、これらは集光用に用いられます。非酸素発生型光栄養細菌では、電子を光で励起する光合成反応中心は1個だけです。

また、マグネシウムの代わりに亜鉛を持つ亜鉛－バクテリオクロロフィルａがある種の紅色細菌に存在します。

光栄養細菌の中に高度好塩菌（第7章参照）を含める研究者もいます。たしかに、この微生物（ほとんどは古細菌）は嫌気的条件下で光のエネルギーを利用してＡＴＰを作り、数世代生育できます。しかし、この微生物が光を捕まえるための物質であるバクテリオロドプシンとハロロドプシンの生合成には酸素ガスが必須ですから、〝永遠に〟嫌気的条件下で生育することはできません。これを考慮して、本書ではこの微生物を光栄養細菌には含めません。

図 1-17 「非酸素発生型有機光合成」における ATP と生体構成物質の生合成の関係（模式図）

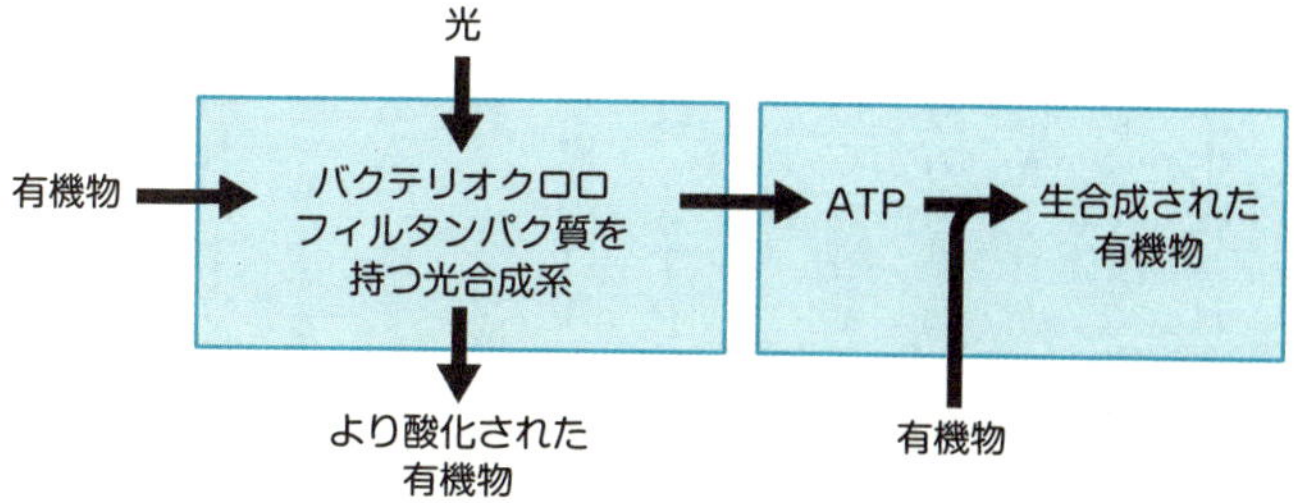

表 1-2 光栄養生物の特徴

栄養様式	電子供与体と炭素源	酸素ガス発生の有無	クロロフィル	生物の例
無機栄養	水、二酸化炭素	有	クロロフィル*a*、*b*	高等植物、緑藻、原核緑藻
無機栄養	水、二酸化炭素	有	クロロフィル*a*、*c*	褐藻、ケイ藻、渦鞭毛藻
無機栄養	水、二酸化炭素	有	クロロフィル*a*、(*c*、*d*)	シアノバクテリア
無機栄養	硫化水素、二酸化炭素	無	バクテリオクロロフィル*a*、*c*、*d*、*e*	緑色硫黄細菌
無機栄養	硫化水素、二酸化炭素	無	バクテリオクロロフィル*a*、*b*	紅色硫黄細菌
有機栄養	有機物	無	バクテリオクロロフィル*a*、*b*、*g*	紅色非硫黄細菌

1-3 発酵、呼吸、光合成

すでに触れたように、外見上、「発酵」は嫌気的条件下で有機物を有機物で酸化して（無機物を無機物で酸化する場合もあります）ATPを生成する過程、「呼吸」は有機物や無機物を酸素ガスあるいはそれ以外の数種類の無機物（あるいは有機二重結合）で酸化してATPを生成する過程、「光合成」は光のエネルギーを利用してATPを生成する過程です。これらの根本的な違いはATPの生成メカニズムにあります。

発酵では、ATPが有機リン酸化合物のリン酸基をADPに渡して作られます。これを基質レベルのリン酸化といいます。例外的に、アデニリル硫酸塩中のリン酸と硫酸の結合を利用して硫酸を二リン酸で置き換えてATPを作る方法もありますが、このようなATPの作り方も基質レベルのリン酸化といいます。

発酵ではATPが基質レベルのリン酸化のみで生成されるのに対して、呼吸と光合成では（基質レベルのリン酸化のほかに）プロトン勾配と膜電位を利用してATP合成酵素によってATPが生成されます（コラム2「ATP合成酵素によるATPの生成」を参照）。呼吸と光合成の違いは、光のエネルギーを利用できるかどうかです。

発酵における基質レベルのリン酸化

基質レベルのリン酸化とは、一般的に、有機物のリン酸化合物のリン酸基をADPに渡してATPを生成する反応です。そのためにリン酸化合物の有機物－リン酸基の結合エネルギーがADPへ移ってATPを生成しうるだけのものでなければなりません。どのようなリン酸化合物でも基質レベルのリン酸化に利用できるわけではありません（理論的には、リン酸化合物とその脱リン酸化物の濃度関係で、どのようなリン酸化合物でもリン酸基をADPに渡してATPを作りうるらしいのですが、実際には限られたリン酸化合物がADPのリン酸化に使われます）。式1-1のような反応が基質レベルのリン酸化反応として知られています。

発酵をする微生物は、嫌気的条件下で有機物ごみを処理して地球表面の掃除に大いに貢献していますが、さらに人間の生活に利用されているものがたくさんあります。

アルコール発酵

北半球やオーストラリアでは、ほとんどのアルコール飲料を酵母

式 1-1

1,3- ビスホスホグリセリン酸 +ADP	→	3- ホスホグリセリン酸＋ATP		(1-1)
ホスホエノールピルビン酸 +ADP	→	ピルビン酸 +ATP		(1-2)
アセチルリン酸 +ADP	→	酢酸 +ATP		(1-3)
アデニリル硫酸＋ニリン酸	→	ATP+ 硫酸 -		(1-4)

式（1-4）はリン酸 - 硫酸の硫酸をニリン酸で置き換える反応である

（サッカロミセス〈*Saccharomyces*〉属のサッカロミセス・セレビシアエ〈*Saccharomyces cerevisiae*〉およびその近縁種）による発酵で造っています。醸造酒は、製造原理的に日本酒（清酒）、ビール、ワインの3種類に分類されます。これは、酵母がデンプンを直接発酵できないためで、原料がデンプンである場合はそれを先ず糖化する必要があるからです。

日本酒の醸造では、コウジ菌（アスペルギルス・オリザエ〈*Aspergillus oryzae*〉）でコウジを造り、この菌の作るアミラーゼという酵素の作用でデンプンをグルコースやマルトースなどに糖化してから酵母に発酵させます。なお、コウジ菌はコウジカビ（アスペルギルス・ニードゥランス〈*Aspergillus nidulans*〉）とは別種なので注意してください。ビールは、原料の大麦を発芽させ（モルト）、その中に誘導生成されたアミラーゼで大麦やそのほかの原料中のデンプンを糖化させます。その後、ホップと酵母を加え、発酵させます。ワインは原料のブドウ果汁に存在するグルコースとフルクトースを酵母で直接発酵させます。このように、日本酒は、カビと酵母という二種の真核生物を用いて造るのが特徴ですが、日本酒だけでなく東洋のアルコール飲料には多い製法です。

ワインの醸造では、出発材料が糖であるため糖化工程が不要です。明治の初期、わが国でもワインを造りだした頃、醸造工程がよくわかりませんでした。酒を造るにはコウジが必要だからワイン醸造にもコウジが必要だと考え、ブドウ果汁に先ずコウジを入れてから酵母で発酵させた、というエピソードが残っています。それでも、なんとかワインらしきものができたといいます。その頃は、まだ酵母の特性やコウジを使う理由がよく理解されていなかったことがわかります。

ところで、アルコール飲料は酵母によってのみ醸造可能だと考える方が多いと思います。ところが、メキシコや南太平洋の島々では酵母でなくザイモモナス（*Zymomonas*）属細菌でアルコール飲料を造っています。たとえば、メキシコのテキーラの原酒「プルケ」は、ザイモモナス属細菌を使って醸造します。つまり、スコッチウイスキーは酵母（真核生物）で造り、テキーラは細菌で造るというわけです。

アルコール飲料は味や匂いなどが問題になるので、簡単に微生物を酵母からザイモモナス属細菌に変更するわけにはいきません。しかし、これからますます重要になってくるはずの燃料用バイオエタノール[*4]の製造となれば、効率よくエタノールを作る微生物を利用する方が得策です。細菌であるザイモモナス属細菌と比較すると、真核生物である酵母は〝お上品〟です。たとえば、酵母による発酵では発酵材料を精選する必要がありますが、ザイモモナス属細菌による発酵では材料に夾雑物がかなり混入していても問題はありません。実際、ザイモモナス属細菌を使えば、生ゴミからでもエタノールを製造できます。ザイモモナス属細菌も酵母と同じくデンプンを直接発酵できないので糖化が必要ですが、バイオエタノールの製造では（部分）精製したアミラーゼを使うとよいでしょう（このようにすると、このエタノールの製造方法は先述の分類でビールの類に入ります）。アミラーゼを作れる酵母も

＊4　バイオエタノール
バイオマスを発酵させ、蒸留して生産されるエタノール（アルコールのひとつ）のこと。

開発されているようですが、将来は稲藁やトウモロコシの葉や茎を原料にする必要がありますから、セルラーゼのような酵素を作る能力のあるアルコール発酵微生物の開発が望まれます。このような酵素を作る能力のある微生物を作るにあたって遺伝子操作をする際にも、酵母より細菌を使う方が有利ではないかと考えています。ただ、酵母を使って、残飯からバイオエタノールを作る試みもすでになされてはいますが……。

乳酸発酵と癌細胞

乳酸発酵は、一般に乳酸菌と呼ばれる細菌が行ないます。乳酸菌は乳酸発酵でＡＴＰを作って生育し、廃棄物として乳酸を作り、いわば嫌気的条件下で永遠に増殖し続けます。

普通の状態では、ヒトはグルコースを解糖系でピルビン酸にまで分解します。その間、グルコース1分子当たり正味2分子のＡＴＰを作ります。グリコーゲンからなら、グルコース1分子当たり正味3分子のＡＴＰが生じます。生じたピルビン酸をミトコンドリアに局在する呼吸系で酸化して、さらにグルコース1分子当たり30分子のＡＴＰを作ります。つまり、ミトコンドリアはＡＴＰ生産工場のようなもので、平常時にわれわれが必要とするＡＴＰはもっぱらミトコンドリアで生成されます。

しかし、たとえば１００メートルを疾走する場合のように短時間に急激に多量のエネルギー（多量のＡＴＰ）を必要とする場合は、ミトコンドリアで作るＡＴＰでは間に合いませんから、解糖系を極度に駆使してATPを作ります。この場合、グルコースの水素原子をピルビン酸で処理しなければならないので、ピルビン酸は還元されて多量の乳酸が生じます。もしヒトがこのようにして生きてゆけるなら、ヒトは乳酸菌と同じように呼吸をしなくても生きられることになります。しかし、そうはいきません。ヒトは生じた乳酸を速やかに排出できないのです。乳酸が蓄積すると筋肉が酸性になり、神経系なども悪影響を受けます。そこで、ヒトは急激な運動が終わると、呼吸によって生じた乳酸を一部分酸化し、残りをグリコーゲンに生合成して乳酸を除去しなければなりません。

ところが癌細胞の特徴の1つは、好気的条件下でも増殖に必要なATPをもっぱら解糖系で得ていることです（ワールブルグ〈Warburg〉効果）。[1] そのため多量の乳酸が生じます。いわば癌細胞は正常細胞が乳酸菌に化けたようなものなのです。不思議なことに、細胞はほとんどを解糖で得たATPで増殖すると分化しないようです。つまり心筋細胞や神経細胞などへは変化しません。その理由はいまだにわからず大きな謎です。

癌細胞はATPをもっぱら解糖で作るため、多量のグルコースを必要とします。またメチオニンというアミノ酸も正常な細胞よりも多く必要とするようです。グルコースとメチオニンが共存すると、メイラード（Maillard）反応が起こり、メタンチオールや硫化水素のような含硫化合物が生じます。[2] これらの含硫化合物は、ミトコンドリアの呼吸酵素（シトクロムcオキシダーゼ）を阻害するので、ミトコンドリアの呼吸活性が低下し、そこでのA

TPの生成量が減少します。これがワールブルグ効果の原因の1つと考えられます。癌細胞からメタンチオールや硫化水素を除いてやれば癌細胞が正常細胞に戻り、癌の治療につながることが期待できます。

呼吸と光合成

呼吸と光合成では、ATP合成酵素の作用でATPが生成されます。そのためには、プロトンを通過させない膜で構成された閉じた膜胞と、その膜に電子伝達系とATP合成酵素が埋められている構造（たとえばミトコンドリアや細菌の細胞）が必要です。この膜系では、（基本的には）電子伝達系成分からのみプロトンが膜胞の外側へ排出され、膜胞の外側から内側へのプロトンの取り込みはATP合成酵素の分子内を通ることでのみ行なわれます。膜胞の膜中に存在する電子伝達系を電子が流れる間にプロトンが膜胞の外側へ排出され、膜をはさんでプロトン濃度の勾配と膜電位が生じます。また、膜の外側で電子が供給されて内側でそれが酸化されると、プロトンの濃度勾配が生じなくても膜電位が生じます。膜電位とプロトンの濃度勾配によってプロトン駆動力（Δp）が生じ、これによりATP合成酵素分子内部を通過するプロトンにエネルギーが賦与され、この酵素によりATPが生合成されます（図1-18、コラム2「ATP合成酵素によるATPの生成」参照）。

図 1-18　ATP 合成酵素による ATP の生合成メカニズムの概念図

膜胞の内側のプロトンが消費され、膜の外側はプラスに、内側はマイナスに荷電している。この電位差で膜電位が生じる。また、プロトンは外側へ排出されたり、内側で消費されるので、pHは外側が低くなる。

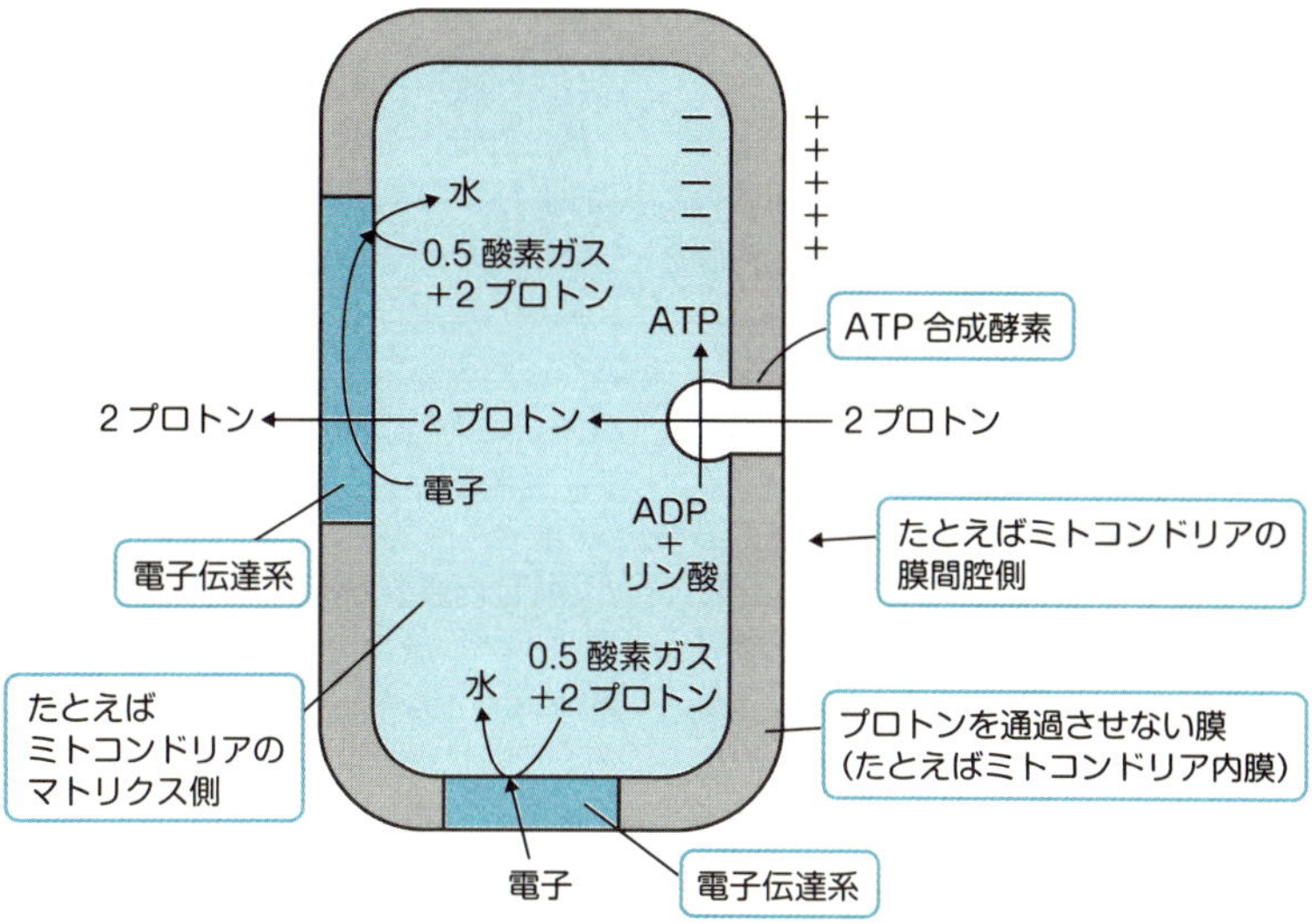

コラム2 ATP合成酵素によるATPの生成

ATP合成酵素によるATPの生成では、生体膜をはさんだプロトン勾配と、その膜の膜電位が重要なため、プロトンを通過させない膜で囲まれた膜胞、さらにその膜にATP合成酵素と電子伝達系が存在し、プロトンは電子伝達系成分で外側へ排出され、ATP合成酵素の部分だけ内側へ通過できるという構造が必要です。この膜の電子伝達系を電子が伝達されるとき、呼吸では電子の酸化、光合成では光のエネルギーを利用した電子のプッシュによって、プロトンが膜胞の内側から外側へ排出され、膜の内外でプロトンの濃度差(ΔpH、勾配)と膜電位(ΔΨ)が生じます。またプロトンの排出が起きなくても、膜胞の外側から電子が供給されて内側でそれが酸化されると膜電位が生じます。上記のようなプロトン勾配と膜電位(膜電位あるいはプロトン勾配のみの場合もあります)が生じた状態で決まるプロトン駆動力(Δp、下記の式)によってエネルギーを与えられたATP合成酵素の分子内をプロトンが通って膜胞の外側から内へ入るときATPが生成されます。

Δp(ボルト)＝ΔΨ－0.06ΔpH

このプロトン駆動力の存在下で、1モルのプロトンがATP合成酵素を通過するとき、*F*Δp=23Δpキロカロリー(*F*：ファラデー定数)のエネルギーが賦与されます。

例として、ミトコンドリアの内膜(およびクリステ膜)を考えてみましょう。内膜に存在する電子伝達系が機能してプロトンが膜間腔に排出され、内膜をはさんでプロトン勾配が生じ、また内膜に膜電位が生じます。膜間腔のpHはマトリックスのpHより1.4くらい低くなります。ΔpHは内膜の外側(膜間腔側)のpHマイナス内膜の内側(マトリックス側)のpHとなり、この場合はマイナス1.4になります。また内膜の膜電位は膜の外側が正で、膜電位(ΔΨ)は外側の電位マイナス内側の電位で表され、ミトコンドリア内膜のΔΨはプラス0.14ボルトです。したがって、この場合のΔpは、

Δp＝0.14－0.06(－1.4)＝
0.14＋0.084＝0.224(ボルト)

となります。これは1モルのプロトンに約5.2(23×0.224)キロカロリーのエネルギーを賦与できます。1モルのATPを生合成するには7.3キロカロリーのエネルギーが必要なので、ATP合成酵素の分子内を2モルのプロトンが通過すると1モルのATPが生成することになります。光合成の場合もATP合成酵素によりATPが生成されますが、電子伝達は光によって駆動されます。

第2章

シトクロム

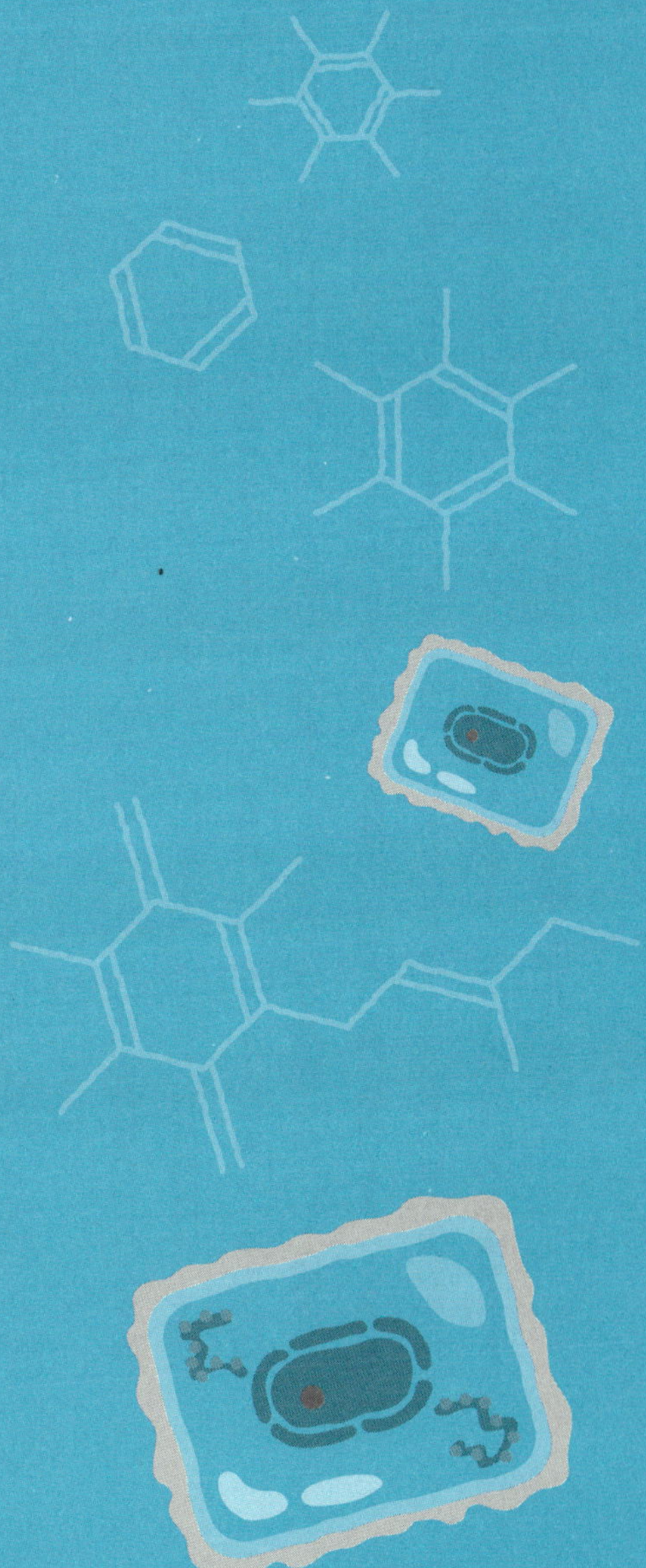

2-1

シトクロムとは何か

第1章で呼吸や光合成の説明に出てきた電子伝達系を構成する成分の多くは、「シトクロム」と呼ばれるタンパク質です。シトクロムは本書に何回も出てきます。そこで、この章ではシトクロムについて説明します。

ヘモグロビンの赤い色素部分は「ヘム」というポルフィリンの鉄化合物で、ヘムを補欠分子族とするタンパク質を「ヘムタンパク質」といいます。ヘムタンパク質には、大きく分けて2つのグループがあります。1つは「ヘモグロビン」のグループで、ヘムの中の鉄（これをヘム鉄といいます）が二価のときだけ酸素ガスを結合したり遊離したりして機能します。もう1つが「シトクロム」のグループで、ヘム鉄が二価、三価（四価になることもあります）を繰り返すことで機能します。したがって、シトクロムは、ヘム鉄の原子価の変化が直接その機能に関係しているヘムタンパク質といえます。ヘムにはいろいろな種類がありますから、それを結合しているシトクロムにも多くの種類が存在します。

2-2 シトクロムの種類

ヘムは「ポルフィリン」という有機化合物の鉄結合物です。ポルフィリンには構造の異なる多くの種類があります。ヘムにもいろいろな種類があり、それを補欠分子族とするシトクロムにも多くの種類があります。

ヘムには、ヘムA、ヘムB、ヘムC、ヘムD、ヘムD_1、シロヘムなどがあります。ヘムAを持つシトクロムには、シトクロムa_3やシトクロムaa_3などが、ヘムBを持つものにはシトクロムbやシトクロムb_2などが、ヘムCを持つものにはシトクロムc、シトクロムc_1、シトクロムc_3などがあります。表2-1に数種類のシトクロムの機能などをまとめました。

シトクロムは一分子のヘムを持つものが多いのですが、二分子以上の同種類のヘムを持つもののほか、二分子以上の異なるヘムを持つものもあります。たとえば、シトクロムaa_3はヘムAを二分子持ち、シトクロムbdはヘムBとヘムDを一分子ずつ持ちます。

ちなみに、シトクロムの種類を表すイタリック小文字にある下付き数字は、以前は発見順を表していましたが、現在では機能や所在を表します。たとえば、シトクロムaa_3やシトクロムbo_3の3は一酸化炭素（および酸素ガス）と反応することを示し、シトクロムb_2の

表 2-1　ヘムとシトクロムの関係とシトクロムの簡単な特性など

<table>
<tr><th>ヘム</th><th>シトクロム</th><th>酵素としての名称</th><th>機能、所在など</th></tr>
<tr><td>A</td><td>aa_3</td><td>シトクロムcオキシダーゼ</td><td>還元型シトクロムcによる酸素ガスの水への還元。プロトンポンプ活性*</td></tr>
<tr><td rowspan="3">B</td><td>b</td><td></td><td>電子の受け渡し</td></tr>
<tr><td>b_2</td><td>乳酸デヒドロゲナーゼ</td><td>酵母に存在。ヘムBとFMN**を持つ</td></tr>
<tr><td>P-450</td><td>モノオキシゲナーゼ</td><td>例外的に一酸化窒素レダクターゼがある</td></tr>
<tr><td rowspan="3">C</td><td>c</td><td></td><td>シトクロムcオキシダーゼへの電子供与。細胞計画死(アポトーシス)の引き金</td></tr>
<tr><td>c_1</td><td></td><td>呼吸系電子伝達におけるシトクロムcへの電子供与</td></tr>
<tr><td>c_3</td><td></td><td>硫酸還元菌における電子の受け渡し</td></tr>
<tr><td>A+C</td><td>a_1c_1</td><td>亜硝酸オキシドレダクターゼ</td><td>亜硝酸塩の硝酸塩への酸化</td></tr>
<tr><td>B+C</td><td>cbb</td><td>一酸化窒素レダクターゼ</td><td>一酸化窒素を亜酸化窒素に還元</td></tr>
<tr><td>B+D</td><td>bd</td><td>キノールオキシダーゼ</td><td>キノールによる酸素ガスの水への還元</td></tr>
<tr><td>B+O</td><td>bo_3</td><td>キノールオキシダーゼ</td><td>キノールによる酸素ガスの水への還元。プロトンポンプ活性</td></tr>
<tr><td>C+D_1</td><td>cd_1</td><td>亜硝酸レダクターゼ</td><td>亜硝酸塩を一酸化窒素へ還元。酸素ガスの水への還元も触媒する</td></tr>
<tr><td>シロヘム</td><td>シトクロムとしての名称はない</td><td>亜硫酸レダクターゼ</td><td>亜硫酸塩を硫化水素へ還元。シロヘムを持つ亜硝酸レダクターゼもある</td></tr>
<tr><td>P-460+C</td><td>シトクロムとしての名称はない</td><td>ヒドロキシルアミンオキシドレダクターゼ</td><td>ヒドロキシルアミンの亜硝酸への酸化</td></tr>
</table>

* **プロトンポンプ活性**
シトクロムcオキシダーゼが酸素を還元するとき、酵素分子の一方の側から他方の側へプロトンを移送する現象。プロトン勾配の形成に貢献する。

** **FMN**
フラビンモノヌクレオチドのことで、酸化還元酵素の補欠分子族。NADと比べると強力な酸化剤で、1～2個の電子輸送を担う。

2は酵母に存在する乳酸デヒドロゲナーゼであることを表します。ただし、同じ下付き3でもシトクロム c_3 の3は硫酸還元菌に存在することを意味します。さらに、イタリック小文字の次にあるハイフンをはさんだ並みの数字は、吸光曲線におけるα吸収ピークの位置を表します。

なお、シトクロムP－450*1はヘムBを持つシトクロムですが、ほとんどのものはモノオキシゲナーゼ（コラム5「オキシゲナーゼ」参照）としての活性を持ち、現在では単にP－450と呼ばれています。[3]

2-3 ヘムおよび関連物質の生合成

次に、ヘムの核になる有機化合物、ポルフィリンの生合成経路について説明しましょう。出発物質は、生物によって異なります。動物や非酸素発生型光栄養細菌などでは「グリシン」と「スクシニル補酵素A」です。一方、植物や多くの細菌などでは二分子の「グルタミン酸」です。いずれの場合も、出発物質の次は「5－アミノレブリン酸」が生じ、その後は動物も植物も細菌も同じ経路で生合成反応が進みます。二分子の5－アミノレブリン酸が縮合

＊1 **シトクロムP-450**
シトクロムP-450には、モノオキシゲナーゼとしていろいろな活性を持つものがあるため、ほかのシトクロムとは別の1つのグループとして扱われます。

して「ポルホビリノゲン」が生じ、次に四分子のポルホビリノゲンが環状に縮合して「ウロポルフィリノゲンⅢ」が生じます。ここからは反応経路が二手に分かれます（図2-1）。

一方は、「コプロポルフィリノゲンⅢ」を経て「プロトポルフィリノゲンⅨ」になり、さらに「プロトポルフィリンⅨ」になります。これにフェロケラターゼの作用で二価鉄イオンが挿入されてヘムB（プロトヘムともいいます）が生じます。ヘムBがシトクロムcアポタンパク質と結合するとヘムCが生じ、同時にシトクロムcが生成されます。また、ヘムBはヘムOを経てヘム

図 2-1　ヘムおよび関連物質の生合成経路

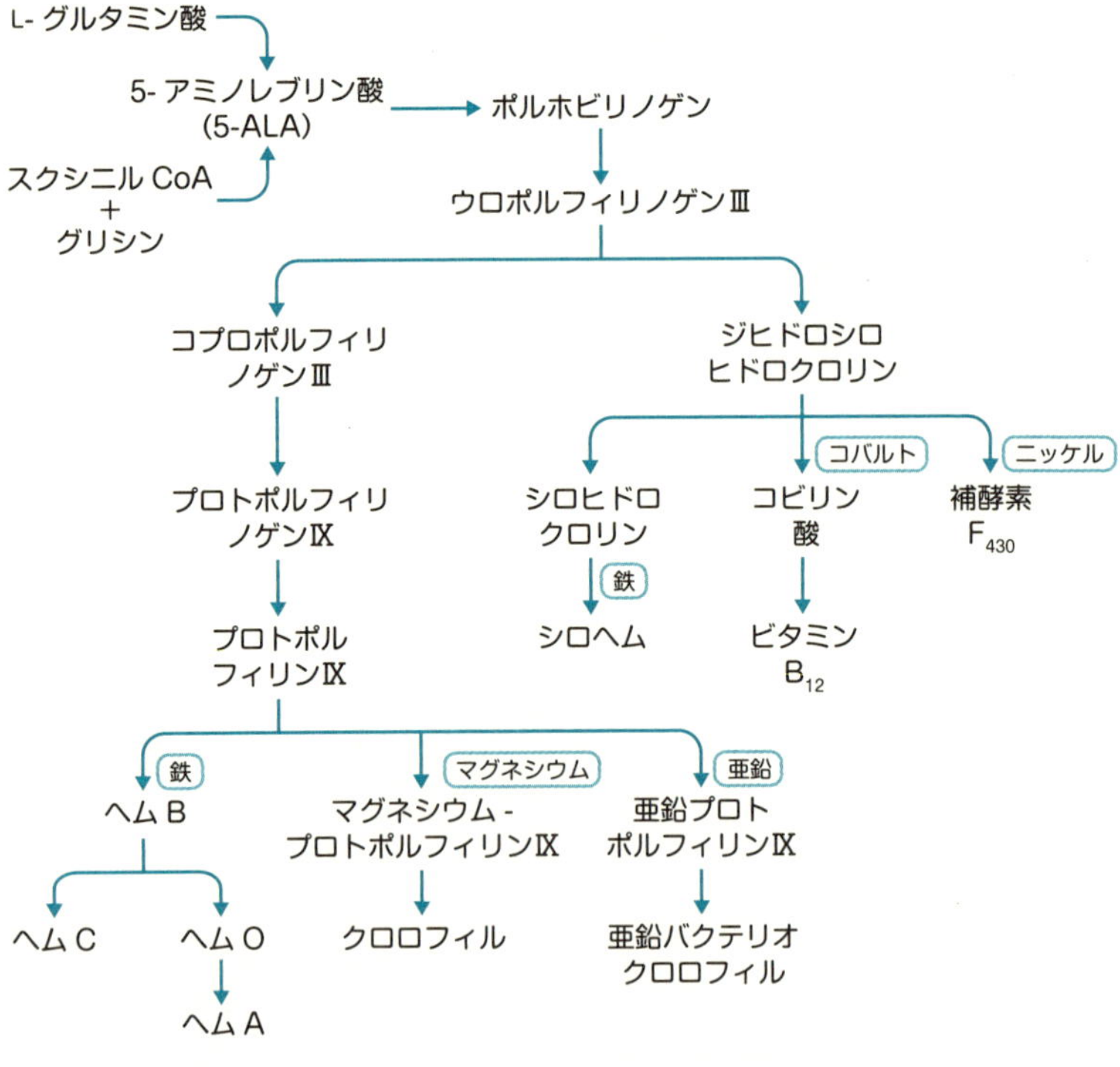

Aになります。プロトポルフィリンⅨにマグネシウムケラターゼの作用でマグネシウムイオンが挿入されると、「マグネシウムプロトポルフィリンⅨ」が生じ、数段階の反応を経て「クロロフィル a」が生成されます。また、フェロケラターゼの作用でプロトポルフィリンⅨに亜鉛イオンが挿入されて「亜鉛プロトポルフィリンⅨ」が生じ、数段階の反応を経て「亜鉛バクテリオクロロフィル a」が生成されます。

ウロポルフィリノゲンⅢがもう一方の反応経路へ入ると、「ジヒドロシロヒドロクロリン」が生じます。これにコバルトイオンが挿入されて数段階の反応を経ると、ビタミンB_{12}が生成されます。また、ジヒドロシロヒドロクロリンはシロヒドロクロリンになり二価鉄イオンが挿入されてシロヘムになるが、一方ジヒドロシロヒドロクロリンにニッケルイオンが挿入されて数段階の反応を経ると、メタン生成に関係がある「補酵素F_{430}」を生成します。

癌治療に利用されるプロトポルフィリンⅨ

第1章で述べたように、癌細胞の特徴の1つは、好気的条件下でもほとんどのATPを解糖で得ていることです。そのため多量の乳酸が生じ、癌細胞内のpHは6・4付近(5・8くらいの場合もあります)になっています。フェロケラターゼは、pH7・4付近ではプロトポルフィリンⅨへの二価鉄イオンの挿入を触媒しますが、pHが6・0付近になるとヘムBからの二価鉄イオンの遊離を触媒します。[4] その結果、プロトポルフィリンⅨが生じ、ヘモグロビンの生成量が減少して貧血が進むのです。

ところが、このプロトポルフィリンⅨの生成が、癌病巣部の切除に利用されています。プロトポルフィリンⅨは、紫外線を照射すると赤い蛍光を発します。そこで、手術の数時間前に5－アミノレブリン酸を注射して癌病巣部に多量のプロトポルフィリンⅨを作らせておき、紫外線を照射すると、病巣部が赤く光るのでうまく切除することができるというわけです。さらに、紫外線の照射方法と蛍光検出方法を活用すると、胃癌などの転移部位を知ることができるようです。

第3章

自然界における窒素の循環と細菌たち

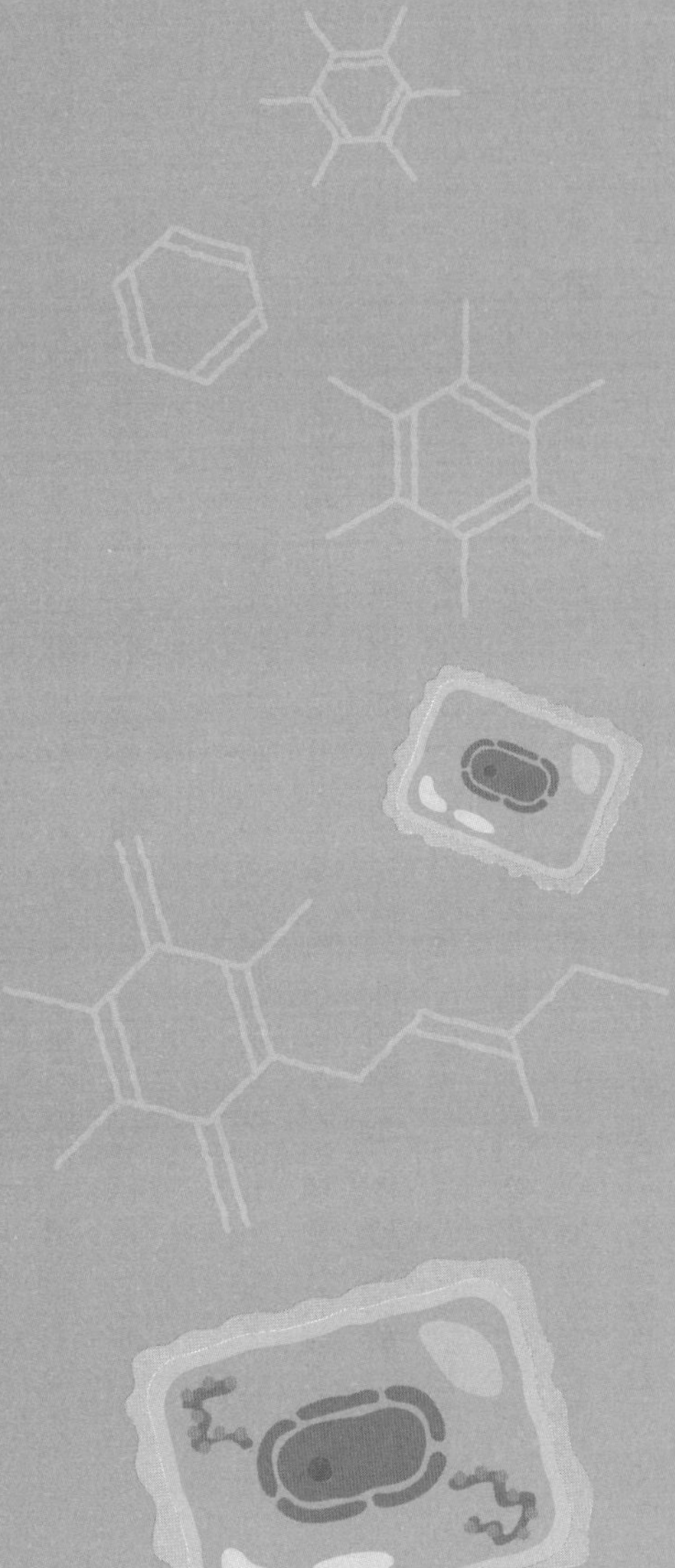

3-1 窒素の循環

地球の大気の約78パーセントは、窒素ガス（N_2）です。窒素ガスはかなり安定した物質なので、形を変えることなく、ずっとこのガスのままで大気中にとどまっているとお考えの読者も多いのではないでしょうか。しかし、たとえばタンパク質の中にも窒素原子が存在することを考えると、窒素ガスは形を変えて生物体内などに入り込んでいることがわかるでしょう。

図3-1に示したように、硫安（硫酸アンモニウム）のような肥料のアンモニア（あるいはアンモニウムイオン、以下とくに必要な場合以外はアンモニアとする）は、イネなどの植物に吸収されますが、残りはアンモニア酸化細菌と亜硝酸酸化細菌の作用で亜硝酸（塩）を経て硝酸（塩）に酸化されます。生じた硝酸は、土壌中などでは多くの場合、炭酸カルシウムと反応して、硝酸カルシウムとなります。硝酸カルシウム（一般に硝酸塩）は植物の良い窒素源です。窒素肥料の中には、硝安（硝酸アンモニウム）のように硝酸塩（硝酸イオン）として植物の窒素源となるほかに、アンモニアを植物に供給するものもあります。主にヨーロッパで見られる現象ですが、石材建造物の壁などに付着した硝酸塩が、しばしの間、窒素循環からはずれて存在することがあります。図3-1で「蓄積」と記してある硝酸塩がそれです。硝酸

塩は植物に吸収されるほか、脱窒微生物の作用で窒素ガス[*1]になり、大気中へ放出されます。窒素ガスは、窒素固定菌の作用によって還元されてアンモニアになりますが、細菌細胞内で生じたアンモニアは、ただちにアミノ酸などになりますから、外部から肥料として硫安などの形でアンモニアを植物に与えるのとは事情が異なります。したがって、図3-1の窒素ガスの後このアンモニアはカッコで囲みました。

窒素の循環と微生物

マメ科植物の根に生じる根粒の内部で窒素固定をする根粒菌の場合、窒素固定の結果、細菌細胞内に生成されたアンモニアは、ただちにアミノ酸やそのほかの窒素化合物になり、細菌自身の細胞内で代謝されるほか、マメ科

図 3-1　自然界における窒素循環の概略

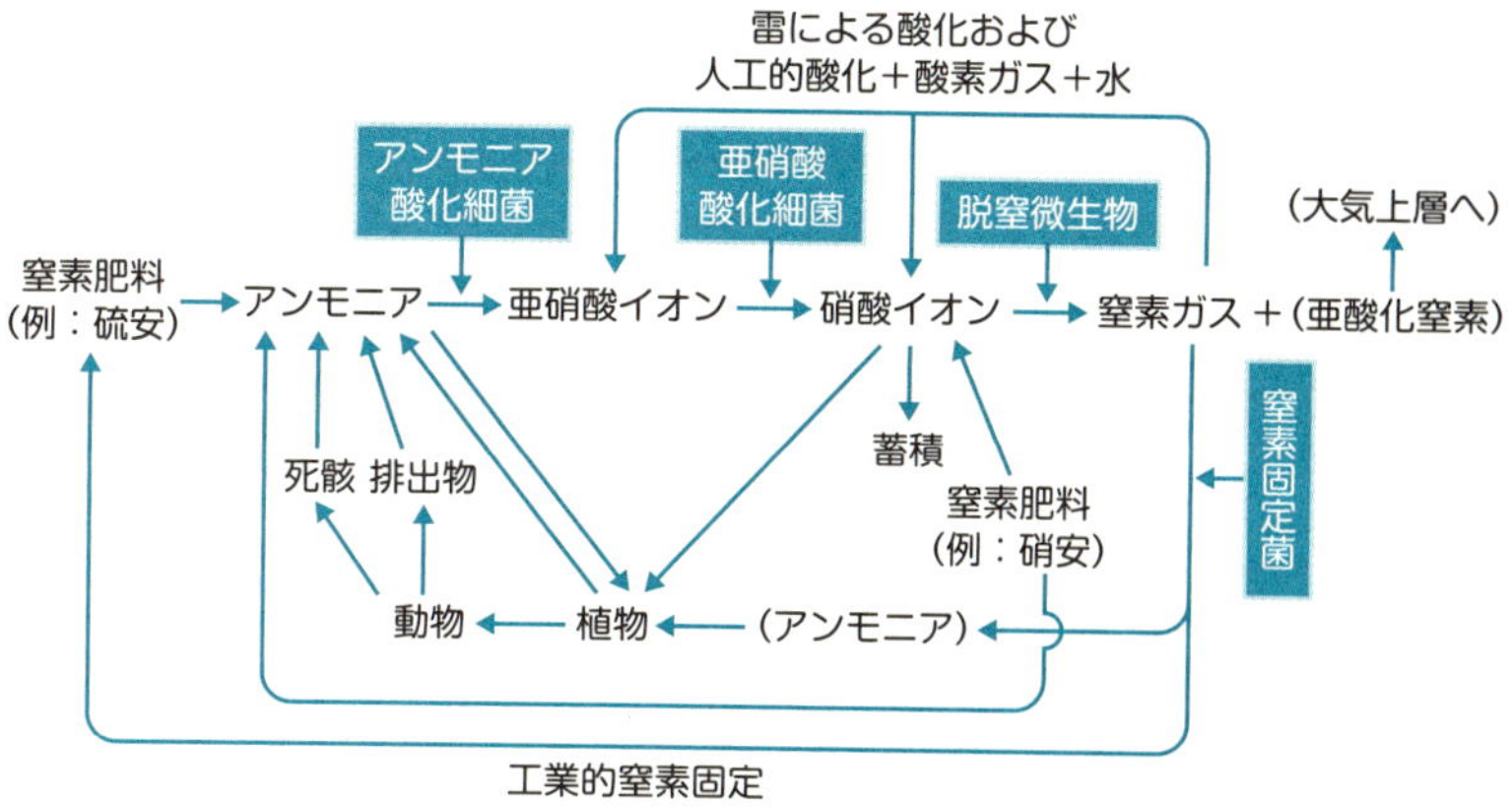

＊1　**窒素ガス**
一部は亜酸化窒素。厳密には一酸化二窒素。

植物に供給されます。一方、土中などに棲む窒素固定菌が生成する窒素化合物は、タンパク質などになり、その細菌の役に立った後、細菌の死滅後分解されて生じたアンモニアは植物に吸収され、あるいは亜硝酸塩を経て硝酸塩に変化した後、植物に吸収されます（一部はアミノ酸のまま吸収されるようです）。動物が植物を食べると、植物の窒素化合物は動物に移ります。一方、植物が枯れて微生物によって分解されると、窒素化合物はアンモニアを生じます。このアンモニアはそのまま、あるいは亜硝酸塩を経て硝酸塩に変化した後、植物に吸収されます。動物の排出物や死骸も微生物によって分解され、その中の窒素化合物はアンモニアを生じます。

このように、窒素は、窒素ガス、アンモニア、亜硝酸、硝酸になり、再び窒素ガスになるという循環を繰り返していますが、その過程にはそれぞれに特徴的な微生物が関与しています。図3-1に工業的窒素固定とあるのは、化学的に窒素ガスをアンモニアに還元して、硫安などを製造する工程を指します。また、人工的酸化とあるのは、工場の煙突から排出される煙や自動車の排気ガスの中にある窒素酸化物（二酸化窒素など）の生成のことです。同種の窒素酸化物は、雷によっても生じます。このようにして生じた窒素酸化物は、雨水と空気中の酸素ガスの作用で亜硝酸や硝酸になり地上に降り注がれます。これが酸性雨です。

3-2 窒素ガスをアンモニアに変える細菌

窒素ガスをアンモニアに変える細菌は、「窒素固定菌」と呼ばれます。この細菌は、「ニトロゲナーゼ」という酵素の触媒作用で、窒素ガスを水素ガス[*2]でアンモニアに還元しますが、このときエネルギーであるATPが必要です(式3-1)。電子は、フェレドキシンやフラボドキシン(コラム3「鉄-硫黄クラスター」を参照)から供給されます。

1分子の窒素ガスのニトロゲナーゼによる還元では、少なくとも1分子の水素ガスが発生しますが、この反応にもATPが必要です。水素ガスは、ニトロゲナーゼを保護するために生成されるようです。したがって、1分子の窒素ガスの還元には、少なくとも16分子のATPが必要になります(式3-1)。

ニトロゲナーゼは、厳密には「ニトロゲナーゼ複合体」と称され、レダクターゼ成分(鉄タンパク質)とジニトロゲナーゼ成分(モリブデン・鉄タンパク質)からなります。レダクターゼ成分は、フェレドキシンやフラボドキシンから電子を得てニトロゲナーゼ成分を還元するのに必要なタンパク質であり、これか

式 3-1

窒素ガス +8 電子 +16ATP+16 水 $\xrightarrow{\text{ニトロゲナーゼ}}$
2 アンモニア + 水素ガス +16ADP+16 リン酸 +8 プロトン

＊2　**水素ガス**
実際は、プロトン（水素イオン）と電子です。式3-1では、プロトンと残りの電子は水から供給されます。

コラム3 鉄-硫黄クラスター

生物の細胞では、いろいろな場所に、2〜4個の鉄原子と2〜4個の無機硫黄原子からできた鉄-硫黄クラスターを持つ酵素やタンパク質が存在します。このクラスターは、一般に酸性において不安定です。たとえば、これを持つ酵素やタンパク質に塩酸を加え、pHを3.0以下にすると、硫化水素を発生します。鉄-硫黄クラスターには、4原子の鉄と4原子の硫黄からなる4鉄4硫黄クラスターや、2原子の鉄と2原子の硫黄とからなる2鉄2硫黄クラスターがたくさんあります。鉄-硫黄クラスターを持つタンパク質でよく知られているのは「フェレドキシン」で、分子質量が約6kDa*で4鉄4硫黄クラスターを1個持つものと2個持つものや、分子質量が約10.5kDaで2鉄2硫黄クラスターを1個持つものなどがあります。いずれも酸化還元電位が低く、中点酸化還元電位が-0.4ボルト付近の電子伝達体です。

また、分子質量が約10kDaで1個の4鉄4硫黄クラスターを持ち、中点酸化還元電位が+0.35ボルト付近にある高ポテンシャル鉄硫黄タンパク質(HiPIP)もあります。このタンパク質は、酸化還元電位が高い電子伝達体として働きます。1個の4鉄4硫黄クラスターを持つフェレドキシンとHiPIPとは構造が似ているのに、4鉄4硫黄クラスターを取り囲むタンパク質の影響で、酸化還元電位が大きく変化していることに興味をそそられます。

酵素で4鉄4硫黄クラスターを持つものも多く知られています。本文中に記述したものでは、亜硝酸オキシドレダクターゼや二価鉄-シトクロム *c* オキシドレダクターゼなどがそうです。

鉄-硫黄クラスターではありませんが、FMNというフラビンを持つフラビンタンパク質で、フェレドキシンと同様に酸化電位の低い電子伝達体「フラボドキシン」があります。

* **kDa**
キロダルトン。Da（ダルトン）は微少な質量を表す単位で、1Daは静止して基底状態にある自由な炭素12原子質量の12分の1を示す。1kDaは1000Da。

ら電子を受け取ったジニトロゲナーゼ成分が窒素ガスをアンモニアに還元します。

ニトロゲナーゼは、酸素ガスに対して、とても不安定です[*3]。したがって、ニトロゲナーゼの作用による窒素ガスの還元は、ニトロゲナーゼ周辺の微環境が嫌気的な条件下でないと起きません。なお、窒素固定をすることができる微生物は、原核生物のみです。

窒素固定菌には、嫌気性細菌、任意嫌気性細菌[*4]のほかに、好気性細菌があります。嫌気性細菌で窒素固定を行なうものは、生育条件が嫌気的なため、いつでも窒素固定ができます。任意嫌気性細菌が窒素固定をするのは、嫌気的条件下で生育しているときだけです。

問題は、好気性窒素固定菌です。この細菌は生育に必要な呼吸のため、酸素ガスを必要とします。一方、ニトロゲナーゼは酸素ガスに弱い性質を持ちます。そうすると、呼吸ができない条件下でしか窒素固定が行なえないことになります。しかし、実際には、好気的に生育しながら窒素固定することができます。これはどういう工夫によるのか、考えてみましょう。

根粒菌が窒素固定できる理由

マメ科植物の根には小さい瘤、根粒がたくさんついています。根粒の中には根粒菌が生息していて、窒素ガスを固定します。細菌自身も生じた窒素化合物を利用しますが、マメ科植物にも供給します。マメ科植物は根粒菌に〝宿〟を貸し、根粒菌に有機物を供給す

＊4　**任意嫌気性細菌**
酸素ガスがあってもなくても生育できる細菌で、通性嫌気性細菌ともいいます。

＊3　**とても不安**
比較的最近、酸素ガスに対して安定なニトロゲナーゼが1種類だけ見つかりました。67ページを参照してください。

ることで、相利共生しているのです。

ところで、根粒菌は、土壌中にもばらばらな状態（単生状態）で生息していますが、このような状態の根粒菌は、自然界では窒素固定をしません。根粒菌は、根粒の中に入ってマメ科植物と共生するようになって、初めて窒素固定をするのです。それはなぜでしょうか。

根粒の中は「レグヘモグロビン」＊5というタンパク質で満ちています。レグヘモグロビンは、動物のヘモグロビンと同様、ヘムBがグロビンというタンパク質に結合したもので、酸素ガスと結合します。酸素ガスを結合する力は、動物のヘモグロビンよりもずっと強いので、根粒の中は嫌気的になっています。したがって、根粒菌のニトロゲナーゼは、酸素ガスを心配することなく機能して、窒素ガスを還元し、アンモニアを生ずることができます。一方、根粒菌は、レグヘモグロビンが結合している酸素ガスをもぎ取って呼吸します。この細菌の呼吸酵素も、酸素ガスを強く結合するようにできていて、レグヘモグロビンに結合した酸素ガスをもぎとることができます。このように、根粒は、嫌気と好気の共存する場所を根粒菌に提供しています。

ちなみに、レグヘモグロビンのタンパク質であるグロビンは、宿主のマメ科植物の遺伝子によってコードされており、ヘムは根粒菌が作ります。したがって、アミノ酸配列から得られる情報からすると、レグヘモグロビンは植物ヘモグロビンとなります。動物ヘモグロビンとレグヘモグロビンのアミノ酸配列は、よく似ていることがわかっています。さ

＊5　レグヘモグロビン

レグヘモグロビンは、わが国の久保秀雄博士が1939年に発見しました。しかし、やがて第二次世界大戦に突入したこともあり、研究は進展しませんでした。戦後もわが国では、タンパク質としてのレグヘモグロビンに関する本格的な研究はなされませんでしたが、1970年代にオーストラリアと米国の研究者がこのタンパク質の主に酸素ガスとの反応メカニズムを活発に研究しました。

らに、「ウィトレオシッラ」（*Vitreoscilla*）という細菌のヘモグロビンも[*6]、アミノ酸配列が動物や植物のヘモグロビンのものに似ていることがわかりました。したがって、ヘモグロビン（の遺伝子）は、生物進化の過程で、細菌、植物、動物が分岐する以前から存在したことになります。

マメ科植物の栽培の不思議

窒素固定にはエネルギー（ATP）を必要とします。窒素固定菌は、窒素源とくにアンモニアが利用できるときは、窒素固定をしなくなります。そして、窒素源が多いと、マメ科植物は根粒を作らなくなります。ですから、マメ科植物の栽培では、初めはあまり窒素肥料を与えないようにするのが良いのです。しかし、低濃度の窒素肥料が徐々に供給されると、かえって根粒形成が促進されて窒素固定の増加が見られます。マメ科植物の種蒔きのときは、蒔いた種より20センチメートルくらい深い土壌中に窒素肥料を施肥すると良いとされています[5]。これらの研究結果はダイズについて得られたものですが、マメ科植物の栽培と窒素肥料の施肥の関係についてはまだまだ改良の余地があるといいます。

マメ科植物は、根粒中に共生している根粒菌が窒素固定をして生合成した窒素化合物を供給してもらえるので、窒素源がない荒れ地でもよく育ちます。一方、熱帯地方のように脱窒微生物の盛んな活動によって窒素肥料が速やかに窒素ガスになってしまうところ

＊6　**ウィトレオシッラという細菌のヘモグロビン**
この細菌のヘモグロビンは、米国のD.A.ウエブスター（D.A.Webster）博士が1966年に発見しましたが、わが国の折井 豊博士との共同研究でヘモグロビンであるという確証が得られました。アミノ酸配列は、わが国の若林貞夫博士と松原 央博士が1986年に決定しました。

では、窒素肥料を施してもあまり効果がありません。そこで、根粒菌の力で窒素ガスを固定することが重要になります。そのような地域で畑にマメ科植物の種を蒔くときは、別に培養した根粒菌を一緒に撒くそうです。

なお、根粒菌にもいろいろな種があり、マメ科植物の種に適合する根粒菌の種が決まっています（表3-1）。ですから、根粒菌を撒く[*7]ときは組み合わせを間違えないようにしなければなりません。

アゾトバクター属細菌

大気の酸素分圧下でも単生状態で窒素固定をする細菌があります。その中にはアゾトバクター（*Azotobacter*）属細菌があり、その中でもよく知られているのは「アゾト

表 3-1　根粒菌と宿主になるマメ科植物の関係

根粒菌	マメ科植物
リゾビウム・レグミノサム (*Rhizobium leguminosarum*)	ソラマメ、エンドウ、シロツメグサ
リゾビウム・エトリ(*Rhizobium etli*)	インゲンマメ
リゾビウム・トロピキ(*Rhizobium tropici*)	インゲンマメ
リゾビウム・ルピニ(*Rhizobium lupini*)	ハウチワマメ
メゾリゾビウム・フアクイイ(*Mesorhizobium huakuii*)	ヌスビトハギ
メソリゾビウム・ロティ (*Mesorhizobium loti*)	ミヤコグサ
シノリゾビウム・メリロティ (*Sinorhizobium meliloti*)	ウマゴヤシ、ダイズ
シノリゾビウム・テランギ(*Sinorhizobium terangae*)	アカシア
シノリゾビウム・フレディイ(*Sinorhizobium fredii*)	ダイズ、ウマゴヤシ
ブラディリゾビウム・ヤポニカム (*Bradyrhizobium japonicum*)	ダイズ
ブラディリゾビウム・エルカニイ(*Bradyrhizobium elkanii*)	ダイズ、ササゲ

＊7　**根粒菌を撒く**
土壌中には、根粒菌のいろいろな種が生息していますから、一般にはマメ科植物が生育すると、やがてその種に適した根粒菌の種が共生するようになります。しかし、早く根粒を作らせるためには、根粒菌を種と一緒に蒔くと良いでしょう。

バクター・ヴィネランディイ」(*Azotobacter vinelandii*) と「アゾトバクター・クロオコッカム」(*Azotobacter chroococcum*) です。この細菌のニトロゲナーゼも酸素ガスに対して不安定ですが、「シェトナ (Shethna) タンパク質」がニトロゲナーゼを酸素ガスから保護しています。

さらに、通常、呼吸系はＮＡＤＨをゆっくり酸化してＡＴＰの生成に関係しますが、窒素固定をするときにはＡＴＰ生成に関係するのを止めて空回りし、酸素ガスを消費する速さを増してニトロゲナーゼの周辺（ミクロ領域）の酸素ガスを取り除きます。その上、酸素分圧の非常に低いところで機能する「シトクロム*bd*型オキシダーゼ」によってニトロゲナーゼ周辺の酸素ガスの除去も行なわれます。このようにして、ニトロゲナーゼを酸素ガスから保護しているのです。

アゾトバクター属細菌が死滅して分解されると、細胞内に存在していた窒素化合物やそれらから生じたアンモニアが、そのままあるいは硝酸塩に変化して植物に供給されます。

ニトロゲナーゼは、一般に、活性に必須な金属としてモリブデンを持っています。アゾトバクター・クロオコッカムとアゾトバクター・ヴィネランディイを、モリブデンが欠乏している（微量のバナジウムは存在する）環境で生育させると、モリブデンの代わりにバナジウムを持つニトロゲナーゼが生合成されます。ニトロゲナーゼを細菌細胞から取り出して調べてみると、一般のニトロゲナーゼ複合体のモリブデン・鉄タンパク質の代わりに、バナジウム・鉄タンパク質が存在することがわかりました。このようにして、バナジウムも

コラム 4 バナジウムの生物機能

1983年には、微量ですが、バナジウムが植物と動物に必須な元素であることがわかっていました。しかし、バナジウムがどういう機能に関係しているかはわかりませんでした。一方、ニトロゲナーゼの機能である窒素ガスの還元に必要な金属は、従来、モリブデンだと思われていました。ところが、1986年、モリブデンを含まない(しかし微量のバナジウムを含む)培地で2種の窒素固定菌「アゾトバクター・クロオコッカム」と「アゾトバクター・ヴィネランディイ」を培養すると、モリブデンの代わりにバナジウムの入ったニトロゲナーゼが作られることがわかりました。バナジウムを持つニトロゲナーゼも窒素ガスを還元してアンモニアを作ることから、バナジウムも確実に生元素の仲間入りをしました。

このほかにバナジウムを活性部位に持つ酵素には、「ハロペルオキシダーゼ」があります。この酵素は、塩化水素、臭化水素およびヨウ化水素の過酸化水素による酸化を触媒して、それぞれ、次亜塩素酸、次亜臭素酸および次亜ヨウ素酸を生じます。

さらに、ある種のホヤには、大量のバナジウムが存在します。たとえば、ナツメボヤのある種では、バナジウム細胞という血液細胞に、乾燥重量1キログラム当たり27グラムのバナジウムが存在しています。しかし、すべてのホヤにこのような多量のバナジウムが存在するわけではありませんので、バナジウム細胞の機能は不明です。

また生元素（生物の機能に必要な元素）であることが明らかになったのです（コラム4「バナジウムの生物機能」参照）。

アゾスピリルム属細菌

土壌中に単生状態で生息していて窒素固定をする細菌はほかにもありますが、それらはアゾトバクター属細菌と異なり、大気中より少し酸素分圧の低い場所で窒素固定をするとされています。その1つが「アゾスピリルム（*Azospirillum*）属細菌」で、水稲の根の周辺（根圏）で窒素固定をします。イネの根からこの細菌に対する誘引物質が分泌されており、この細菌はイネの根圏に集まります。水田の土壌中はかなり嫌気的になっているので、アゾスピリルム属細菌はそこで窒素固定をすることができます。この細菌はやがて死滅して分解され、アンモニアや窒素化合物を生じますが、イネはそのアンモニアなどを吸収して窒素源とします。イネとアゾスピリルム属細菌の関係は「緩い共生」と呼ばれています。

トウモロコシ畑にアゾスピリルム属細菌を散布すると、収穫量が増加したという報告があります。畑の土壌中は水田の場合ほど嫌気的になっているとは思えませんが、それでも、この細菌は窒素固定できるようです。また、最近では、アゾスピリルム属細菌がイネの根の中に入り込んで窒素固定をしている場合があることがわかりました。こうなると、緩い共生ではなく、タイトな共生ということになります。トウモロコシやサトウキビでは、根だけではなく茎にもこの細菌が入り込んでいることもわかってきました。さらに、サトウキビでは、「アセトバクター・ジアゾトロフィカス」(*Acetobacter diazotrophicus*)という窒素固定菌も根や茎に入り込み、窒素固定をしていることもわかっています。

シアノバクテリア

シアノバクテリアは細菌ですが、酸素発生型の光合成を行ない、さらに窒素固定をします。自身の発生する酸素ガスで不活性化される恐れがあるニトロゲナーゼを、どのようにして酸素ガスから護っているのでしょうか。

シアノバクテリアの中でも、とくに連鎖状に細胞が連なったものは、ところどころに普通の細胞より細胞壁の分厚い細胞「ヘテロシスト」があります。蛍光顕微鏡で観察すると、普通の細胞(栄養細胞ともいいます)は赤い蛍光を放つのが見られるのに、ヘテロシストは蛍光を放ちません。ヘテロシストには蛍光の原因になるフィコシアニン(およびフィコエリトリン)という色素タンパク質が存在しないからです。酸素発生型光合成では、光のエネルギーで水を分解(酸化)して励起された電子を作る光化学系Ⅱと、光化学系Ⅱで生じた電子を再び光のエネルギーで励起してNADPHを作る光化学系Iとがあります。シアノバクテリアの普通の細胞では、フィコシアニン(およびフィコエリトリン)が集光用の色素タンパク質として働き、光のエネルギーを光化学系Ⅱの活性中心へ伝達します。一方、ヘテロシストには光化学系はⅠのみが存在し、フィコシアニンもフィコエリトリンも存在せず、光合成の結果、酸素ガスを発生しません。そして、ヘテロシストにのみニトロゲナーゼが存在します。つまり、ヘテロシストが窒素固定専用の細胞の役割を果たすため、シアノバクテリアは光合成で酸素ガスを発生するにもかかわらず、窒素固定ができるのです。窒素固定の結果、生成されたアミノ酸などの窒素化合物は、ヘテロシストから普通の細胞へ移って行きます。ただし、シアノバクテリアの中には細胞が連鎖状に連なっていないばらばらの状態（単細胞性）のものもあります。この場合に、ヘテロシストで作られたアミノ酸などが普通の細胞へ移送されるメカニズムは、まだわかっていません。

ヘテロシストを持たない、単細胞性のシアノバクテリアもあります。単細胞性のシアノバクテリアの一部は、明所ではごくわずかしか窒素固定をしませんが、暗所では活発に窒素固定をしていることが最近わかってきました。これは光合成によって発生する酸素ガスからニトロゲナーゼを保護する1つの工夫といえます。

シアノバクテリアも死滅して分解されれば、その中の窒素化合物はアンモニアになり植物に吸収されるほか、アンモニアから生じた硝酸塩も植物に吸収されます。水田の田面水に浮かんだアカウキクサの裏面には、シアノバクテリアが生息していて窒素固定をします。この窒素固定で生合成された窒素化合物は、次の稲作のときの肥料になります。また、イネを刈った後にマメ科植物であるゲンゲ*8を植え、その根粒の中の根粒菌に窒素固定をさ

＊8　ゲンゲ
レンゲソウとも呼ばれます。最近は、ゲンゲを植えて肥料（緑肥）にすることはあまり行なわれていないようです。

せ、次の稲作のとき鋤き込んで肥料とすることができます。このようにして、窒素固定菌による窒素固定は農業生産に大いに利用されています。

窒素ガスをアンモニアに変える細菌は生物進化の初期からいたか

後述するように、アンモニアは硝化細菌によって硝酸塩に酸化され、硝酸塩は植物に吸収されますが、吸収されなかった部分は脱窒微生物によって還元されて窒素ガス（および亜酸化窒素）になります。植物に吸収されずに残った硝酸塩が脱窒微生物により還元されるというより、脱窒微生物も生きるために硝酸塩が必要ですから、植物と脱窒微生物とで硝酸塩を奪い合うことになります。地球上の窒素化合物がすべて窒素ガスになると、植物の利用できる窒素がなくなり、地球表面は不毛の地になります。しかし、窒素固定菌のおかげで窒素ガスからアンモニアが生じ、さらに硝化細菌の作用で硝酸塩が生じ、アンモニアと硝酸塩は植物の窒素源となり、地球表面は不毛の地にはなりません。現在のニトロゲナーゼの本当の機能が、窒素ガスのアンモニアへの還元であることは間違いありません。

ところが、窒素固定にはエネルギーが必要ですから、窒素固定菌は窒素源が利用できるなら窒素固定をしません。地球上に生命が誕生した当時は、化学進化（コラム14「化学進化」を参照）で生成したアミノ酸等の含窒素化合物のうち、生命体の構成に使われなかったものが多量に残っていた可能性が高く、生命の誕生直後に生息した生物は窒素固定をしなかったと考えられます。

ところが、窒素固定をする細菌は、細菌の中でも進化的に古いものが多くあります。進化的に古い細菌が窒素固定をすることはどのように理解したらいいのでしょうか。

ニトロゲナーゼには、窒素ガスの還元以外の触媒作用もあることがわかりました。シアン化水素を還元してアンモニアとメタンにする活性です（式3-2）。原始地球上には、毒性の強い化合物であるシアン化水素が多く存在していたと考えられています。ニトロゲナーゼは、シアン化水素を無毒化して生物を護っていたのではないでしょうか。そして、その構造上、窒素ガスをも還元することができるので、地球上に生物が利用できる窒素化合物がなくなると、窒素ガスの還元を触媒するようになったものと考えられるのです。

酸素ガスに強いニトロゲナーゼ

すべてのニトロゲナーゼは、酸素ガスに対して非常に不安定だと以前は考えられていました。ところが、１９９７年に非常に変わったニトロゲナーゼが見つかりました。[6]

「ストレプトミセス・サーモオートトロフィカス」(*Streptomyces*

式 3-2

シアン化水素 +8 電子 +16ATP+16 水 $\xrightarrow{\text{ニトロゲナーゼ}}$ メタン + アンモニア + 水素ガス +16ADP+16 リン酸 +8 プロトン

thermoautotrophicus）という細菌のニトロゲナーゼは、酸素ガスが存在しないと働けません。このニトロゲナーゼへの電子供与体は一酸化炭素で、一酸化炭素デヒドロゲナーゼがニトロゲナーゼへ電子を渡す途中に酸素ガスが介在しています。酸素ガスは一酸化炭素からの電子を受け取り、一般的には毒性の強いスーパーオキシドアニオン（活性酸素の一種）になってニトロゲナーゼへ電子を渡します。したがって、この細菌のニトロゲナーゼは酸素ガスに対して強いのです。なお、このニトロゲナーゼが窒素ガスを還元するために必要とするATPの量は、ほかのニトロゲナーゼより少ないようです。微生物にはいろいろなケースがあって、一筋縄ではいかないことがわかる一例といえます。

3-3 アンモニアを硝酸にする細菌たち

窒素固定菌が死滅すると、それが作った窒素化合物がやがては微生物によって分解されてアンモニアを生じます。また、植物が枯れると微生物によって分解されてアンモニアを生じますし、動物の排出物や死骸も微生物に分解され、アンモニアを生じます。さらに、硫安のようなアンモニウム塩を含む窒素肥料を施せば、自然界にアンモニアが供給されます。これらのアンモニアは、多くの植物と微生物に吸収され、それらの窒素源になります(とくに、イネは穂が出るまでは好んでアンモニアを利用します)。そして、植物に利用されなかったアンモニアは、アンモニア酸化細菌と亜硝酸酸化細菌の作用で硝酸塩に変化し、硝酸塩はすべての植物と多くの微生物が好んで窒素源として利用します。アンモニアを亜硝酸と硝酸にする過程(亜硝酸を硝酸にする過程を含む)を「硝化」といい、これに関与する細菌(古細菌の場合もある)を「硝化菌」といいます。無機栄養硝化菌の場合は、アンモニアを亜硝酸に酸化する「アンモニア酸化細菌」と亜硝酸を硝酸に酸化する「亜硝酸酸化細菌」に分かれていますが、有機栄養硝化細菌は一種の細菌がアンモニアを硝酸に酸化することもできます。

アンモニア酸化細菌

自然界では、植物が吸収しなかったアンモニアは、アンモニア酸化細菌や有機栄養硝化細菌の作用で亜硝酸になります。アンモニア酸化細菌は、アンモニアを酸化してそのとき遊離するエネルギーを使ってATPを生成し、細胞構成物質は二酸化炭素から生合成する化学無機栄養細菌(独立栄養化学合成細菌)です。この細菌は、表3-2に示したような培地で培養することができます。培地に種菌を植え付けた後、25~28℃でそのまま静置しても少しは増殖しますが、激しく通気して多くの(空気中の)酸素ガスと二酸化炭素を供給すると速く増殖できます。

アンモニア酸化細菌に取り込まれたアンモニアは、まずヒドロキシルアミンに酸化され（式3-3）、続いて、亜硝酸に酸化されます（式3-4）。式3-4では、大量のプロトンが生成され、培養液はどんどん酸性になりますので、表3-2に示したように、多量のリン酸水素二ナトリウムを加えてpHの低下を防ぐ[*9]といいです。このようにすれば培養液のpHを調整しなくても1週間くらいは培養を続けることができます。

(a) アンモニアのヒドロキシルアミンへの酸化

アンモニアは、アンモニア酸化細菌によって、ヒドロキシルアミンを経て、亜硝酸へ酸化されます。よく研究されているアンモニア酸化細菌の1つは「ニトロソモナス・ユーロパエア」（*Nitrosomonas europaea*）です。この細菌におけるアンモニアのヒドロキシルアミンへの酸化（厳密には酸素化）は、「アンモニアモノオキシゲナーゼ」という酵素の触媒作用によって起こります（コラム5「オキシゲナーゼ」参照）。この酵素は、ア

表3-2　アンモニア酸化細菌用培地の一例

リン酸水素二ナトリウム二水和物	33.8g	硫酸アンモニウム	2.5g
リン酸二水素カリウム	0.77g	炭酸水素ナトリウム	0.5g
硫酸マグネシウム七水和物	0.5g	塩化カルシウム二水和物	18mg
鉄-EDDHA*	0.1mg	pH	8.0
脱イオン水	1000ml		

※エチレンジアミン-ジ(o-ヒドロキシフェニル酢酸)の鉄化合物。この化合物の鉄以外（有機物部分）はこの細菌によって代謝されることはない

滅菌後種菌を植え、25～28℃で激しく通気しながら培養する

＊9　**pHの低下を防ぐ**
多量のリン酸水素二ナトリウムを加えておかない場合は、一夜にしてpHが3.0くらいまで下がりますから、数時間ごとにpHを調整する必要があります。なお、pH自動調節付きの培養装置を使用すれば培養は簡単です。

ンモニアを2個の水素原子の存在下に酸素ガスで酸化し、酸素分子の中の1個の酸素原子を生じたヒドロキシルアミンの中に取り入れ、もう1個の酸素原子を水にします。2個の水素原子（式3-3の［水素原子］）は、ある化合物と結合している水素原子ですが、まだその本体は不明です（図3-2参照）。ニトロソモナス・ユーロパエアの無細胞抽出液を用いてアンモニアを酸化させる実験で、シトクロム*c*-554を加えると、ヒドロキシルアミンの生成速度が大きくなるため、このシトクロムを経て電子がアンモニアモノオキシゲナーゼへ供給されると考えられています。シトクロム*c*-554とアンモニアモノオキシゲナーゼとの間にユビキノン（コラム6「呼吸系電子伝達に関与するキノン」を参照）が存在するという考えもありますが、実証されていません。この酵素は、精製するため抽出しようとして細菌細胞を破壊するとすぐに失活するので、分子的性質はまったくわかっていませんが、活性を阻害する化合物などから、銅原子を必要とすることがわかっていま

式 3-3

アンモニア＋酸素ガス +2[水素原子] $\xrightarrow{\text{アンモニアモノオキシゲナーゼ}}$ ヒドロキシルアミン＋水

式 3-4

ヒドロキシルアミン＋水＋シトクロムc^{3+}-554 $\xrightarrow{\text{ヒドロキシルアミンオキシドレダクターゼ}}$

亜硝酸 +4 プロトン＋シトクロムc^{2+}-554

[水素原子]は存在様式不明の水素原子。シトクロムc^{3+}-554およびc^{2+}-554は、それぞれ、シトクロム*c*-554の酸化型および還元型。シトクロム*c*-554はヒドロキシオキシドレダクターゼに特有の生理的電子受容体となる4ヘムCを持つシトクロム。

す。また、物理的測定から、鉄原子も必要とするらしいことがわかりました。ただ、酵素がアセチレンで阻害されるところから、アセチレンの結合するタンパク質がこの酵素のサブユニットだろうと推測され、そのタンパク質をコードするＤＮＡの塩基配列からアミノ酸配列が推定されています。さらに、そのＤＮＡの続きにあるＤＮＡもこの酵素の２つ目のサブユニットをコードするものであろうということで、現在、この酵素の分子は２つのサブユニットから構成されているとされ、ＤＮＡから推定された２つのサブユニットのアミノ酸配列が一般に認められています。

窒素肥料の硫安や尿素などは、田畑に施すとアンモニアを生じ、アンモニアは一部植物に吸収されて、残りはアンモニア酸化細菌と亜硝酸酸化細菌により酸化されて亜硝酸（塩）を経て硝酸塩になります。硝酸塩は、植物にとって良い窒素源ですが、脱窒微生物に還元されて窒素ガスにもなります。農業上は、窒素肥料を、窒素ガスにならないようにして、できるだけアンモニアか硝酸塩の状態にとどめておきたいと考えます。アンモニアが窒素ガスになる反応経路の中で、シアン化物（青酸カリや青酸ソーダ）以外の化合物で止めることのできるのは、アンモニア酸化細菌によるアンモニアの酸化段階のみです。この細菌のアンモニアモノオキシゲナーゼを阻害する化合物を農業上は「硝化抑制剤」といい、肥料に混合して使用する場合があります。表３-３に示したニトロソモナス・ユーロパエアのアンモニア酸化活性の阻害の多くが、硝化抑制剤として使用されます。チオ尿素、アリルチオ尿素などは銅のキレート剤であり、ニトラピリンなどは構造の一部にアンモニアの構造に似たところがあり、アンモニアモノオキシゲナーゼの活性部位にはまりこんでこの酵素を阻害するものと思われます。表3-3に示したもののほかに、アセチレンも酵素の活性部位に結合してこの酵素を阻害しますが、可燃性気体であるため硝化抑制剤としてこれを使用するのは容易ではありません。

コラム5 オキシゲナーゼ

酸素ガスによる化合物の酸化を触媒する酵素は、3種類あります。

1つは「オキシダーゼ」で、化合物の水素原子を酸素ガス(の酸素原子)と反応させて、酸素ガスの2個の酸素原子をいずれも水または過酸化水素にする酵素です。たとえば、グルコースオキシダーゼという酵素は、グルコースを酸素ガスで酸化してグルコノ-1,5-ラクトンと過酸化水素を生じます。この場合、生成物のグルコノ-1,5-ラクトンの中には酸素ガスの酸素原子は取り込まれていません。

ほかの2つは、「モノオキシゲナーゼ」と「ジオキシゲナーゼ」で、それぞれ、酸素ガスで酸化されて生じる生成物が酸素ガスの酸素原子の1個および2個を取り込む反応を触媒します。たとえば、ドーパミン-β-モノオキシゲナーゼという酵素は、水素二原子を供給するアスコルビン酸の存在下にドーパミンに酸素ガスの酸素原子1個を入れてノルアドレナリンを生じ、もう1個の酸素原子を水にします。また、カテコール-1,2-ジオキシゲナーゼという酵素は、カテコールに2個の酸素原子を取り入れてシス、シス-ムコン酸を生じますが、水は生じません。

オキシゲナーゼは、生体内で酸素原子を含む化合物の生合成に関与しています。シトクロムP-450は、酵素としてはモノオキシゲナーゼであり、ステロイドの変換反応に関与し、とくにステロイドホルモンの生合成反応を触媒します。ただ1つの例外は、脱窒カビのシトクロム $P\text{-}450_{NOR}$ で、これは一酸化窒素レダクターゼとして働きます。

(b) ヒドロキシルアミンの亜硝酸への酸化

ヒドロキシルアミンを酸化して亜硝酸にする酵素は「ヒドロキシルアミンオキシドレダクターゼ」といい、その分子構造も触媒作用もよく研究されています。分子質量は約190kDa（約63kDaのサブユニット3分子からなります）で、1分子の中に21分子のヘムCと3分子のヘムP-460を持っています。酵素は、1分子のヒドロキシルアミンと1分子の水から4個の水素原子（プロトンと電子）を抜き取り、亜硝酸を生成しますが、この反応には酸素ガスは不要です。実際、電子受容体が十分量あるとき、この酵素の作用で、嫌気的条件下でもヒドロキシルアミンから亜硝酸が生じます。

しかし、アンモニア酸化細菌が自然界で生きてゆくためには、酸素ガスが不可欠です。ヒドロキシルアミンと水から抜き取られた水素原子（の電子）で還元された電子受容体シトクロム *c*-554（式3-4）を酸化してリサイクルして使用するためです。つまり、ヒドロキシルアミ

表 3-3 ニトロソモナス・ユーロパエアのアンモニア酸化活性に対する阻害剤

阻害剤	70%以上阻害する最低濃度 [マイクロモル濃度]
チオ尿素	37.4
ジエチルジチオカルバミン酸ナトリウム	10
アリルチオ尿素	1.0
ニトラピン	1.0
臭化MAST	0.076（50%阻害）
クロロピコリン酸	2.2（60%阻害）
アリルスルフィド	0.4（100%阻害）

ンから亜硝酸が生じる反応そのものには酸素ガスは不要ですが、そのとき遊離する水素原子（実際は電子）を処理するためには酸素ガスが必要になります。さらに、アンモニアをヒドロキシルアミンに酸化するためにも酸素ガスが必要ですから、アンモニア酸化細菌が自然界で生きてゆくために酸素ガスはなくてはならないことになります。もし酸素ガスが欠乏すると、ヒドロキシルアミンが亜硝酸へ酸化されるときの中間体〝NOH〟（式3-5）から、温室効果が大きく、成層圏のオゾン層を破壊する亜酸化窒素（一酸化二窒素）が生じます。

ところで、化学的には、ヒドロキシルアミンは三価鉄の触媒作用で、酸素ガスによって容易に亜硝酸に酸化されます。それなのに、アンモニア酸化細菌は、前述のように非常に複雑な構造の酵素の作用でヒドロキシルアミンを亜硝酸に酸化します。単なる化学反応との違いは、ヒドロキシルアミンの亜硝酸への酸化に、酸素ガスの酸素原子ではなく、水の酸素原子を使うことです。これはアンモニア

式 3-5

2 ヒドロキシルアミン ＋ シトクロム c^{3+}-554 →（ヒドロキシルアミンオキシドレダクターゼ） 2 ‘NOH’ ＋ シトクロム c^{2+}-554+4 プロトン

シトクロム c-554 は四ヘム C を持つので四電子を受け取ることができる。‘NOH’ は予想される中間体。

式 3-6

2 ‘NOH’ ＋ シトクロム c^{3+}-554+2 水 →（ヒドロキシルアミンオキシドレダクターゼ） 2 亜硝酸 ＋ シトクロム c^{2+}-554+4 プロトン

酸化細菌がヒドロキシルアミンの酸化を生理的に有利に進行させるためと考えられます。

また、ヒドロキシルアミンオキシドレダクターゼによるヒドロキシルアミンの亜硝酸への酸化は、2段階で起きます。まず、ヒドロキシルアミンが脱水素されて〝NOH〟（予想される化合物）が生じ、次に〝NOH〟と水から脱水素が起きて亜硝酸が生じます。

（c）アンモニアの亜硝酸への酸化経路の全体像

このようにして還元されたシトクロム *c*-554の電子は、分子中に1分子のヘムCを持つシトクロム *c*-552に受け取られ、還元されたシトクロム *c*-552は、シトクロム *c* オキシダーゼの作用により酸素ガスで酸化されます。

この細菌は、細胞構成物質を二酸化炭素から作るので、二酸化炭素を還元するためにNAD（P）Hを必要とします。$NAD(P)^+$を還元するメカニズムはよくはわかっていませんが、$NAD(P)^+$を還元するための電子は、シトクロム *c*-554かシトクロム *c*-552から供給されると考えられています。電子は酸化還元電位の低い系から高い系へと流れますが、その逆は外部からエネルギーを供給しなければ起きません。シトクロム *c*-554やシトクロム *c*-552の中点酸化還元電位[*10]が$NAD(P)^+$／NAD（P）Hより高いため、外部からATPを加えてエネルギーを供給しなければ、これらのシトクロムによる$NAD(P)^+$の還元は起きません。

＊10　**中点酸化還元電位**
中点酸化還元電位は、酸化還元反応系において反応にかかわる物質の酸化型と還元型のモル量が等しいときのその系の酸化還元電位です。

（a）（b）（c）に述べたことを合わせると、ニトロソモナス・ユーロパエアにおけるアンモニアの亜硝酸への酸化経路は、図3-2のようになるでしょう。

亜硝酸の硝酸への酸化

アンモニア酸化細菌の作用で、アンモニアから生じた亜硝酸は、土壌中などでは多くの場合、炭酸カルシウムと反応して亜硝酸カルシウムとなります。亜硝酸（塩）は、動物に対しても植物に対しても大変毒性が強い化合物ですが、亜硝酸酸化細菌の作用で直ちに硝酸（塩）に酸化されます。亜硝酸（塩）に混在する亜硝酸が酸化されると硝酸になりますが、これも土壌中などでは、直ちに炭酸カルシウムと反応して硝酸カルシウムになるので、自然界では、一般に、遊離の亜硝酸や硝酸が存在

図 3-2　ニトロソモナス・ユーロパエアにおけるアンモニアの酸化経路
（[水素原子]：存在様式不明の水素原子、UQ：ユビキノン、UQH_2：ユビキノール、'NOH'：予想される反応中間体。点線は実証されていない経路）

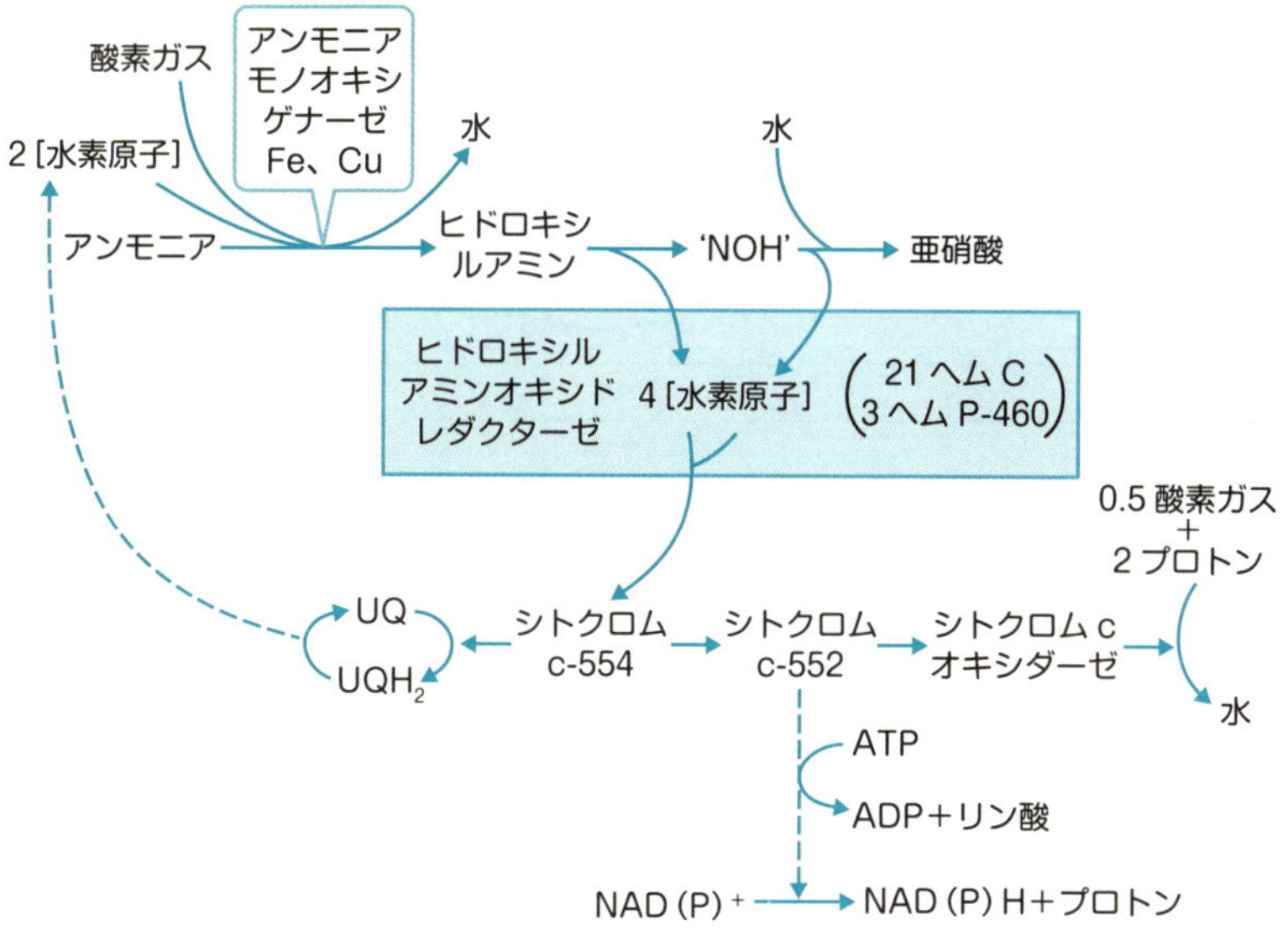

することはありません。

　亜硝酸酸化細菌は、表3-4に示したような培地で培養でき、無機物だけで生育します。亜硝酸酸化細菌の中でよく研究されているのは「ニトロバクター・ウィノグラドスキイ」（*Nitrobacter winogradskyi*）です。亜硝酸酸化細菌による亜硝酸塩の酸化は、「亜硝酸オキシドレダクターゼ」という酵素の触媒作用によって行なわれます。この酵素は、分子質量が約250kDaと大きく、1分子中に2分子のヘムA、2分子のヘムC、1原子のモリブデン、5個の4鉄4硫黄のクラスターを持っていて、シトクロム a_1c_1 とも呼ばれます。モリブデンは、「モリブドプテリングアニンジヌクレオチド」（MGD）と結合し、モリブデン因子として存在します。この酵素は、亜硝酸塩と水とから電子を抜き取り、シトクロム *c*-550（この細菌のシトクロム *c* オキシダーゼへの電子供与体となっているシトクロム *c*）に渡します（式3-7）。

　このようにして、亜硝酸オキシドレダクターゼの触媒

表 3-4　亜硝酸酸化細菌用の培地の一例

亜硝酸ナトリウム	4.6g	食塩	0.2g
リン酸水素二カリウム	0.5g	リン酸二水素カリウム	0.5g
炭酸水素ナトリウム	3.4g	塩化カルシウム二水和物	20mg
硫酸マグネシウム七水和物	100mg	硫酸マンガン二水和物	20mg
塩化鉄(III)六水和物	5mg	硫酸銅五水和物	0.1mg
エチレンジアミン四酢酸ナトリウム*	10mg	pH	7.8
脱イオン水	1000ml		

※金属イオンをうまく溶かしておくのに使用するのであって、この細菌により代謝されない
滅菌後種菌を植え、28 ～ 30℃で激しく通気しながら培養する

作用によって亜硝酸塩と水から硝酸塩が生成されますが、この反応そのものには酸素ガスは不要です。

しかし、電子をもらって還元されたシトクロム c-550を再酸化するのに酸素ガスが必要ですから、この細菌も生育に酸素ガスを必要とします。亜硝酸オキシドレダクターゼはpH8・0付近では亜硝酸塩を硝酸塩に酸化しますが、pH6・0以下になると硝酸塩を還元する活性が強くなります。したがって、亜硝酸酸化細菌が活発に活動して順調に亜硝酸を酸化するには、環境のpHが8・0付近に保たれている必要があります。後述するように、環境のpHが低下して、細菌による亜硝酸塩の酸化速度が低下すると、農業上の問題が起きる場合があります（90ページ参照）。

亜硝酸塩の酸化メカニズム

ニトロバクター・ウィノグラドスキイにおける亜硝酸塩の酸化メカニズムは、酵素レベルで解明されています。この細菌の亜硝酸オキシドレダクターゼ、シトクロム c-550、シトクロム c オキシダーゼは、すべて電気泳動的に純粋な状態にまで精製されています。亜硝酸オキシドレダクターゼとシトクロム c オキシダーゼ、亜硝酸塩をリポソームに組み込んだプロテオリポ

式 3-7

$$\text{亜硝酸塩} + \text{水} + 2\ \text{シトクロム}\ c^{3+}\text{-550} \xrightarrow{\text{亜硝酸オキシドレダクターゼ}} \text{硝酸塩} + 2\ \text{プロトン} + 2\ \text{シトクロム}\ c^{2+}\text{-550}$$

ソームを調製し、シトクロム c-550を添加すると、直ちに酸素消費が見られます。プロテオリポソームによるシトクロム c オキシダーゼあたりの酸素消費活性は、細菌細胞から得られた膜画分の示す活性の16パーセントにも達しますから、この細菌の亜硝酸酸化系は上に用いた3成分からなることがわかります。とくに注目すべきことの1つは、一般に呼吸電子伝達系には必ず存在するシトクロム b がこの系には含まれていないことです。先述のヒドロキシルアミン酸化系にもシトクロム b は存在しませんでしたし、後述するほかの細菌の無機化合物酸化系にも多くの場合シトクロム b は存在しません。

プロテオリポソームの酸素消費活性は、リポソームを形成しているリン脂質膜を界面活性剤で破壊すると見られなくなります。生菌による亜硝酸塩の酸化活性も、界面活性剤の添加で見られなくなります。この細菌による亜硝酸塩の酸化では、式3-7で見られるように、プロトンが生成されますが、細菌を培養するときに培養液のpHは低下するどころか、むしろ少し上昇します。このプロトンは酸素ガスの還元に使用されるのかもしれません。なお、この細菌の細胞が亜硝酸塩を酸化するとき、プロトンの出入りは見られないことがわかっています。

以上の結果をもとにして、ニトロバクター・ウィノグラドスキイにおける亜硝酸塩酸化経路を図3-3に示しました。

この細菌も二酸化炭素から細胞構成物質を生合成するためNAD（P）Hを必要とし

ますが、生体還元剤の生成メカニズムは明らかになっていません。おそらく、シトクロムc-550からか、亜硝酸オキシドレダクターゼから電子が供給され、フラビン酵素に渡され、この酵素によってNAD(P)$^+$が還元されるのでしょう。シトクロムc-550の中点酸化還元電位がNAD（P）H／NAD(P)$^+$のそれより高いので、シトクロムc-550からNAD(P)$^+$への電子の流れは坂道を上ることになりますから、このNAD(P)$^+$の還元には、ATPによるエネルギーの供給が必要です。

図 3-3　ニトロバクター・ウィノグラドスキイの亜硝酸酸化経路
（点線の経路は実証されていない）

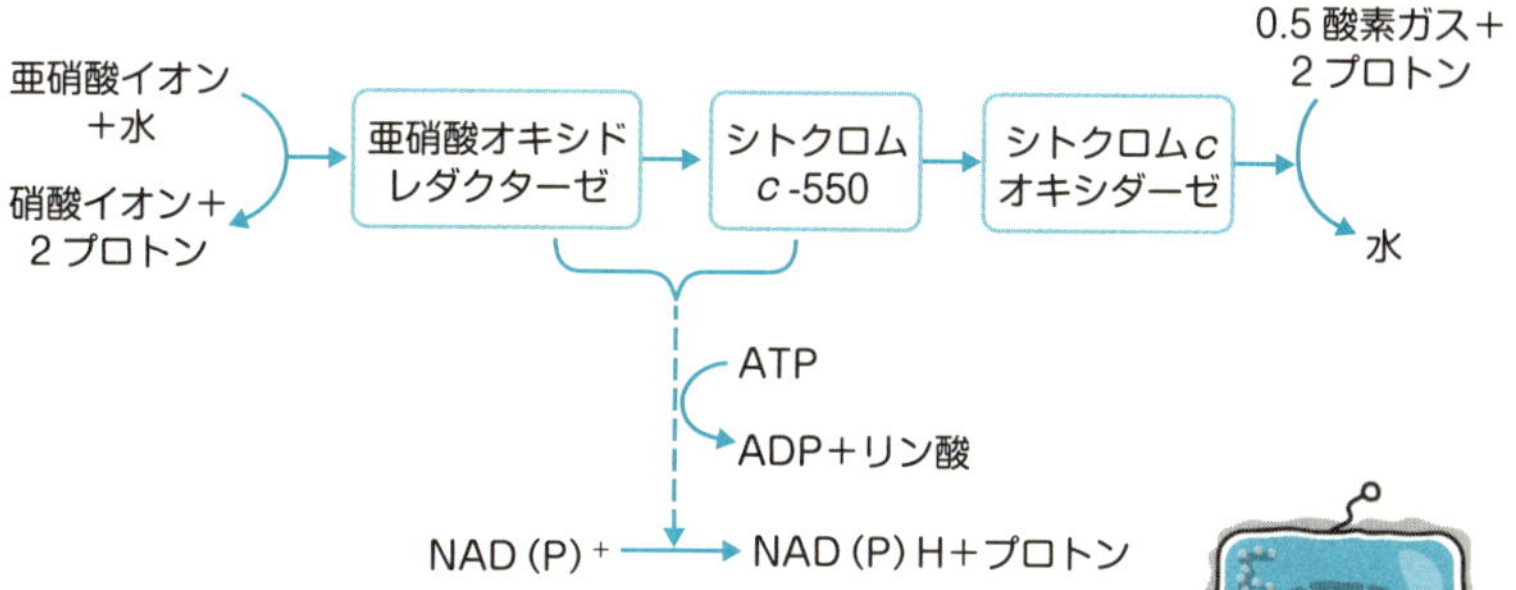

有機物を食べてアンモニアを酸化する細菌

アンモニア酸化細菌と亜硝酸酸化細菌は無機栄養硝化細菌であり、アンモニアと亜硝酸塩を酸化することによって得られるエネルギーを利用してATPを作って生育します。したがって、これらの細菌は、アンモニアや亜硝酸塩を酸化しないと生きてゆけません。ところが、自然界には、有機物を食べ、さらにアンモニアを酸化して亜硝酸塩や硝酸塩にする細菌がいます。それが、有機栄養硝化細菌です。

有機栄養硝化細菌は、有機物の酸化で得られるエネルギーを利用してATPを作ることができるのに、その上さらにアンモニアを酸化するのはなぜでしょうか。

有機栄養硝化細菌の細胞1個あたりの硝化活性は、無機栄養硝化細菌の1000分の1くらいです。ところが、全地球表面に生息する有機栄養硝化細菌の数は、無機栄養硝化細菌の数の1000倍くらいありますから、有機栄養硝化細菌の地球規模での硝化活性は、無機栄養硝化細菌に匹敵します。これまで、1個の硝化活性が非常に弱いので、有機栄養硝化細菌の硝化活動はあまり問題にされませんでしたが、地球規模で考えると無視できないことがわかってきました。しかし、従来、有機栄養硝化細菌の硝化活性は地球上における窒素循環にはあまり影響がないと考えられたこともあり、この細菌による硝化過程はあまり研究されてきませんでした。有機栄養硝化細菌も、アンモニアをヒドロキシルア

ミンを経て亜硝酸塩に酸化しますが、さらに硝酸塩にまで酸化することができます。この細菌によるアンモニアの亜硝酸塩への酸化過程はある程度研究されていますが、亜硝酸塩の硝酸塩への酸化のメカニズムはまったくわかっていません。

有機栄養硝化細菌の1つである「アルカリゲネス・ファエカリス」(*Alcaligenes faecalis*)では、アンモニアはアンモニアモノオキシゲナーゼの作用でヒドロキシルアミンに酸化されます。ヒドロキシルアミンは、ピルビン酸があると酵素の触媒作用なしでピルビン酸オキシムになります。この細菌には、ピルビン酸オキシムジオキシゲナーゼという酵素が存在していて、この酵素が酸素ガスの存在下でピルビン酸オキシムをピルビン酸と亜硝酸に酸化(厳密には酸素化)することにより亜硝酸を生じることがわかりました(式3-8)。

細菌細胞内で生合成されるピルビン酸オキシム

有機栄養硝化細菌が、外部から与えられたピルビン酸オキシムを酸化して亜硝酸を生じることは、かなり以前から知られていました。しかし、自然界にはピルビン酸オキシムが存在しないことから、有機栄養硝化細菌がこの化合物から亜硝酸を生ずる反応過程は自然界には存在しないといわれていたのです。

式 3-8

ピルビン酸オキシム + 酸素ガス $\xrightarrow{\text{ピルビン酸オキシムジオキシゲナーゼ}}$ ピルビン酸 + 亜硝酸

ところが、有機栄養硝化細菌がアンモニアを食べると、生体内でアンモニアはヒドロキシルアミンに酸化され、また乳酸などを食べるとピルビン酸に酸化され、生じたヒドロキシルアミンとピルビン酸から細胞内でピルビン酸オキシムが生じることがわかりました。そして、ピルビン酸オキシムジオキシゲナーゼの作用により、ピルビン酸オキシムから亜硝酸が生じることが明らかになりました。つまり、ピルビン酸オキシムを外部から与えなくても、細菌細胞内でこの化合物が生合成され、続いて亜硝酸が生成されることが明らかになったのです（図3-4）。

進化の過程で得た硝化活性

しかし、ピルビン酸オキシムジオキシゲナーゼは水溶性タンパク質ですから、アンモニアから亜硝酸が生じる反応過程でＡＴＰが生成される可能性はありません。また、有機栄養硝化細菌によるアンモニ

図 3-4　アルカリゲネス・ファエカリスがアンモニアと乳酸を食べて亜硝酸を生ずる反応経路

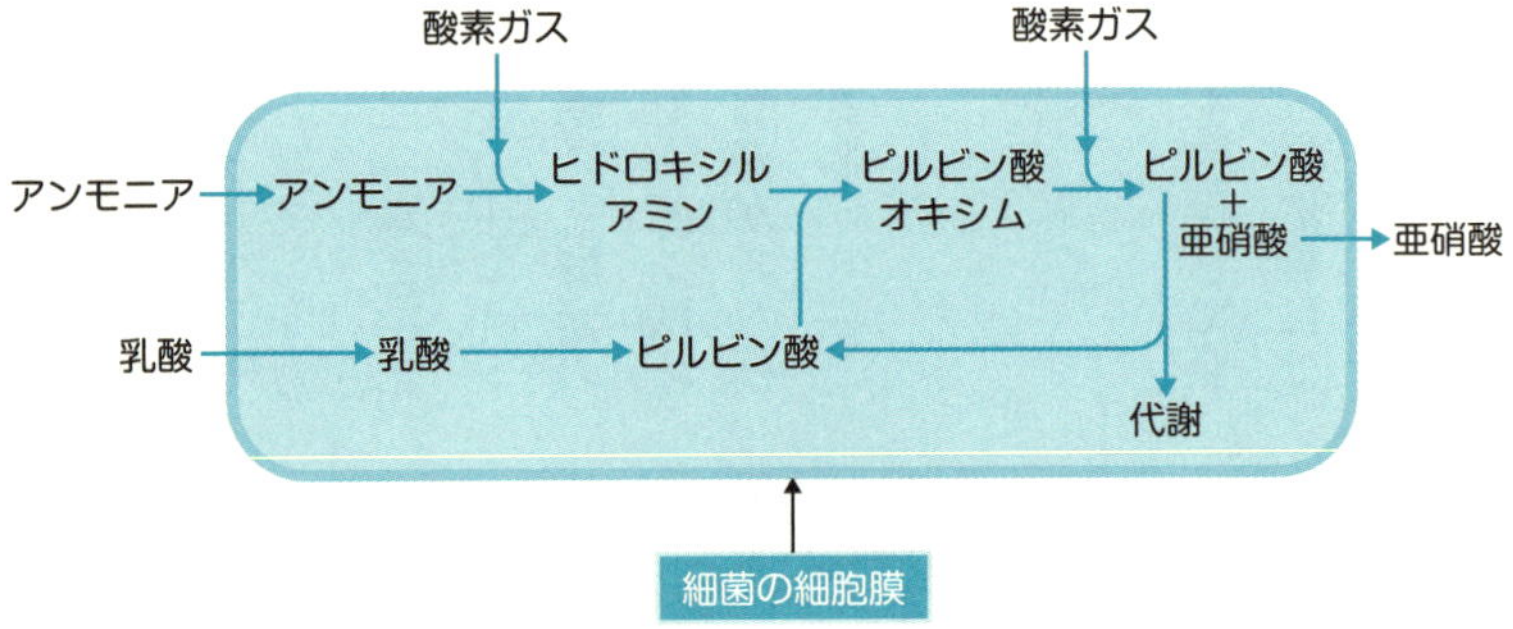

アの亜硝酸塩や硝酸塩への酸化を調べてみても、この反応の結果、細菌細胞内にATPが増加することは認められません。ただし、「メチロコッカス・サーモフィルス」(*Methylococcus thermophilus*)という細菌は、ヒドロキシルアミンを亜硝酸に酸化してATPを生成することが報告されています。これはメタン酸化細菌で、メタンを酸化することによりATPを作り生育します。メタン酸化細菌のメタン酸化系は、アンモニア酸化細菌のアンモニア酸化系と似ていますから、一般的な有機栄養硝化細菌とは異なります。これまでの研究結果から、一般的な有機栄養硝化細菌がアンモニアを酸化してATPを作るとは考えられません。それでは、有機栄養硝化細菌は何のためにアンモニアを酸化して亜硝酸塩や硝酸塩にするのでしょうか。

ヒドロキシルアミンは、有機栄養硝化細菌にとって毒性が強いものです。どうやら、有機栄養硝化細菌は、進化の途上で、アンモニアを酸化してヒドロキシルアミンを生ずる反応系を獲得したため、ヒドロキシルアミンを除去する必要上、ヒドロキシルアミンを亜硝酸塩や硝酸塩に酸化する硝化活性を獲得したようです。有機栄養硝化細菌も地球上における窒素循環に大いに貢献しているのです。

無機栄養硝化細菌の作用で、アンモニアから生じた硝酸塩の3個の酸素原子は、1個だけが酸素ガスに由来しますが、有機栄養硝化細菌(少なくともアルカリゲネス・ファエカリス)の作用によってアンモニアから生じた硝酸塩では、少なくとも2個の酸素原子が酸素ガスに由来していることが、ヒドロキシルアミンの亜硝酸への酸化においても酸素ガスの酸素原子が取り込まれることからわかります。

3-4 硝化細菌で火薬を造る

硝化細菌を用いた「もの造り」を考えてみましょう。

1543年に種子島へ鉄砲が渡って来てから、わが国でも各地の戦で鉄砲が使われるようになりました。鉄砲は、堺などの鍛冶屋が見よう見まねで造り、そのうちに立派なものを造るようになりました。鉄砲を使うためには火薬が必要です。当時の火薬は、炭素と硫黄と硝石を適当な割合で混ぜた黒色火薬*11でした。炭素は上質の木炭を粉末にすればよく、硫黄はわが国でも天然硫黄として産出していました。困ったのは、わが国では産出しない硝石（硝酸カリウム）です。硝石を輸入するため、大量の金銀が国外へ流出したといいます。そこで、硝石を造ろうということになり、17世紀の始めには硝化細菌の作用を利用して国内で硝石の製造ができるようになりました[7]。しかし、当時は硝化細菌など知られていませんでしたから、細菌によってものを造るという考えはなかったでしょう。

＊11　**黒色火薬**
現在では、炭素：硫黄：硝石の割合は、13.5：11.9：74.6が良いとわかっています。

床下の土から硝石を造る

当初は、建築してから40～50年以上経った家の床の下の、とくに便所や馬小屋の近くの土を集め、それから硝石を製造しました。作り方は、まず、集めた土を水で抽出し、抽出液を30分の1容量程度まで煮詰めます。これに草木の灰を水に溶かした灰汁を加え、2分の1容量まで煮詰め、生じた沈殿を木綿布を敷いたざるでろ過します。ろ液を冬の早朝、屋外に出して冷却すると、山吹色の針金のような結晶（半塩硝）が生じました。次に、この結晶を水に溶かし、煮詰めた後、寒い屋外で冷却すると、錫色の五寸釘のような結晶（中煮塩硝）になり、さらに再結晶すると、無色透明なつららのような結晶（上煮塩硝）ができました。上煮塩硝は非常に純度の高い硝石であり、黒色火薬の原料として使われました。

床下の土の中では、アンモニアがアンモニア酸化細菌と亜硝酸酸化細菌の作用で硝酸に酸化されます。土の中には、一般に炭酸カルシウムが存在するので、生じた硝酸と反応して硝酸カルシウムとなっています。硝酸カルシウムを含む土を水で抽出して濃縮し、炭酸カリウムを多く含む灰汁を混ぜて硝酸カリウムと炭酸カルシウム（沈殿）を生じ、ろ過で硝酸カリウムの溶液を得て、これを濃縮することで硝酸カリウムの結晶を得たのです。なお、硝酸カルシウムは湿りやすいので、湿りにくい硝酸カリウムにする必要があります。

硝石土培養法による製造

しかし、建築してから40～50年以上経った家の床下の土はすぐになくなってしまいました。そこで〝硝石土培養法〟によって硝石を製造しました。これはとくに富山県五箇山で大々的に行なわれ、江戸時代全期を通じて加賀藩の硝石製造所になりました。

旧盆の前、家の床板の下に3・6メートル四方、深さ2メートルほどの穴を掘り（もっと大きな穴も掘っていた例もあります）、その底に稗がらを10センチメートルくらいの厚さに敷き、その上にカイコの糞と土とを混ぜたものを30センチメートルほどの厚さに重ねます。その上に、干して長さ15センチメートルくらいに切った山草を10センチメートルくらいの厚さに敷き、その上にカイコの糞と土の混合物を重ね、馬尿をかけるといった方法を繰り返し、床板の下20センチメートルくらいのところまで積み上げます。翌年の盆後に穴の中の混合物を掘り返し、さらにカイコの糞などを追加し、その上に切り干し草を敷いて、初めに仕込んだときのようにしておきます。その翌年からは、年に3回、前年と同様に、切り干し草などを追加したり、馬尿をかけるなどしてよく混ぜます。5年目（3年目でもよかったようです）に、このようにしてできた塩硝土[*12]を、旧暦10月に掘り出しました。床下の穴に混ぜ物を仕込んでいる期間中は、床板が冬でも暑くなり反り返るほどだったそうです。

当時の人たちは、このように仕込んだ草や土の混合物の中で硝化細菌が活動して硝石の

＊12　**塩硝土**
焔硝土あるいは硝石土ともいう。硝酸カルシウムを含む土のこと。

もとになるものを造るなど知るよしもなかったでしょう。しかし、古文書に「草や土の混合物に古い家の床下の土など種硝を混ぜると硝石（実際は硝酸カルシウム）ができるのが速くなる」という記述や、「醸硝」という単語が見られるところからすると、当時の人は、硝石のもとの生成には何か生き物が関係していることを知っていたと考えられます。なお、穴の中に仕込んだ混合物の中には、非常に多くの有機物が存在しますから、そこでの硝化過程には無機栄養硝化細菌だけではなく、有機栄養硝化細菌も大いに関与していたと思われます。

穴の中から掘り出した塩硝土は、先述の床下の土と同様の処理[*13]がされました。五箇山では1年間に約5000キログラムの上煮塩硝を生産していたといいます。

このように、江戸時代には硝化細菌を使って硝石を造っていましたが、明治時代になって入ってきたチリ硝石から硝石を造ることができるようになったので、硝石を硝石土培養法で造る必要がなくなりました。

＊13　床下の土と同様の処理
たとえば、1立方メートルの塩硝土を300リットルの水で抽出して、抽出液を煮詰めて15リットルとし、灰汁を加えた後、さらに煮詰めて7.5リットルにします。木綿布を敷いたざるでろ過し、寒い朝、屋外に放置して硝石の粗結晶を得、再結晶を2度繰りかえして約1キログラムの上煮塩硝を得ることができたのです。

3-5 細菌による硝化が不完全だと野菜がしおれる

アンモニア酸化細菌と亜硝酸酸化細菌の作用で、アンモニアが順調に酸化されて硝酸塩になり、植物がそれを窒素源として使用すれば、植物はよく成長して何も問題は起きません。しかし、もし亜硝酸酸化細菌の活動が何らかの理由で阻害されると、亜硝酸が蓄積します。亜硝酸は毒性が強いので、それが環境に蓄積すると、動物はもちろん植物も被害にあいます。このような問題は、ずっと以前から予想されていましたが、なかなか起きなかったので、農業関係者も安心していたのでしょう。

ところが、1962年、高知県南国市周辺で、ハウス内の野菜が大量にしおれる事件が起きました。ハウスのビニールシートの内面に付いている水滴を調べたところ、高濃度の亜硝酸が検出されました。そこで、ハウス内の土壌中に亜硝酸が蓄積し、それが分解して発生した窒素酸化物によって野菜がしおれたのではないかということになり、ハウス内の土壌を調べてみると、高濃度の亜硝酸が検出され、土のpHは5・5付近まで下がっていました。この事故は、野菜を速く育てようと、一度に大量の窒素肥料を施したために起きたのです。

大量の窒素肥料による影響

事故を調査した研究者は、シミュレーションなどにより次のような結論に達しました。尿素などの窒素肥料を一度に大量に施すと、大量のアンモニアが生じます。すると、アンモニア酸化細菌の作用で大量の亜硝酸が生じ、土壌中の炭酸カルシウムによる中和が間に合わなくなり、環境がpH5・5程度の酸性に[*14]なります。すると、亜硝酸酸化細菌は亜硝酸（塩）を酸化しなくなるどころか、硝酸塩を還元するようになります。したがって、アンモニア酸化細菌の作用で生じた亜硝酸（塩）が硝酸（塩）に酸化されることが止まるだけでなく、一度生じた硝酸（塩）までが亜硝酸（塩）へ逆戻りします。このようにして、高濃度の亜硝酸と亜硝酸塩が蓄積するのです。pHが5・5付近という酸性条件下では、亜硝酸は分解されて一酸化窒素（ガス）が生じ、ハウス内の空気中へ放出されます。一酸化窒素は直ちに酸素ガスと反応して二酸化窒素になり植物組織を破壊するので、野菜がしおれたという結論が得られました。そこで、消石灰で土壌のpHを7・5くらいまで上げ、土壌に硝化抑制剤を混ぜることによってこの事故は解決されました。以後、このような事故は国の内外を問わず起きていません。

当時、アンモニア酸化細菌により酸化されたアンモニアの量よりも、蓄積した亜硝酸（塩）の量が多い、とくに硝酸塩を多く含む土壌でその傾向が大であることが不思議がられてい

＊14　**pH5.5程度の酸性**
亜硝酸酸化細菌の持っている亜硝酸オキシドレダクターゼが、pH6.0以下では強い硝酸レダクターゼ活性を示すようになるため亜硝酸が増加するのです。

ました。しかし現在では、pH6・0以下では、亜硝酸酸化細菌の持つ亜硝酸オキシドレダクターゼが強い硝酸レダクターゼ活性を示し、亜硝酸酸化細菌が硝酸還元菌に化けるということで説明がつくようになりました。

上述の事故は、ハウス内という閉塞系で起きました。土壌中に亜硝酸が蓄積しても、解放系では地上の植物がしおれるようなことはまずないでしょう。しかし、土壌中に亜硝酸が蓄積すると、地下水の汚染などいろいろな問題を引き起こす可能性があります。亜硝酸酸化細菌の生育を阻害するが、アンモニア酸化細菌の生育を阻害しないという条件が成立すると、前述したのと同様の事故が起こりえます。土壌中に亜硝酸が蓄積しないように注意すべきです。

3-6 パラコートという除草剤

除草剤を撒くと、土壌中の細菌にも影響をおよぼします。除草剤の多くは、一般に使用される濃度で、アンモニア酸化細菌と亜硝酸酸化細菌の両方の生育を阻害しますが、多くは2~3週間で阻害効果がなくなります。ところが、「パラコート」という除草剤は、一般に除草剤として使用される程度の濃度で、亜硝酸酸化細菌の生育を長期間にわたって強く阻害しますが、アンモニア酸化細菌の生育はまったく阻害しません。これは大変なことです。パラコートを撒布した土壌中に亜硝酸が蓄積する可能性があるからです。ところが、パラコートを除草剤として使用して亜硝酸が蓄積したという報告はないようです。

実は、硝化細菌の生育に対するパラコート阻害の作用は、アンモニア酸化細菌と亜硝酸酸化細菌を別々に培養して、それに対する影響を見た場合の結果です。自然界では、いろいろな場所を調べてみても、これら2種の硝化細菌はほぼ同数が生息していることがわかっています。そこで、この2種の細菌をほぼ同数含む混合培養液にパラコートを加えてみたところ、亜硝酸はまったく増加しませんでした。つまり、われわれがパラコートを除草剤として使用しても、〝自然の力〟のおかげで事故は起きないのです。

一般に、除草剤として使用されているよりももっと高い濃度のパラコートは、アンモニア酸化細菌の生育をも阻害しますので、パラコートを除草剤として撒布しても、土中に亜硝酸が蓄積することはないことになります。しかし、高濃度のパラコートの撒布は、環境のアンモニア汚染をもたらす恐れがあります。

パラコートの作用

パラコートという物質が、どうして除草剤として作用するかを考えてみます。高等植物は細胞構成物質を二酸化炭素から作るので、二酸化炭素を還元するためのNADPHが必要です。NADP$^+$を還元する酵素は[＊15]、パラコートをも還元することができますから、高等植物はパラコートが供給されるとこれを還元します。パラコートは還元されると、「パラコートラジカル」という状態になり、酵素なしで容易に酸素ガスを還元して、活性酸素の一種であるスーパーオキシドアニオンを生じます。このアニオンは毒性（破壊力）が強く、高等植物を枯らします。しかし、高等植物と、すべての好気性生物、多くの嫌気性生物には、スーパーオキシドジスムターゼ（SOD）という酵素が存在しており、スーパーオキシドアニオンを酸素ガスと過酸化水素にします。生じた過酸化水素も毒性が強いので、アスコルビン酸ペルオキシダーゼという酵素によって消費されます。高等植物や藻類以外の多くの生物では、カタラーゼにより酸素ガスと水に分解されますが、動物のミトコンドリアにはグルタチオンペルオキシダーゼで消費される系もあります。

通常、このようにしてスーパーオキシドアニオンは無毒化されるのですが、ある量以上のパラコートが高等植物に撒布されると、生じるスーパーオキシドアニオンの量がスーパーオキシドジスムターゼの能力を超えてしまいます。このため、アニオンが蓄積して高等植物が枯れます。これが、パラコートが除草剤として作用する原理です。高等植物だけでなく、二酸化炭素を還元するためのNADPHやNADHを生成しなければならない無機栄養生物は、すべてパラコートの存在で生育が阻害されます。パラコートを撒布する場

＊15　NADP$^+$を還元する酵素
高等植物や藻類ではフェレドキシン-NADPレダクターゼ、一般的にはNAD（P）レダクターゼです。

合は、土壌中の無機栄養細菌などにも注意を払うべきです。

しかし、どうしてアンモニア酸化細菌はパラコートに対してある程度抵抗性があるのでしょうか。この細菌がアンモニアを酸化する場合、途中でヒドロキシルアミンが生じます。ヒドロキシルアミンには、スーパーオキシドアニオンを除去する作用がありますから、この細菌はアニオンに対して抵抗性があるものと思われます。

EPSPシンターゼを阻害するグリホセート

最近よく使われている除草剤の1つに「グリホセート」（商品名：ラウンドアップ）があります。この除草剤は、高等植物においてフェニルアラニン、チロシン、トリプトファンという3種類のアミノ酸の生合成に関与する3-ホスホシキミ酸 1-カルボキシビニルトランスフェラーゼ（5-エノールピルビルシキミ酸-3-リン酸シンターゼともいうのでEPSPシンターゼと略称されます）という酵素の強力な阻害剤です。これらのアミノ酸を生合成できなければ、タンパク質の生合成ができなくなって高等植物は枯れるので、グリホセートが除草剤として作用します。

ヒトや動物には、EPSPシンターゼが存在しません。したがって、理論上は、グリホセートを除草剤として使用する限り、人畜無害です。もちろんヒトにとっては異物なので、摂取しないように心がけるべきです。EPSPシンターゼは、シダ、カビ、多くの細菌などにも存在するので、無機栄養細菌もこの酵素を持っているでしょう。グリホセートを除草剤として使用するときは、土壌中のとくに無機栄養細菌には気を配りたいものです。

3-7 太古の地球表面は亜硝酸で汚染されていた？

現在では、生息するアンモニア酸化細菌と亜硝酸酸化細菌はほぼ同数であることがわかっています。それでは、数億年前や十数億年前はどうだったのでしょうか。

種々の生物で共通の機能を果たしているタンパク質の構造、たとえばアミノ酸配列を比較すると、従来から進化的に近い関係にあると考えられていた生物間ではアミノ酸配列が似ていて、遠い関係にあると考えられている生物間ではその配列が大きく違います。シトクロム c はシトクロム c オキシダーゼへの電子供与体であるので、このシトクロムを持っているどの好気性生物においても共通の機能を果たしています。そこで、シトクロム c のアミノ酸配列を比較すると、シトクロム c を持っている生物の進化的関係を知ることができます。

アミノ酸配列の比較

図3-5に数種の生物のシトクロム *c* のアミノ酸配列を示しましたが、これを基に、ヒトのシトクロム *c* のアミノ酸配列とほかの生物のシトクロム *c* のアミノ酸配列を比較して、同じ位置に同じアミノ酸残基（以下アミノ酸とする）がある数（同一アミノ酸数）を表3-5に示しました。ここで比較しているシトクロム *c* 分子は、81個〜109個のアミノ酸からできていますが、ヘムCの結合しているアミノ酸（システイン）の位置で合わせると、相対する位置のアミノ酸を比較することができます。ヒトとアカゲザルの間では103個の、ヒトとウマの間では92個の、ヒトとマグロの間では83個のアミノ酸が同一アミノ酸数です。このように、従来、形態などから進化的に近い関係にあるといわれていた生物間では同一アミノ酸数が大きく、進化的に遠い関係にあるといわれていた生物間では同一アミノ酸数が小さいことがわかります。分子レベルでも生物の進化を論じることができるわかり、このような研究学問分野は「分子進化」（あるいは分子進化学）と呼ばれます。

そこで、アンモニア酸化細菌（ニトロソモナス・ユーロパエア）のシトクロム *c*-552と亜硝酸酸化細菌（ニトロバクター・ウィノグラドスキイ）のシトクロム *c*-550を、それぞれヒトのシトクロム *c* とアミノ酸配列で比較すると、亜硝酸酸化細菌のシトクロム *c*-550のほうがアンモニア酸化細菌のシトクロム *c*-552よりもヒトのシトクロム *c* との間で同

図 3-5　数種の生物のシトクロム *c* のアミノ酸配列

(記号は、A:アラニン、C:システイン、D:アスパラギン酸:E:グルタミン酸、F:フェニールアラニン、G:グリシン、H:ヒスチジン、I:イソロイシン、K:リシン、L:ロイシン、M:メチオニン、N:アスパラギン、P:プロリン、Q:グルタミン、R:アルギニン、S:セリン、T:トレオニン、V、バリン、W:トリプトファン、X:トリメチルリシン、Y:チロシン。N.w.:ニトロバクター・ウィノグラドスキイ、N.e.:ニトロソモナス・ユーロパエア、a:アセチル基。-はアミノ酸がないことを示す。ヒトのシトクロムcとの間で違っているアミノ酸を□で囲んだ)

```
                                     10      ┌ヘム┐   20                  30
(1)ヒト              aG D V E K G K K I F I M K C S Q C H T V E K G G K H K T G P
(2)アカゲザル        aG D V E K G K K I F I M K C S Q C H T V E K G G K H K T G P
(3)ウマ              aG D V E K G K K I F V Q K C A Q C H T V E K G G K H K T G P
(4)マグロ            aG D V A K G K K T F V Q K C A Q C H T V E N G G K H K V G P
(5)ミツバチ  G I P A G D P E K G K K I F V Q K C A Q C H T I E S G G K H K V G P
(6)酵母    T E F K A G S A K K G A T L F K T R C L Q C H T V E K G G P H K V G P
(7)N. w.              G D V E A G K A A F N - K C K A C H E I G E S A K N K V G P
(8)N. e.                        D A D L A K K N N C I A C H Q V E T K V V G P A L K

                   40                   50                  60
(1)  N L H G L F G R K T G Q A P G Y S Y T A A N K N K G I I W G E D T L M
(2)  N L H G L F G R K T G Q A P G Y S Y T A A N K N K G I T W G E D T L M
(3)  N L H G L F G R K T G Q A P G F T Y T D A N K N K G I T W K E E T L M
(4)  N L W G L F G R K T G Q A E G Y S Y T D A N K S K G I V W N N D T L M
(5)  N L Y G V Y G R K T G Q A P G Y S Y T D A N K G K G I T W N K E T L F
(6)  N L H G I F G R H S G Q A E G Y S Y T D A N I K K N V L W D E N N M S
(7)  E L N G L D G R H S G A V E G Y A Y S P A N K A S G I T W T E A E F K
(8)  D I A A K Y A D K D D A A I Y L A G K I K G G S S G V W G Q I P M P P

            70                80                  90                 100
(1)  E Y L E N P K K Y I P G T K M I F V G I K K K E E R A D L I A Y L K K A T N E
(2)  E Y L E N P K K Y I P G T K M I F V G I K K K E E R A D L I A Y L K K A T N E
(3)  E Y L E N P K K Y I P G T K M I F A G I K K K T E R E D L I A Y L K K A T N E
(4)  E Y L E N P K K Y I P G T K M I F A G I K K K G E R Q D L V A Y L K S A T S -
(5)  E Y L E N P K K Y I P G T K M V F A G L K K P Q E R A D L I A Y I E Q A S K -
(6)  E Y L T N P X K Y I P G T K M A F G G L K K E K D R N D L I T Y L K K A C E -
(7)  E Y I K D P K A K V P G T K M V F A G I K K D S E L D N L W A Y V S Q F D K D
(8)  N V N V S D A D A K A L A D W I L T L K
(7)  G K V K A K
```

一アミノ酸数が大きいことがわかります（図3-5、表3-5）。進化的には、アンモニア酸化細菌よりも亜硝酸酸化細菌のほうがヒトに近い、つまりアンモニア酸化細菌のほうが亜硝酸酸化細菌よりも古くから地球上に生息していたと推測されます。アンモニア酸化細菌が生息しているとアンモニアから亜硝酸が生じますが、亜硝酸酸化細菌がいないと生じた亜硝酸が消費されません。したがって、太古のある時期、地球表面は亜硝酸で汚染されていたことになり、われわれの祖先（細菌の時代）は亜硝酸の海をくぐり抜けてきたかもしれません。これはタンパク質の構造の比較からの推測です。ただ、亜硝酸を消費するのは亜硝酸酸化細菌だけではありませんから、太古のある時期にも、うまく亜硝酸を除去する生物（細菌）がほかにいた可能性はあります。しかし、亜硝酸を消費する力としては、亜硝酸酸化細菌の存在が抜群に大きいと思われます。

表 3-5　数種の生物のシトクロム *c* 間の同一アミノ酸数

	シトクロムc	同一アミノ酸数							
		1	2	3	4	5	6	7	8
1	ヒト	104							
2	アカゲザル	103	104						
3	ウマ	92	93	104					
4	マグロ	83	83	85	103				
5	ミツバチ	75	77	80	78	107			
6	酵母	65	65	64	63	61	108		
7	亜硝酸酸化細菌	48	50	50	50	52	41	109	
8	アンモニア酸化細菌	9	9	9	10	8	8	9	81

なお、ニトロソモナス・ユーロパエアとニトロバクター・ウィノグラドスキイとは、後者の出現以来いろいろな場所で一緒に生息してきたと考えられますが、これら2種の細菌のシトクロム *c* のアミノ酸配列が互いに非常に異なりますから、シトクロム *c* をコードするDNAは進化の途上互いの間を移動したことはなさそうです。

3-8 硝酸塩を窒素ガスに変える微生物

アンモニア酸化細菌と亜硝酸酸化細菌、有機栄養硝化細菌の作用でアンモニアから生じた硝酸は、一般に、土壌中などではすぐに炭酸カルシウムと反応して硝酸カルシウムになります。硝酸カルシウムのような硝酸塩は、植物にとっては良い窒素源ですが、微生物の中には酸素ガスが存在しないか、あるいは非常に少ないところで有機物（無機物の場合もある）を硝酸塩で酸化してATPを作り硝酸呼吸をする脱窒微生物（細菌とカビ）があります。このような微生物、とくに脱窒細菌にとっては、酸素ガスが存在しない場合、硝酸塩は生きてゆくためになくてはならない化合物ですから、植物との間で硝酸塩の取り合いが起きます。脱窒細菌が行なう有機栄養硝酸呼吸では、有機物を硝酸塩で酸化し、そのとき遊離するエネルギーを用いてATPを生成します。このとき、硝酸塩は亜硝酸塩に還元され、続いて一酸化窒素、亜酸化窒素、窒素ガスへと還元され、それぞれの還元中間体も有機物の酸化に用いられてATPが生成されるのです。

還元に関与する特有の酵素

また、硝酸塩の窒素ガスへの還元では、硝酸塩と3種類の還元中間体のおのおのの還元反応に、以下に述べるようなそれぞれ特有の酵素が関与します。

まず、硝酸塩は「硝酸レダクターゼ」の作用で亜硝酸塩になり、亜硝酸塩は「亜硝酸レダクターゼ」の作用で一酸化窒素になります。一酸化窒素は「一酸化窒素レダクターゼ」の作用で亜酸化窒素になります。亜酸化窒素は「亜酸化窒素レダクターゼ」の作用で窒素ガスになります。

これらの反応では、有機物から引き抜かれた水素原子でNADHが生成され、これを膜結合性のNADHデヒドロゲナーゼが脱水素してプロトン勾配を形成します。硝酸塩の還元と一酸化窒素の還元のある場合は、還元のための電子がNADHデヒドロゲナーゼからキノール（コラム6「呼吸系電子伝達に関与するキノン」を参照）を経て供給されます。一酸化窒素還元のある場合を除き、硝酸塩還元中間体の還元のための電子もNADHデヒドロゲナーゼの作用でキノンを還元して生じたキノールから、さらにシトクロムbc_1を経て供給されます。つまり、NADHデヒドロゲナーゼ、キノール、シトクロムbc_1を経てそれぞれのレダクターゼ特有の電子供与体へ渡されます。

このように有機物の電子（あるいは水素原子）がNADHデヒドロゲナーゼ、キノール（およびキノン）、シトクロムbc_1を通過して電子供与体へ渡されると、細菌の細胞膜（カビの場合はミトコンドリア内膜）の内外でプロトン濃度の勾配が生じ、これを利用してATP合成酵素の作用でATPが生合成されます。有機栄養硝酸呼吸をする微生物は、酸素ガスの利用できない環境での有機物ごみの分解に寄与しています。

異化型硝酸レダクターゼ

脱窒過程に関与する硝酸レダクターゼと亜硝酸レダクターゼは、それぞれ、「異化型硝酸レダクターゼ」「異化型亜硝酸レダクターゼ」と呼ば

コラム6 呼吸系電子伝達に関与するキノン

呼吸系電子伝達に関与するキノンには、「ユビキノン」（UQ）と「メナキノン」（MK）があります。ユビキノンは真核生物および細菌の呼吸系電子伝達に関与し、メナキノンは細菌の呼吸系電子伝達に関与しますが、ヒトにとってはビタミンKの一種です。

ユビキノンはベンゾキノンの誘導体で、水素原子2個を結合したユビキノール（ヒドロキノンの誘導体）との間の変化で2個の水素原子を伝達します。メナキノンは1,4-ナフトキノン誘導体で、メナキノール（1,4-ナフタレンジオール誘導体）との間の変化で2個の水素原子を伝達します。

ユビキノンとメナキノンは、いずれも炭素5個の原子団であるプレニル基の重合体を結合しています。キノンに結合しているプレニル基の数（n）は、「ユビキノン-n」「メナキノン-n」のように表します。天然に存在するユビキノンはnが1～10で、メナキノンではnが主に6～9になります。ユビキノンは「コエンザイムQ」ともいいますので、ユビキノン-10はコエンザイムQ-10とも呼ばれ、サプリメントにもなっています。

れます。これらの酵素は、ATPを作るために硝酸塩と亜硝酸塩を還元しますが、それらが関与して生じる最終還元生成物を細胞構成物質に取り込むわけではないからです。

異化型硝酸レダクターゼは、モリブデン、鉄-硫黄クラスター（4鉄4硫黄型と2鉄2硫黄型の両方）、シトクロムbを持っています。モリブデンは、有機化合物「モリブドプテリングアニンジヌクレオチド（MGD）」と結合してモリブデン因子となって存在し、硝酸塩の還元において中心的な役割を果たしています。この酵素は、膜結合性でキノール[*16]を電子供与体として硝酸塩を亜硝酸塩に還元し、ATPの生成に関与します。

脱窒細菌には、この膜結合性酵素とは別に、モリブデンとシトクロムcを持つ硝酸レダクターゼの存在も知られています。この酵素はペリプラズムに存在して硝酸塩を還元しますが、どのような生理的役割を果たしているか、よくわかっていません。

異化型亜硝酸レダクターゼ

広義の脱窒微生物は、硝酸塩を亜硝酸塩にまでしか還元しないもの（これは細菌に限られます）も含みますが、一般に脱窒微生物といえば、硝酸塩を窒素ガスあるいは亜酸化窒素にまで還元する微生物をいいます。こういう意味での脱窒微生物には「異化型亜硝酸レダクターゼ」が存在します。

この酵素は2種類あり、1つは「シトクロムcd_1型亜硝酸レダクターゼ」、もう1つは「銅

＊16　**キノール**
「パラコッカス・デニトリフィカンス」（*Paracoccus denitrificans*）という脱窒細菌ではユビキノール-10です。

タンパク質型亜硝酸レダクターゼ」です。ただし、この2種類の酵素が1個の微生物細胞に同居していることはありません。

シトクロム cd_1型亜硝酸レダクターゼは、分子の中にヘムCとヘムD_1を持っています。脱窒細菌のシトクロム *c*（具体的にはシトクロム *c*-551）とアズリンという銅タンパク質それぞれの還元型を電子供与体として、亜硝酸塩を一酸化窒素に還元します。この酵素は、シトクロム *c*オキシダーゼ活性も持っています。銅タンパク質型亜硝酸レダクターゼは、複数個の銅原子を持っていて、アズリンに似た銅タンパク質（シトクロム *c*も関与するともいわれています）の還元型を電子供与体として亜硝酸塩を一酸化窒素に還元します。

一酸化窒素レダクターゼ

硝酸塩を窒素ガス、または亜酸化窒素にまで還元する脱窒微生物には、亜硝酸塩の還元で生成した一酸化窒素を還元する「一酸化窒素レダクターゼ」が存在します。脱窒細菌の場合、この酵素には、ヘムBとヘムCとを持つシトクロム*cbb*型酵素、ヘムBを持ちヘムCを持たないシトクロム*bb*型酵素、ヘムOと銅原子とを持つシトクロム *o*型酵素の3つがあります。シトクロム*cbb*型酵素はシトクロム *c*を電子供与体とし、残りの2つはキノールを電子供与体として、いずれも一酸化窒素を亜酸化窒素に還元します。

脱窒カビには、シトクロムP-450$_{NOR}$という一酸化窒素レダクターゼが存在し、

NAD（P）Hを電子供与体として、一酸化窒素を亜酸化窒素に還元します。先述のように、シトクロムP-450[*17]のほとんどはモノオキシゲナーゼ活性を示しますが、シトクロムP-450NORはレダクターゼです。

亜酸化窒素レダクターゼ

硝酸塩を窒素ガスにまで還元する脱窒細菌には、「亜酸化窒素レダクターゼ」が存在します。この酵素は、複数個の銅原子を持っていますが、この酵素に対する電子供与体[*18]は不明です。この酵素は酸素ガスに対して非常に不安定で、銅の欠乏する環境や嫌気的条件のあまいところでは亜酸化窒素が還元されないので、脱窒過程で亜酸化窒素が放出されることになります。また、脱窒カビは亜酸化窒素レダクターゼを持たないため、このカビによる脱窒では亜酸化窒素が放出されます。

亜酸化窒素は、大気圏のオゾン層を破壊しますし、温室効果も大きいので、発生を抑制しなければなりません。すでに述べたように、このガスは硝化過程においても生じますが、自然界では、環境の酸素濃度によって、脱窒過程と硝化過程のどちらで生じているのか推測がつきます。比較的酸素濃度が高いのに亜酸化窒素が生じているときは、硝化過程によってもたらされたものです。北欧のバルト海では、水深50センチメートル付近で飽和濃度の3倍くらいの濃度で亜酸化窒素が溶存するといいます。海面下50センチメートルで

＊17　**シトクロムP-450**
現在では、単に「P-450」と表記されます。

＊18　**酵素に対する電子供与体**
プソイドアズリンという銅タンパク質かもしれませんが、正確には不明です。

は酸素ガスはそれほど欠乏していないと推測できますから、硝化過程から生じた亜酸化窒素と見ることができます。ただし、海底で生じた可能性もあります。その場合、海底の嫌気性が問題になります。硝化過程での亜酸化窒素の生成は、フッ化メチルやジメチルエーテルによって阻害されますが、脱窒過程による亜酸化窒素の生成はこれらの化合物で阻害されません。

同化型硝酸レダクターゼ

高等植物、藻類、カビ、酵母、細菌などが、硝酸塩を窒素源として利用するために体内でアンモニアに還元するには、脱窒反応の場合とは異なる種類の硝酸レダクターゼと亜硝酸レダクターゼが作用します。これらの酵素は、最終的に生じるアンモニアが生体成分の生成に利用されますから、それぞれ、「同化型硝酸レダクターゼ」「同化型亜硝酸レダクターゼ」と呼ばれます。

高等植物、藻類、カビ、酵母の同化型硝酸レダクターゼは、フラビン（FAD）[*19]、シトクロムb、モリブデンを持ち、NADPHあるいはNADHを電子供与体として硝酸塩を亜硝酸塩に還元します。一方、シアノバクテリア以外の細菌の酵素についてはあまりよくわかっていませんが、一部の光を利用しない細菌の酵素と非酸素発生型光栄養細菌の酵素は、FAD、鉄-硫黄クラスター、モリブデンを持ち、NAD（P）Hを電子供与体と

＊19 **FAD**
フラビンアデニンジヌクレオチド(flavin adenine dinucleotide)の略で、補酵素の1つ。

して硝酸塩を亜硝酸塩に還元します。これに対して、シアノバクテリアの酵素はフラビンやシトクロムbを持たず、鉄-硫黄クラスターとモリブデンを持ち、フェレドキシンを電子供与体として硝酸塩を亜硝酸塩に還元します。しかし、光を利用しない細菌の酵素にも鉄-硫黄クラスターとモリブデンを持ち、フラボドキシンというFMNを持つタンパク質を電子供与体として硝酸塩を還元し、NAD（P）Hを利用しないものもあります。このように、同化型硝酸レダクターゼは生物によって構造が異なっていますが、同化型酵素も異化型酵素も、ともに活性部位にモリブデンを持っています。なお、すでに述べたように、モリブデンは有機化合物と結合して、モリブデン因子として存在します。

同化型亜硝酸レダクターゼ

同化型亜硝酸レダクターゼは、異化型亜硝酸レダクターゼと違い、活性部位にシロヘムを持ちます。カビの亜硝酸レダクターゼはシロヘムとフラビン（FAD）を持ち、大腸菌の酵素はシロヘム、鉄-硫黄クラスター、FMN、FADを持っています。そして、カビの亜硝酸レダクターゼはNAD（P）Hを、大腸菌の酵素はNADPHを電子供与体として、亜硝酸塩をアンモニウム塩に還元します。

一方、高等植物、藻類、シアノバクテリアの酵素は、シロヘムと鉄-硫黄クラスターを持ちますが、フラビンは持たず、フェレドキシンを電子供与体として亜硝酸塩をアンモニアに還元します。このように同化型亜硝酸レダクターゼの構造は、生物によって異なっていますが、活性部位にシロヘムを持つことは共通しています。

3-9 一酸化窒素は狭心痛を治しペニスを勃起させる

脱窒微生物による脱窒過程では、一酸化窒素が生じます。植物でも、一部のものは一酸化窒素を生じますが、動物の体組織内で一酸化窒素が生じるなどとは思いもよりませんでした。1980年頃になって、ヒトの体組織内でも一酸化窒素が生じ、これがいろいろな生理作用を示すことが明らかになったのです[8]。

それより以前から、ヒトが食物として取り込んだ硝酸塩の量より排出する硝酸塩の量が多いことが指摘されていました。これは腸内でアミノ酸から生じたアンモニアを硝化細菌が酸化して硝酸塩を生ずるからだと考えられたこともありました。しかし、「腸内では酸素分圧が大気中よりかなり低いのに、そこで硝化細菌による硝化が起きるとは考えにくい」「腸内のように有機物が多いところでは、無機栄養硝化細菌は生育しない」「有機栄養硝化細菌といえども有機物が多いところでは硝化をしないのではないか」など、いろいろな意見が出されました。現在では、腸内で硝酸塩が還元されることがわかっています。

硝酸塩は動物の体内組織で生成される

ところが、生まれて以来、体内に微生物を持たない「無菌マウス」が開発されました。それなのに、このマウスを用いても、摂取した硝酸塩の量より排出される硝酸塩の量が多かったのです。そこで、動物の体内組織内で硝酸塩が生成される、という結論になりました。

そして、ヒトの体組織内で、一酸化窒素シンターゼという酵素（NOSと呼ばれる）の作用によって、L-アルギニンから一酸化窒素が生成され、動脈の血管壁を作る平滑筋を弛緩させる作用があることがわかってきました。

狭心症は、心臓冠動脈の血流が悪くなる病気です。狭心痛が起きたとき、ニトログリセリンをなめると発作が治まるのは[*20]、以前からわかっていました。あるダイナマイトを製造している会社の保健室に勤務しておられたお医者さんからお聞きしたところでは、いつも月曜日の朝には多くの従業員が「心臓の調子がおかしい」といって診療にやって来たということです。従業員は、月曜日から土曜日（大分以前のことなので）までニトログリセリンの蒸気を吸っているため、この間は冠動脈の血管壁がむしろ拡張して血流がスムーズですが、日曜日は仕事が休みでその蒸気を吸わないので血管壁が収縮してしまい、血流が悪くなって心臓の調子が悪くなるということでした。このようなこともあって、狭心痛はニト

＊20　ニトログリセリンをなめると発作が治まる
鉱夫たちが「発破をかけた日は心臓の調子が良い」といっていたことから思いついたともされていますが、真偽のほどはわかりません。

ログリセリンで治まると考えられました。

しかし、実際に狭心痛の治療に有効なのは一酸化窒素だとわかってみますと、ニトログリセリンからどのようにして一酸化窒素が生じるかという疑問が出てきました。現在では、ヒトの体組織内では、シトクロムP-450の作用でニトログリセリンから一酸化窒素が生じることがわかっています。

平滑筋を弛緩させる一酸化窒素

一酸化窒素はどのようにして動脈の血管壁を拡張するのでしょうか。一酸化窒素はグアニル酸シクラーゼという酵素を活性化し、活性化された酵素が「グアノシン5'-三リン酸」（GTP）から「サイクリックグアノシン3', 5'-一リン酸」（サイクリックGMPまたはcGMPともいいます）を生じます。cGMPは数段階の反応を経て、平滑筋を弛緩させます。そうすると、冠動脈が拡張して血流がよくなります。一酸化窒素は、ペニスの絨毛組織の平滑筋や動脈の血管壁の平滑筋を弛緩させ、血液が絨毛組織内に充満して勃起が起きます（図3-6）。

一酸化窒素は、種々の物質と反応して速やかに消滅し、組織内には約8秒以下の短い間しか存在しません。実は、あまり長く存在するとその作用が長続きしすぎて、いろいろ不都合なことが起きることになります。また、cGMPも長く存在するとその作用が長続きしすぎるため、cGMPホスホジエステラーゼという酵素によって分解されます。バイアグラはこの酵素を阻害してcGMPの滞在期間を長くするので、ペニスの勃起が長く続くことになるのです。

ところで、ヒトの体組織内で一酸化窒素が生じることから、食べた硝酸塩の量より排出される硝酸塩の量が多いという事実を説明できるでしょうか。ヒトの体組織の動脈側毛細血管内には、ヘモグロビンと酸素ガスが結合したオキシヘモグロビンがたくさん存在し、一酸化窒素がオキシヘモグロビンと反応すると、硝酸イオンが生じます（式3-9）。この反応だけでは

図 3-6　一酸化窒素の作用で平滑筋が弛緩するメカニズムの概略

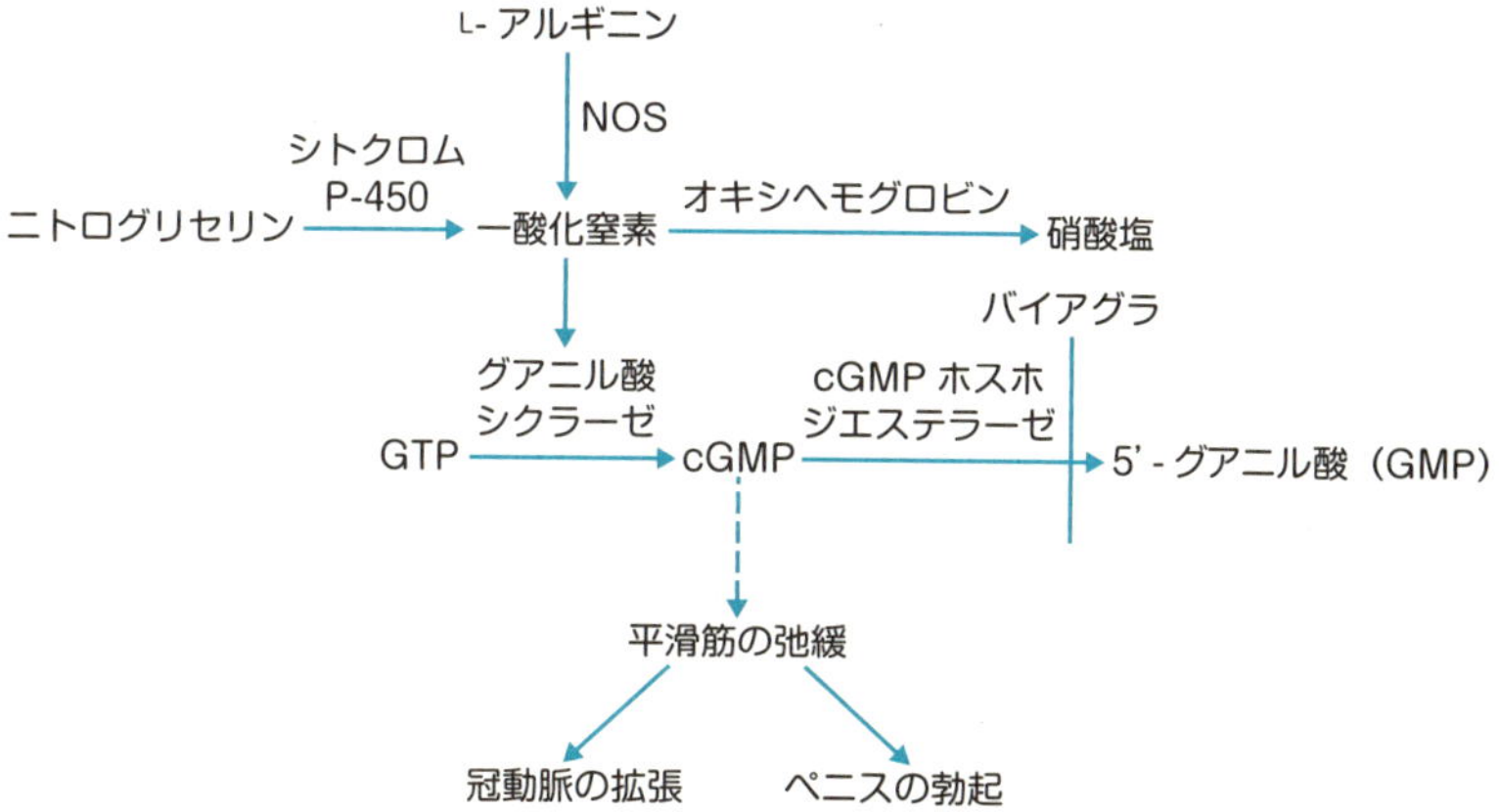

式 3-9

ヘモグロビ…酸素ガス＋一酸化窒素 → メトヘモグロビン＋硝酸イオン

ないと思いますが、一酸化窒素から硝酸塩が生じるのを説明することはできます。

3-10 廃水中のアンモニアの処理

廃水中のアンモニアを除くには、硝化細菌と脱窒細菌が利用されています。アンモニアを含む廃水に、アンモニア酸化細菌と亜硝酸酸化細菌を入れて激しく通気し、アンモニアを硝酸塩に変えます。次に、これに脱窒細菌を加えて攪拌し、嫌気的に保持すれば、硝酸塩が窒素ガスに変化しますから、アンモニアが窒素ガスに変化して、廃水中のアンモニアが除去されます。理論上はこのようにして廃水中のアンモニアを除くことができますが、実際に、大規模な装置で連続的にアンモニアを窒素ガスに変化させて除くのは容易なことではありません。

アンモニアを窒素ガスに変える

アンモニアを窒素ガスに変える方法の1つで、現在実用化されているのは、ポリマーゲルで作ったチップ（小片、ピンポン球大）の中に、アンモニア酸化細菌と脱窒細菌を閉じ込め、このチップを、脱窒細菌の脱窒系への電子供与体となるメタノールなどを添加したアンモニアを含む廃水中に入れて激しく通気する方法です。こうすると、酸素ガスの必要なアンモニア酸化細菌はチップの表面領域に集まり、脱窒細菌は嫌気的な内部領域に集まります。そして、チップの表面領域でアンモニア酸化細菌がアンモニアを酸化して亜硝酸塩（塩になるように廃水のpHを調整します）を生じ、これが内部領域へ移り、脱窒細菌の作用で窒素ガスになります。この方法では、自然界で起きているようにアンモニアを硝酸塩にまで酸化した後に脱窒細菌で脱窒を行なわせるのではなく、アンモニアを亜硝酸塩にまで酸化したところで脱窒細菌によって窒素ガスに変えています。

もし、1種の細菌で、好気的条件下にアンモニアを窒素ガスに変えることができれば、アンモニアの処理としては効率的です。「パラコッカス・パントトロフスＧＢ17」[*21]（*Paracoccus pantotrophus* ＧＢ17）という細菌は、好気的条件下でアンモニアを窒素ガスに変えます。これこそアンモニアの処理にはもってこいの細菌だと注目されましたが、実際に利用されている様子はありません。好気的条件下での脱窒反応は亜酸化窒素の生成を伴います。この化合物は、前にも述べたとおり、成層圏のオゾン層を破壊しますし、温室効果が大きいので、発生を極力抑制しなければなりません。このことから、この細菌によるアンモニアの処理がうまくいっていないのだと思います。

＊21　**パラコッカス・パントトロフスGB 17**
発見時はチオスファエラ・パントトロファ（*Thiosphaera pantotropha*）と呼ばれていました。

アナモックス細菌の活用

最近注目されているのは、嫌気的条件下でアンモニアを亜硝酸塩で酸化して窒素ガスにする「アナモックス（anammox）細菌」（複数種）です。この細菌は、海の湾の底などの泥の中で活動していて、アンモニアの除去に関与しているようです（式3-10）。

たとえば、デンマークのスカゲラク（Skagerrak）大陸棚領域では、この細菌の活動によって、窒素ガスの67パーセントが発生しています。現在、地球規模で見ると、海底を含む大洋中に存在する窒素化合物から除去される窒素の50パーセントは、この細菌の作用によると見積もられています。しかし、この細菌は今のところ培養できないため、その性質については多くのことが不明ですが、ゲノムの研究から、プランクトミセタレス（*Planktomycetales*）目の細菌であることがわかっています。この細菌を使えば、酸素ガスのないところで、アンモニアが窒素ガスと水になりますから（式3-10）、「究極のアンモニア処理ができる」と騒がれています。

ただし、この方法でアンモニアを処理するには、亜硝酸塩が必要です。亜硝酸塩の生成には、好気的条件が必要ですから、全部の工程を嫌気的条件下で行なう

式 3-10

アンモニウムイオン ＋ 亜硝酸イオン → 窒素ガス ＋2 水

ことは困難のように思えます。しかし、既成の亜硝酸塩を使用すれば、アンモニア処理工程をすべて嫌気的条件下で行えるということでしょう。アナモックス細菌を使用する方法は、すばらしいアンモニア処理方法だと考えられています。

自然界では、海底などに沈積している泥の中でまだ酸素ガスが利用できる間にアンモニア酸化細菌、亜硝酸酸化細菌、有機栄養硝化細菌の作用で、亜硝酸塩や硝酸塩が生成されます。やがて環境が嫌気的になると、硝酸塩が還元されて亜硝酸塩になり、有機物が分解されてアンモニアが生じると、アナモックス細菌により脱窒が起きると考えることができます。

第4章

自然界における硫黄の循環と細菌たち

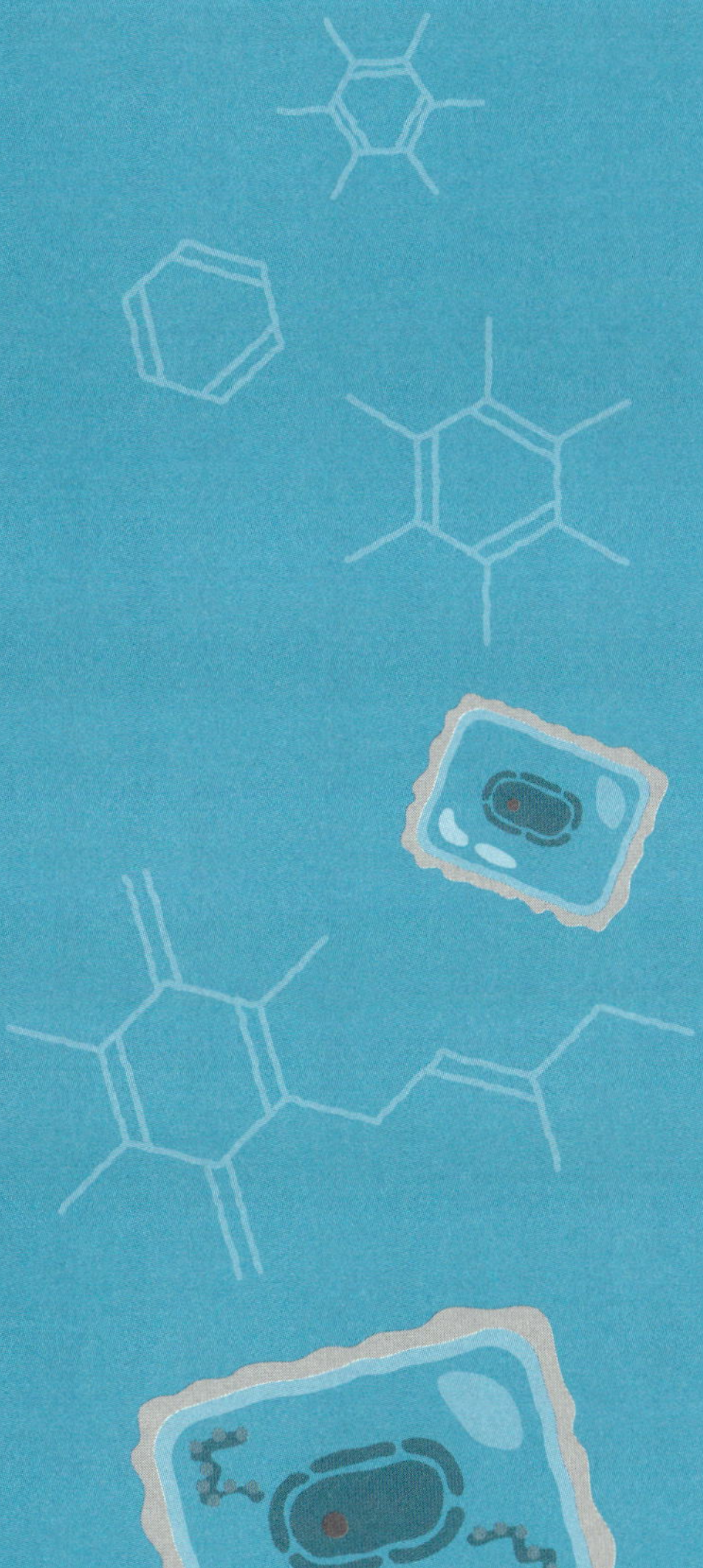

4-1 自然界を循環する硫黄

硫黄も、いろいろと形を変えながら自然界を循環しています（図4-1）。硫化水素は、火山や温泉など地球の内部から出てきます。一部は二価鉄と反応して「二硫化鉄」（パイライト）になりますが、残りは硫黄酸化細菌や光栄養硫黄細菌の作用によって単体硫黄を経て、硫酸に酸化されます。生じた硫酸は、土壌中などでは炭酸カルシウムと反応して硫酸カルシウムになりますが、嫌気的条件下では、硫酸還元菌の作用で還元されて、再び硫化水素になります。

一方、硫酸カルシウム（一般に硫酸塩）は、植物にとっての硫黄源ですから、植物体内で還元されて硫化水素になりますが、直ちに「システイン」という含硫アミノ酸になり、さらにほかの含硫化合物になります。そして、植物は動物に食べられ、含硫化合物は動物に移ります。植物も動物も死んで微生物によって分解されれば、含硫化合物も分解されて硫化水素になります。動物の排出物も微生物によって分解され、含硫化合物は硫化水素を生じます。図4-1で、硫化水素の植物への取り込みが点線になっているのは、直接硫化水素を取り込むのは植物全般ではなく、カビや細菌などに限られているからです。

パイライトは、好酸性鉄酸化細菌の作用で酸化されて硫酸を生じます。海洋からは、渦鞭毛藻、ハプト藻、緑藻などの藻類によって、多くの硫化ジメチルが生成されます。硫化ジメチルは、ある種の細菌[＊1]の作用で硫酸に酸化されます。

また、火山の噴煙や工場の煙、自動車の排気ガスの中には、「二酸化硫黄」（亜硫酸ガス）が含まれています。このガスは酸素ガスと水が存在する環境で、亜硫酸を経て硫酸になり、酸性雨となって降ってきますが、これには細菌は関与していません。ただ、二酸化硫黄が地上（や水中）で亜硫酸を経て硫酸になる過程では、硫黄酸化細菌が関与している可能性があります。特別な場合として、デスルホビブリオ・スルホジスミュータンスが亜硫酸塩を硫酸塩と硫化水素にします。

図 4-1　自然界における硫黄の循環の概略

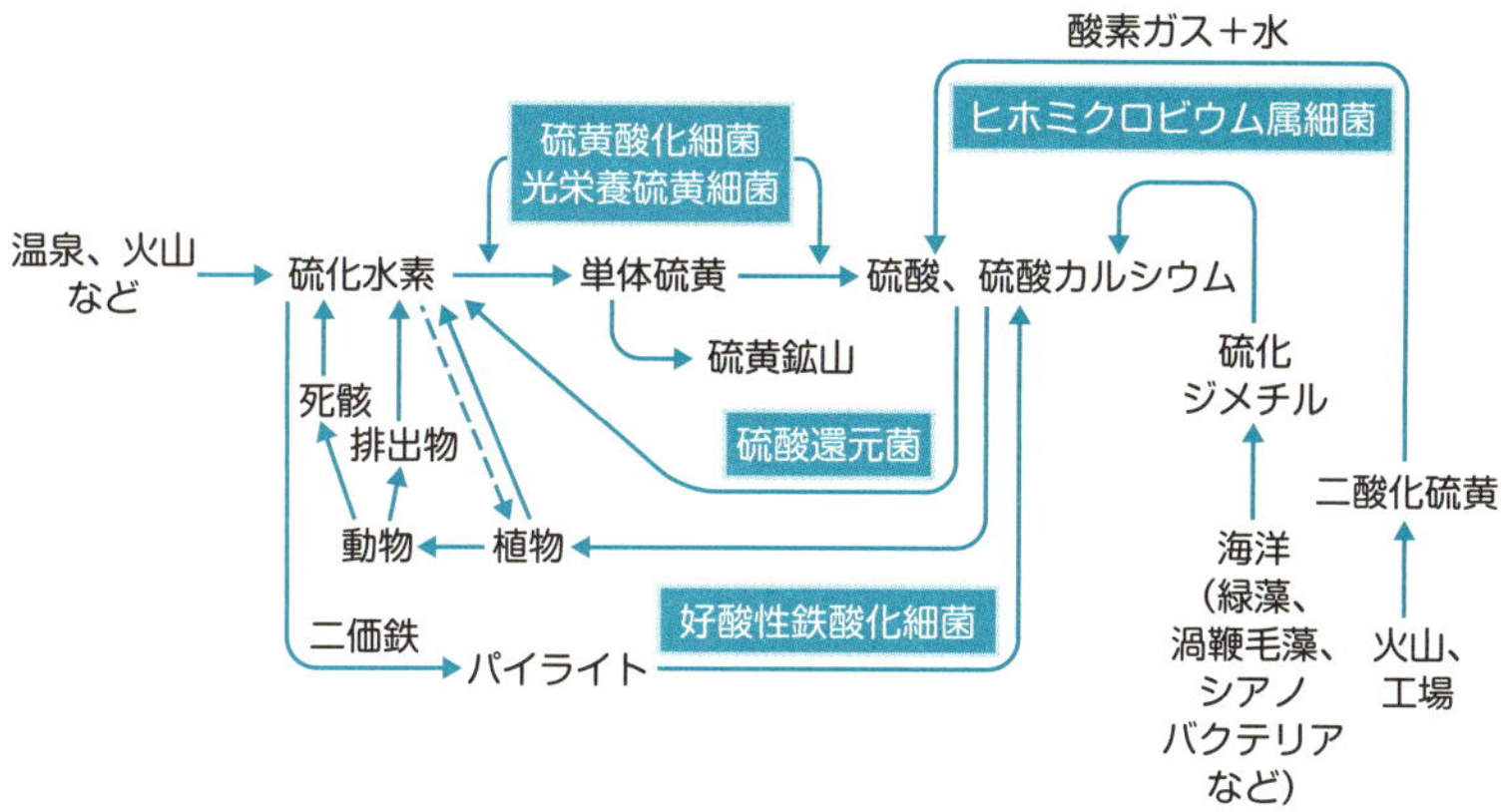

＊1　ある種の細菌
ヒホミクロビウム（*Hyphomicrobium*）属細菌などが該当します。

ヒトの細胞と硫黄

第1章で触れたように、癌細胞ではメイラード（Maillard）反応でシステインとグルコースから硫化水素が生じます。また、メチオニンとグルコースからは「メタンチオール」（メチルメルカプタン）が生じます。さらに、システインと乳酸が反応して硫化水素が生じることがわかりました。[2] これらの含硫化合物がシトクロムcオキシダーゼを阻害して好気的解糖（ワールブルグ効果）の原因になっている可能性がありますから、含硫化合物を除去すれば、癌が治療できるかもしれません。

また、大腸癌患者のおなら中にはメタンチオールが、肺癌患者の呼気の中にはメタンチオールと硫化水素が、健常者より非常に多く存在します。そこで、おならの中のメタンチオールを定量して大腸癌を見つけようという試みも始まっています。[9]

一方、ヒトの正常細胞でも、硫化水素が生成されることがわかっています。[10] 硫化水素は、「シスタチオニンβ-シンターゼ」や「シスタチオニンγ-リアーゼ」といった酵素により、システインから生じます。システインからは、「システインアミノトランスフェラーゼ」という酵素と「3-メルカプトピルビン酸硫黄転移酵素」の共同作用によっても、硫化水素が生じます。なお、硫化水素は、神経調節物質として作用したり、平滑筋弛緩因子として作用するようです。

4-2 硫黄化合物を酸化する細菌

光栄養硫黄細菌

光栄養細菌は、光のエネルギーを利用してATPを生成し生育する細菌で、光合成細菌ともいいます。そのうち、原核緑藻とシアノバクテリアは光合成の結果、酸素ガスを放出する酸素発生型光栄養細菌で、硫黄の循環とは直接の関係はありません。硫黄の循環に直接関係するのは、硫化水素、単体硫黄（あるものはチオ硫酸塩）などを酸化して生育する非酸素発生型光栄養細菌で「光栄養硫黄細菌」（または光合成硫黄細菌）と呼ばれます。この細菌の仲間には、緑色をした「緑色硫黄細菌」と、赤ワインのような色をした「紅色硫黄細菌」があります。よく研究されている緑色硫黄細菌の1つは「クロロビウム・リミコーラf.チオサルファトフィルム」（*Chlorobium limicola* f. *thiosulfatophilum*）です。また、紅色硫黄細菌でよく研究されているのは「アロクロマチウム・ヴィノスム」[＊2]（*Allochromatium vinosum*）です。クロロビウム・リミコーラf.チオサルファトフィルムは、表4-1に示したような培地で、光を照射しながら培養できます。また、アロクロマチウム・ヴィノスムもこの培地から食

＊2 **アロクロマチウム・ヴィノスム**
以前は、「クロマチウム・ヴィノスム」（*Chromatium vinosum*）とされていました。

塩を除いた培地（食塩が存在しても良い菌株もある）で同様に培養できます。

緑色硫黄細菌は、硫化水素（および硫化ナトリウムなどの硫化物）を酸化するとき、まだ硫化水素が多いうちは、細胞の外側に単体硫黄の微粒子を生じますが、やがて、硫化水素が消費されてしまうと、単体硫黄の微粒子を硫酸に酸化します。しかし、細胞表面に付着した単体硫黄の微粒子が、どのようなメカニズムで硫酸に酸化されるかはわかっていません。

紅色硫黄細菌は、硫化水素（および硫化ナトリウムなどの硫化物）を酸化するとき、単体硫黄の微粒子を細胞内に生じます。この場合、単体硫黄の微粒子は、タンパク質の膜で包まれています。硫化水素が消費され尽くすと、単体硫黄の微粒子は硫酸に酸化さ

表 4-1　クロロビウム・リミコーラ f. チオサルファトフィルム用培地の一例

エチレンジアミン四酢酸ナトリウム*	0.05g	硫酸銅五水和物	0.02mg
塩化アンモニウム	1.0g	リン酸二水素カリウム	1.0g
食塩	10g	塩化マグネシウム六水和物	0.5g
チオ硫酸ナトリウム五水和物	1.6g	炭酸水素ナトリウム	2.0g
硫化ナトリウム九水和物	0.2g	塩化カルシウム	0.1g
塩化鉄(III)六水和物	10mg	ホウ酸	0.56mg
硫酸亜鉛七水和物	0.44mg	硝酸コバルト六水和物	0.25mg
塩化マンガン四水和物	0.02mg	脱イオン水	1000ml,pH7.0～7.3

※金属イオンをうまく溶かしておくのに使用するのであって、この細菌により代謝されない

滅菌後種菌を植えて、30℃で嫌気的に白熱電球で照射しながら培養する。光はあまり強くない方が良い。

れます。単体硫黄の微粒子を包む膜に単体硫黄を酸化する酵素が存在すると考えられますが、まだ実証されていません。

緑色硫黄細菌は絶対嫌気性で、ごく微量の酸素ガスが存在しても生育しません。しかし、紅色硫黄細菌には絶対嫌気性のものと、微量の酸素ガスが存在しても生育できるものがあります。さらに、あるものは普通の好気的条件下でも生育できます。酸素ガスが存在しても生育できるものは、微好気的（あるいは好気的）条件下で暗所でも生育します。

クロロビウム・リミコーラf.チオサルファトフィルムの硫化水素など硫化物の酸化経路には、フラボシトクロムc[*3]の作用で酸化されるものと、硫化物－キノンレダクターゼの作用によって酸化されるものがありますが、いずれの場合も生成物は単体硫黄と考えられます。なお、単体硫黄が亜硫酸を経て硫酸に酸化される酵素メカニズムはわかっていません。チオ硫酸塩は、チオ硫酸オキシドレダクターゼの作用でシトクロム c-551（この酵素に特有の電子受容体）によって酸化されますが、生成物は明らかではありません。アロクロマチウム・ヴィノスムも、硫化水素など硫化物の酸化経路に、フラボシトクロム c の作用で酸化されるものと、硫化物－キノンレダクターゼの作用で酸化されるものの2つがあります。これも単体硫黄が硫酸に酸化されるメカニズムはまだわかっていません。チオ硫酸塩は、この細菌ではチオ硫酸オキシドレダクターゼの作用で「高ポテンシャル鉄硫黄タンパク質」（HiPIP）によって酸化されます。この場合も生成物はわかっていません。光栄養

＊3　**フラボシトクロム*c***
フラビン（FAD）を持つシトクロム*c*のこと。

硫黄細菌は、環境浄化や硫黄鉱床の形成などにも関係がありますが、これらについては後述します。

非酸素発生型光栄養細菌には、有機栄養性のものもあり「紅色非硫黄（または紅色無硫黄）細菌」と呼ばれ、赤色や褐色をしています。紅色非硫黄細菌は、光のエネルギーを用いて有機物を酸化して生育しますが、単体硫黄や硫黄化合物の酸化にはほとんど関与しません。しかし、環境浄化には大いに関与しています。ある食品工場の廃水の酸化池には、紅色非硫黄細菌が大量に生育していて、春から夏にかけて池の水が紅褐色になるそうです。それは、この細菌が廃水中の有機物を食べて生育しているためです。[11] そこで、紅色非硫黄細菌を廃水処理に利用しようという試みが過去にありました。

廃水中の有機物の処理には*4、一般に、光を利用しない好気性微生物を用いる活性汚泥法が利用されます。非常に毛色の違う微生物による処理段階を組み入れると、摂取する有機物や排出する老廃物の種類が違うので、処理効果が良くなることが期待できます。実際、好気性微生物による処理段階の後に紅色非硫黄細菌による処理段階を含めると、有機物の除去がより効果的に行なわれることがわかっています。また、紅色非硫黄細菌を利用すると、その処理過程で生産される菌体が、稚魚の飼料、ニワトリの飼料、有機肥料などとして利用できるので、菌体を廃棄する必要がありません。さらに、紅色非硫黄細菌には脱窒能を持つものがあり、これを利用すると、生産される菌体量が非常に少なくてすみます。

＊4　有機物の処理
有機物の量がとくに多い場合は、嫌気性微生物を用いて前段階処理をすることもあります。

ただし、紅色非硫黄細菌による処理段階を加えると、光を照射する必要があるので、電力消費量が非常に大きくなります。このことが廃水処理への紅色非硫黄細菌の導入の実用化を阻んでいます。将来、太陽光を利用するなどの工夫をして紅色非硫黄細菌を利用する廃水処理を考える必要があるでしょう。

硫黄酸化細菌とは

光のエネルギーを利用せずに、硫化水素（およびその他の硫化物）、単体硫黄、チオ硫酸塩などを酸素ガス（あるいは硝酸塩など）で酸化してATPを作り、生育する細菌が「硫黄酸化細菌」（無色硫黄細菌ということもある）です。硫黄酸化細菌には、無機硫黄化合物の酸化だけでATPを作る「絶対（または偏性）無機栄養細菌」と、無機硫黄化合物のほかに有機物を酸化してもATPを作ることができる「任意（または通性）無機栄養細菌」とがあります。前者には、「アシジチオバチルス・チオオキシダンス」（*Acidithiobacillus thiooxidans*）、「アシジチオバチルス・アシドフィルス」（*Acidithiobacillus acidophilus*）、「チオバチルス・ネアポリタヌス」（*Thiobacillus neapolitanus*）などが含まれます。後者には、「スタルケヤ・ノベラ」*5（*Starkeya novella*）、「パラコッカス・ベルスツス」*6（*Paracoccus versutus*）などが含まれます。硫黄酸化細菌は表4-2に示すような培地で培養できます。

＊6　**パラコッカス・ベルスツス**
以前は、チオバチルス・ベルスツス（*Thiobacillus versutus*）と呼ばれていました。

＊5　**スタルケヤ・ノベラ**
以前は、チオバチルス・ノベルス（*Thiobacillus novellus*）と呼ばれていました。

スタルケヤ・ノベラの硫黄化合物の酸化

硫黄化合物の酸化過程が比較的よく研究されているスタルケヤ・ノベラにおける硫黄化合物の酸化メカニズムについて説明します。

(a) 硫化水素および単体硫黄の酸化

硫化水素の単体硫黄への酸化は、好気的環境では非酵素的にも起きます。しかし、細菌細胞内では、酵素の関与のもとに起きる場合が多いと思われます。光栄養硫黄細菌においては、硫化物－シトクロム *c* オキシドレダクターゼの活性を持つフラボシトクロム *c* の存在が知られています。硫黄酸化細菌では、「チオバチルスW5」(*Thiobacillus* W5) から、硫化物－シトクロム *c* オキシドレダクターゼ活性を持つフラボシトクロム *c* が得られているだけで、その他の硫黄酸化細菌では硫化物の酸化にこのような酵素が関与するかどうかはわかっていません。それでも硫化水素は酸化されて、

表 4-2　硫黄酸化細菌用培地の一例

リン酸水素二ナトリウム	1.2g	リン酸二水素カリウム	1.8g
硫酸マグネシウム七水和物	0.1g	硫酸アンモニウム	0.1g
硫酸マンガン	0.02g	塩化カルシウム	0.03g
塩化鉄(III)	0.02g	チオ硫酸ナトリウム	10.0g
脱イオン水	1000ml	pH	7.0

※任意無機栄養硫黄酸化細菌もこの培地に1000 ml当たり300 mgの酵母エキスを添加すると無機栄養的に生育する
滅菌後種菌を植え，28～30℃で激しく通気しながら培養する

まず単体硫黄になります。生じた単体硫黄は、硫黄ジオキシゲナーゼの作用により亜硫酸に酸化されます（式4-1）。スタルケヤ・ノベラの硫黄ジオキシゲナーゼは、還元型グルタチオン（グルタミン酸、システイン、グリシンからなるトリペプチド）の存在を必要としますが、還元型グルタチオンを必要としない酵素を持つ硫黄酸化細菌もあります

(b) チオ硫酸塩の酸化

スタルケヤ・ノベラでは、チオ硫酸塩は硫黄結合タンパク質の存在下でチオ硫酸開裂酵素（正式には「チオ硫酸スルフルトランスフェラーゼ」といいます）によって、亜硫酸塩と硫黄結合タンパク質に結合した硫黄原子に分解されます（式4-2）。硫黄結合タンパク質が見つかる前は、シアン化物の存在下にチオ硫酸塩を分解するロダネーゼという酵素が存在すると考えて、この酵素がチオ硫酸塩の分解を触媒すると解釈されていました（式

式 4-1

単体硫黄＋水＋酸素ガス →（硫黄ジオキシゲナーゼ／還元型グルタチオン） 亜硫酸

式 4-2

チオ硫酸塩⁻＋硫黄結合タンパク質 →（チオ硫酸開裂酵素）
亜硫酸塩⁻＋硫黄原子－硫黄結合タンパク質

式 4-3

チオ硫酸塩＋シアン化物 →（ロダネーゼ） 亜硫酸塩＋チオシアン酸塩

4-3)。しかし、ロダネーゼは1ミリモル濃度くらいの濃度のシアン化物を必要とします。このような高濃度のシアン化物は、一部の植物を除けば一般には生体内には存在しません。ロダネーゼの示す活性は、チオ硫酸開裂酵素が硫黄結合タンパク質の代わりにシアン化物を用いたときの活性であり、ロダネーゼという酵素は存在せず、ロダネーゼ活性が見られるだけです。

スタルケヤ・ノベラにおけるチオ硫酸塩の分解、または酸化経路は、チオ硫酸開裂酵素反応で始まる経路のほかに、もう1つあることが比較的最近わかりました。それはチオ硫酸開裂酵素の関与なしにチオ硫酸塩が酸化されて硫酸塩になる経路で、パラコッカス・ベルスッツスで知られています。この経路でチオ硫酸塩の酸化を触媒するのは、数種類のC型シトクロムとモリブデンを持つタンパク質からなるチオ硫酸酸化酵素複合体ですが、くわしいことは不明です。この複合体の触媒作用によって、1分子のチオ硫酸イオンから2分子の硫酸イオン(厳密には1分子は硫酸)、10個のプロトン、8個の電子が生じます(式4-4)。電子は呼吸系に移り、最終的にはシトクロム *c* オキシダーゼの作用により酸素ガスで酸化されます。

また、チオバチルス・ネアポリタヌス、チオバチルス・テピダリウス(*Thiobacillus tepidarius*)や、アシジチオバチルス・アシドフィルスでは、チオ硫酸塩がチオ

式4-4

$$\text{チオ硫酸イオン} + 5\,\text{水} \xrightarrow{\text{チオ硫酸酸化酵素複合体}} 2\,\text{硫酸イオン} + 10\,\text{プロトン} + 8\,\text{電子}$$

硫酸塩-シトクロム *c* オキシドレダクターゼの関与のもとに、テトラチオン酸塩になります。アシジチオバチルス・アシドフィルスでは、生じたテトラチオン酸塩がテトラチオン酸ヒドロラーゼの作用で単体硫黄とチオ硫酸塩、硫酸塩に分解されます。このように、チオ硫酸塩の酸化経路は現在のところ3種類が知られています。

(c) 亜硫酸塩の酸化

スタルケヤ・ノベラでは、亜硫酸塩は亜硫酸塩-シトクロム *c* オキシドレダクターゼの作用によって酸化されます。この酵素は、分子質量が約49kDaでモリブデンを持つサブユニット(40・6kDa)とシトクロム *c*-551サブユニット(8・8kDa)とからできています。この酵素は、亜硫酸塩の存在下で、この細菌のシトクロム *c*-550、酵母、ウシのシトクロム *c* を速やかに還元しますが、「シュードモナス・エルギノサ」(*Pseudomonas aeruginosa*、緑膿菌)のシトクロム *c*-551を還元しないという特性があります。

スタルケヤ・ノベラから精製した亜硫酸塩-シトクロム *c* オキシドレダクターゼ、シトクロム *c*-550、シトクロム *c* オキシダーゼを10ミリモル濃度のリン酸緩衝液(pH5・5)に溶かし、これに亜硫酸塩を加えると、速やかな酸素消費が見られます。シトクロム *c* オキシダーゼあたりのこの酸素消費活性は、細菌から得られる膜画分の活性と似た値を示します。したがって、スタルケヤ・ノベラの亜硫酸塩の酸化系は、亜硫酸塩-シトクロム *c*

オキシドレダクターゼ、シトクロムc-550およびシトクロムcオキシダーゼからなることがわかりました。同様の亜硫酸塩-シトクロムcオキシドレダクターゼは、パラコッカス・ベルスツス、チオバチルス・チオパルス（*Thiobacillus thioparus*）とアシジチオバチルス・チオオキシダンスからも得られています。アシジチオバチルス・チオオキシダンスの酵素は、分子質量が約190kDaで、4分子のヘムCを持ちます。また、これらの酵素はいずれもモリブデンを持っています。

(d) 硫黄化合物の酸化経路

以上述べてきたことを元に、スタルケヤ・ノベラにおける硫黄化合物の酸化経路を示すと図4-2のようになります。この細菌の場合、硫化水素の酸化メカニズムはわかっていません。チオ硫酸塩が開裂して生じた硫黄原子は、硫黄結合タンパク質に結合しているので、その硫黄原子が硫黄ジオキシゲナーゼで酸化されるときは、還元型グルタチオンは不要でしょう。亜硫酸塩の酸化に際して還元されるシトクロムc-550は、リサイクルのためシトクロムcオキシダーゼの触媒作用を用い、酸素ガスで活発に酸化されなければなりません。また、この細菌が無機栄養的に生育するためには、二酸化炭素の還元のためのNAD(P)Hを生成する必要がありますが、NAD(P)Hの生成メカニズムはよくはわかっていません。

＊7　**ある種のゴカイ**
アレニコラ・マリナ（*Arenicola marina*）のこと。

なお、硫化水素の酸化によりＡＴＰを生成する反応は、ある種の動物でも知られています。たとえば、ある種のゴカイ[*7]のミトコンドリアは、硫化水素の酸化に共役してＡＴＰを生成します[12]。この動物は、硫化水素の酸化の最終生成物として、チオ硫酸塩を排出します。さらに、ヒトの大腸壁上皮の悪性腫瘍細胞も、硫化水素の酸化に共役してＡＴＰを生成することが示されています[13]。硫化水素の酸化に共役するＡＴＰの生成過程は、進化的に、細菌から動物まで受け継がれているといえそうです。

ところで、硫黄酸化細菌は、生育pHにより2つのグループに分けられます。1つは、pH5～8（あるものは5～10）で生育するグループ、もう1つはpH1～5で生育するグループです。前者のグループの細菌でも無理をすればpH2・

図 4-2　スタルケヤ・ノベラにおける硫黄化合物の酸化経路
(GSHは還元型グルタチオン、点線は実証されていない経路。シトクロムcオキシダーゼが還元する酸素ガスの量は電子伝達系へ送り込まれた電子の数とは無関係)

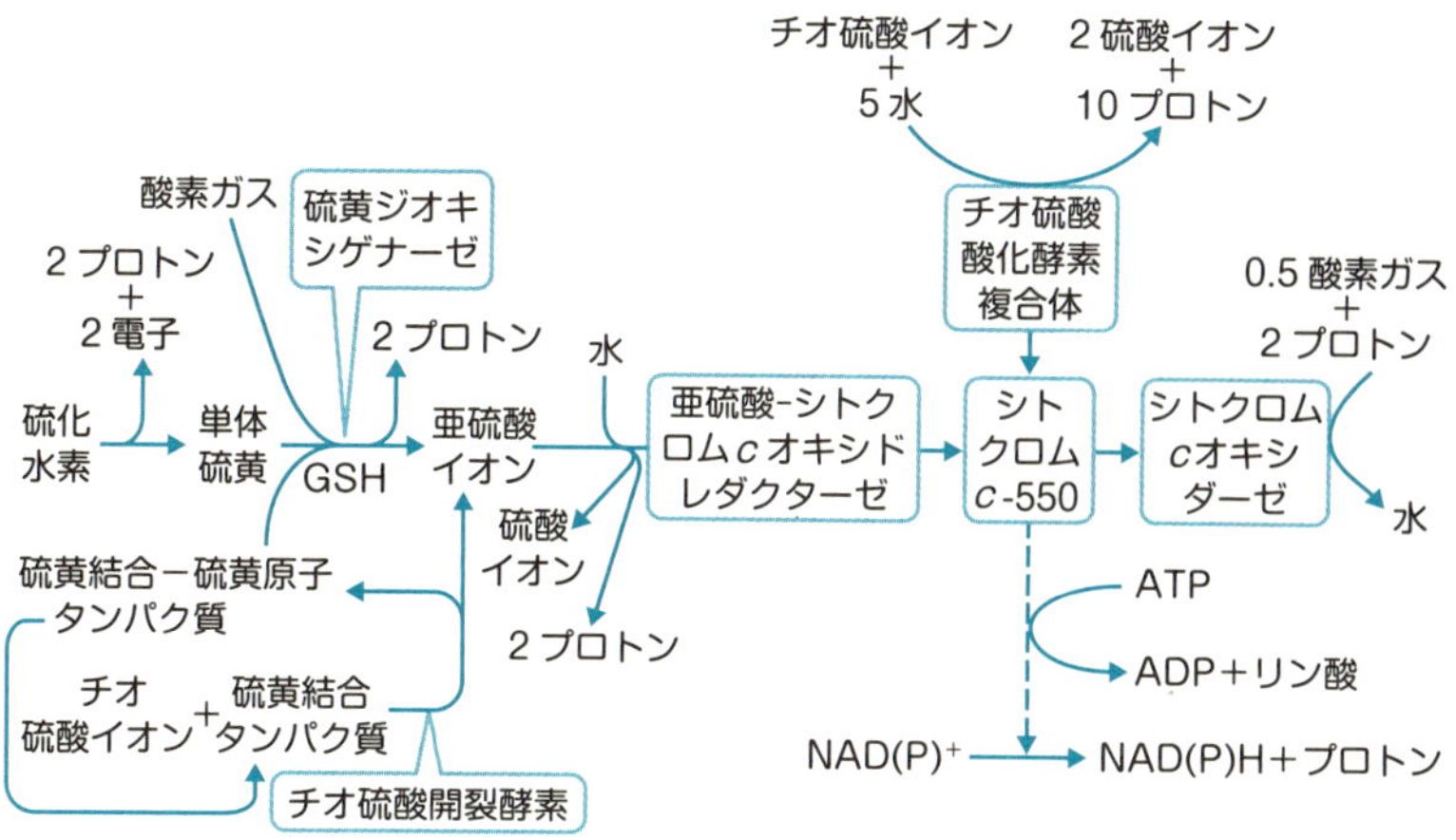

5までは生育できますし、後者のグループの細菌はpH0・7くらいまで生育することができます。前者のグループの代表的なものがチオバチルス・ネアポリタヌスで、後者のグループの代表的なものはアシジチオバチルス・チオオキシダンスです。硫黄酸化細菌の生育pHは、細菌によるコンクリートの腐食で問題になります。これについては後述します。

4-3 硫酸塩の細菌による還元

硫酸還元菌は、嫌気的条件下で有機物（主に乳酸塩やピルビン酸塩）を硫酸塩で酸化してATPを生成し生育します。このとき硫酸塩は還元されて、硫化水素を生じます。この細菌は、表4-3に示すような培地で生育します。

硫酸呼吸の仕組み

乳酸塩が酸化されるときは、まずピルビン酸塩になり、さらに酸化されてアセチルリン酸塩が生じます。アセチルリン酸塩は、酢酸キナーゼという酵素の作用でADPと反応し、ATPと酢酸塩になります。硫酸還元菌の種類によっては、酢酸塩を代謝できないものがあり（図4-3）、この場合は酢酸塩が残り、自然界ではメタン発生の原因になることがあります（216ページを参照）。ATP生成反応が、アセチルリン酸塩とADPの反応のみなら、硫酸還元菌のATP生成過程は発酵になりますが、以下に述べるように、ATPは呼吸に関係ある過程によっても生成されます（図4-3）から、硫酸還元菌のATP生成過程は「硫酸呼吸」と呼ばれます。

硫酸呼吸では、硫酸塩は先ず、硫酸アデニリルトランスフェラーゼの作用でATPと反応してアデニリル硫酸塩[*8]という活性化された硫酸塩になります。この化合物は、アデニリル硫酸レダクターゼという酵素の作用で還元されて、亜硫酸水素塩とAMP（アデノシン5'-リン酸あるいは5'-アデニル酸ともいう）を生じ、亜硫酸水素塩は亜硫酸レダクターゼの作用で還元されて硫化水素を生じます。硫化水素は利用されることなく捨てられます。したがって、この酵素は「異化型亜硫酸レダクターゼ」と呼ばれ、補欠分子族としてシロヘムと鉄-硫黄クラスターを持ち、シトクロム c_3 の還元型を電子供与体として亜硫酸水素塩（重亜硫酸塩）を硫化水素に還元します。亜硫酸水素塩の還元は、以前は、中間にトリチオン酸塩

表 4-3　硫酸還元菌用培地の一例

80%乳酸ナトリウム	5.0ml	硫酸鉄(II)七水和物	4mg
硫酸ナトリウム	5.0g	硫化ナトリウム九水和物	0.2g
硫酸マグネシウム七水和物	1.0g	リン酸二水素カリウム	0.3g
ペプトン	3.0g	酵母エキス	0.5g
脱イオン水	1000ml	pH	7.0～7.2

※滅菌後種菌を植え付け、培地上部に空気相がないようにして密栓し、37～38℃で静置する

＊8　アデニリル硫酸塩
アデノシン5'-ホスホスルフェートともいい、APSと略記されます。

とチオ硫酸塩を経ると考えられていましたが、現在では、電子の供給が十分であればこれらの中間体は生成せず、一気に硫化水素が生成することが実証されています。

図4-3からわかるように、もしATPが乳酸塩の硫酸塩による酸化における基質レベルのリン酸化のみで作られるとすると、生成したATPはすべて硫酸塩の活性化とADPの再生で消費され、硫酸還元菌は生育できないことになります。しかし、この細菌は乳酸塩を硫酸塩で酸化して生育します。そこで、基質レベルのリン酸化以外の反応でもATPが生成されるのではないかと考えられるようになりました。そんなときに、有機物ではなく、水素ガスを硫酸塩で酸化して生育する硫酸還元菌が存在することがわかりました。この場合、アセチルリン酸のリン酸基をADPに渡してATPを生成する過程は存在しません。結局、シトクロム c_3（およびフェレドキシンとフラボドキシン）から亜硫酸水素塩への電子が流れるときに放出されるエネルギーを使って、ATP合成酵素によってATPが生合成されると考えられるようになりました。つまり、硫酸還元菌は、嫌気的条件下で生育しますが、ATPの生成がATP合成酵素によって起きている部分もあるため、硫酸還元菌のATP生成過程は硫酸呼吸と呼ばれるのです。

膜結合性シトクロム c_3 IIの発見

図4-3ではフェレドキシン、フラボドキシン、シトクロム c_3 などで構成された電子伝

達系を通って運ばれた電子が、APSレダクターゼおよび亜硫酸レダクターゼの触媒作用で、APSおよび亜硫酸水素塩（塩は解離してイオンとなる）へ渡され、その間に遊離されるエネルギーを利用してATP合成酵素によりATPが生合成される、と簡単に説明しました。しかし、ここに大きな問題があります。フェレドキシン、フラボドキシン、シトクロムc_3、APSレダクターゼ、亜硫酸レダクターゼは、いずれも可溶性タンパク質です。ATP合成酵素によってATPが生成されるためには、膜を貫通している酵素やタンパク質が存在していて、電子伝達に伴い、膜を隔ててプロトンの勾配や膜電位が生じる必要があります（コラム2「ATP合成酵素によるATPの生成」参照）。

図 4-3　デスルホビブリオ属細菌が硫酸塩で乳酸を酸化して ATP を生合成する経路
（APS:アデニリル硫酸、CoA:補酵素A）

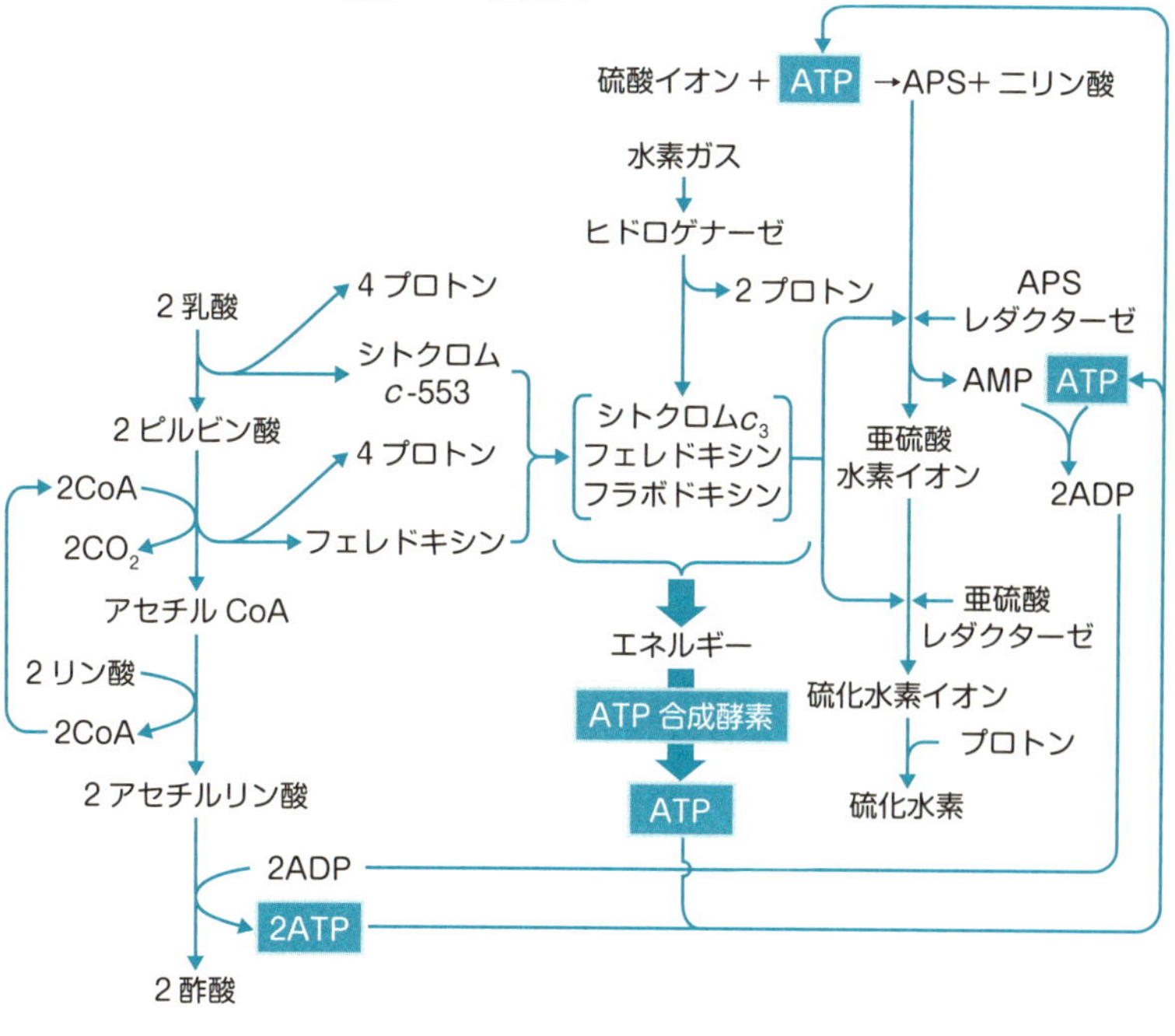

シトクロム c_3は、可溶性タンパク質だと考えられてきましたが、最近になって「膜結合性シトクロム c_3 Ⅱ」の存在がわかりました。そこで、以前から知られていたシトクロム c_3は「シトクロム c_3 Ⅰ」と呼ばれることになりました。そして、水素ガスの酸化系あるいは乳酸塩の酸化系で、亜硫酸水素塩が還元される場合、図4-4に示したように、シトクロム c_3 Ⅰと c_3 Ⅱ、ヒドロゲナーゼ、さらに16分子のヘムCを持つ高分子シトクロム c（Hmc）などが関与

図 4-4　デスルホビブリオ属細菌において乳酸塩酸化系や水素ガス酸化系により亜硫酸水素塩が還元されるメカニズム（推測図）
（e:電子）

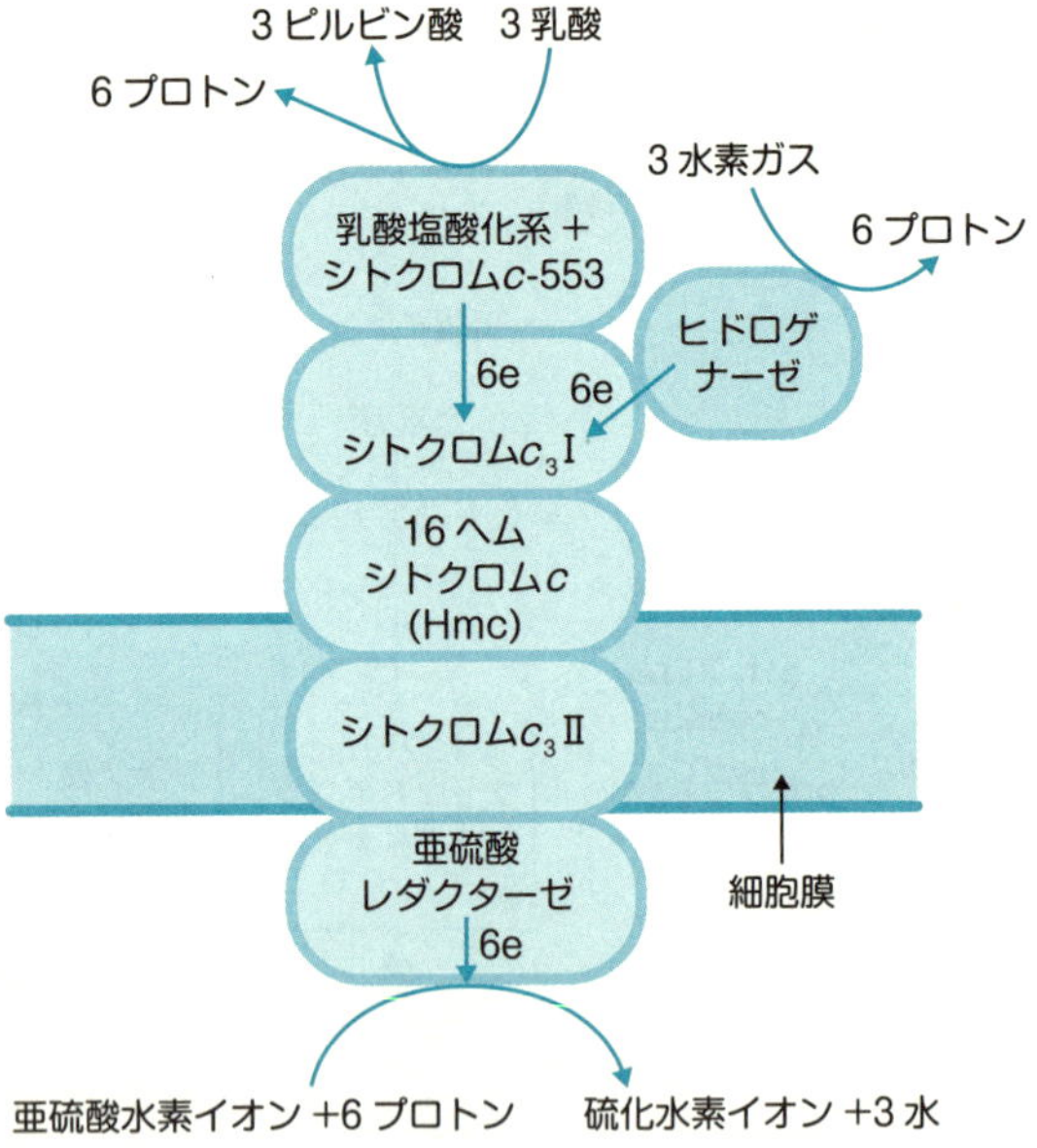

することがわかってきました。水素ガスの酸化系や乳酸塩酸化系からの電子が細胞膜の外側からこの膜を通過して、細胞質側でプロトンの関与のもとに亜硫酸水素塩を還元すると、プロトン駆動力が生じ、ATP合成酵素によりATPが生成されます。

無機硫黄化合物を体の構成物質に取り込む反応

高等植物、藻類、酵母、カビ、細菌などが、硫酸塩を還元して硫黄源とする場合は、硫酸呼吸とは違った亜硫酸塩の生成反応が進行し、異化型とは違う亜硫酸レダクターゼが働きます。硫酸塩はアデニリル硫酸塩になりますが、さらに「アデニリル硫酸キナーゼ」という酵素の作用で3'-ホスホアデニリル硫酸塩（PAPS）になってから、「ホスホアデニリル硫酸レダクターゼ」という酵素の作用によって還元されて亜硫酸塩を生じます（アデニリル硫酸塩を還元して亜硫酸塩を生成する場合もあるといわれています）。亜硫酸塩は、亜硫酸レダクターゼの作用で還元されて硫化水素になります。高等植物や藻類の亜硫酸レダクターゼは、シロヘムと鉄-硫黄クラスターを持ちますが、フラビンは持たず、フェレドキシンを電子供与体とします。大腸菌、酵母、カビの亜硫酸レダクターゼは、シロヘム、鉄-硫黄クラスターのほかに、フラビン（FMNとFAD）を持ち、NADPHを電子供与体とします。

このようにして生じた硫化水素は、システイン合成酵素*9の作用でセリンと反応し、シ

*9　**システイン合成酵素**
このシステイン合成酵素は、*O*-アセチルセリン（チオール）リアーゼ。

ステインを生じます。そして、このシステインが元になり、メチオニンを始めいろいろな硫黄を含んだ化合物が生成されます。このように亜硫酸塩を還元して含硫化合物の生成に利用される硫化水素を生成する亜硫酸レダクターゼは、「同化型亜硫酸レダクターゼ」と呼ばれます。これに対して、硫酸還元菌の亜硫酸レダクターゼは「異化型亜硫酸レダクターゼ」と呼ばれ、亜硫酸塩の還元過程に共役してATPを生成する仕事を済ませているので、生じた硫化水素は捨てられるのです。光栄養でない微生物（たとえば大腸菌）の同化型亜硫酸レダクターゼは、一般にフラビンを持っていますが、結核菌の同化型亜硫酸レダクターゼはフラビンを持たず、電子供与体はフェレドキシンです。この点で、結核菌の同化型亜硫酸レダクターゼは高等植物の酵素に

コラム 7 結核菌の亜硫酸レダクターゼ

最近、結核菌の亜硫酸レダクターゼが問題になっています。それは、この酵素が抗結核菌剤開発のターゲットになるかもしれないからです。

ヒトの体組織には、亜硫酸レダクターゼは存在しませんが、結核菌はその毒性（病原性）に関係ある含硫リピド（スルホリピド）を生合成するために、どうしても亜硫酸塩を還元しなければなりません。そこで、結核菌の亜硫酸レダクターゼの生合成を阻害するか、この酵素をコードする遺伝子を攻撃する薬が開発されれば、非常に効果的で副作用が少ない抗結核菌剤になることが期待されるというわけです。現在、とくに考えられているのは、このレダクターゼの補欠分子族の１つであるシロヘムの生合成を阻害することのようです。

似ていることがわかります。

4-4 細菌による硫化水素の生成・酸化と環境

深い湖を護る光栄養硫黄細菌

水深が25メートルより深い湖の底は、一般に嫌気的で、硫酸還元菌が生息して硫化水素を生成しています。硫化水素は、湖水の上部へ上昇しますが、湖面に近い湖水には硫化水素は含まれておらず、魚が生息しているのが一般的です。水深15メートルくらいのところは、太陽光線の到達限度領域であり、溶存酸素濃度がゼロになるところなので、光栄養硫黄細菌が生息しています。そして、下から上昇してくる硫化水素をこの細菌が酸化して、硫化水素の上昇を防いでいます。この場合、硫化水素は濃度が低いので、おそらく硫酸にまで酸化されます。しかし、湖水の水量に比較すると、ごく少量の硫酸しか生じませんから、この硫酸のために湖水が酸性になることはないでしょう。

硫黄鉱床の形成

米国のテキサス州とルイジアナ州に存在する天然硫黄の鉱床は、ペルム紀（2億8900万年前～2億4700万年前、2畳紀ともいいます）あるいは、ジュラ紀（2億1200万年前～1億4300万年前）に形成されたもののようです。これらの硫黄鉱床は、硫黄原子の同位体比（コラム8「硫黄原子の同位体比」参照）から硫酸還元菌が作用してできたものと推定されています。湖水の硫酸塩（多くは硫酸カルシウム）が硫酸還元菌の作用で硫化水素になり、酸素ガスによって単体硫黄に酸化され、それが堆積して硫黄鉱床になったというわけです。

約2億年前に起きたと考えられる硫黄鉱床の形成過程が、現在、アフリカのある湖で見られるそうです。この湖は浅く、湖水は硫酸カルシウムで飽和されています。湖水中には硫酸還元菌が生息していて、硫酸塩を還元して硫化水素を生成しています。湖面には紅色や緑色の光栄養硫黄細菌がマット状に生育していて、上空からは太陽が燦々と照りつけているので、湖水中を上昇してきた硫化水素は光栄養硫黄細菌によって酸化されます。硫化水素は濃度が非常に高いので、硫酸にまで酸化されずに単体硫黄で留まります。光栄養硫黄細菌は、太陽光のエネルギーを利用して硫化水素（の水素原子）と空気中の二酸化炭素から有機物を生合成して湖水中へ放出します。これを硫酸還元菌が食べて、どんどん硫酸塩を硫化水素に変えます。このようにして単体硫黄が蓄積されていくのです。といっても、この単体硫黄が高さ1000メートル以上もあるような山を形成するとは考えられないという人もいるかもしれません。しかし、単体硫黄の粉が1年間に0・1ミリメートルずつ1000万年間積り続けると、高さ1000メートルの硫黄の山ができるのです。

硫酸還元菌の残した足跡から生命の起源の古さを探る

硫酸還元菌の作用を受けていない硫化物の硫黄原子の$^{32}S/^{34}S$の比は22・21ですが、これに対して、この細菌の作用を受けて生じた硫化物の$^{32}S/^{34}S$の比は22・21より大きくなっています。このことを利用して、種々の古い地層の中の硫化物の$^{32}S/^{34}S$の比から、現在から何億年前に硫酸還元菌が生息していたかを推測できます。硫酸還元菌がいかに原始的な生物であるといっても、誕生したばかりの生命体よりは、はるかに進化しています。それで、硫酸還元菌が地球上に出現したのが何億年前かがわかれば、生命の起源は少なくともそれより前だったことになります。

表4-4に示したように、カンブリア紀（5億7500万年前～5億9000万年前）の$^{32}S/^{34}S$の比は22・41で、地層の年代が新しくなるほどこの比は大きくなり、新生代（6500万年前～現在）では23・02となり、新しい地層では古い地層よりも硫酸還元菌の活動が盛んであった、つまり生息していた硫酸還元菌数が多かったことがわかります。カンブリア紀よりももっと古い、27億5000万年前の地層であるカナダの楯状地鉄鉱層中の硫

コラム8 硫黄原子の同位体比

自然界の硫黄化合物中の硫黄原子は、主に質量数が32の^{32}Sですが、質量数34の硫黄原子^{34}Sを5パーセント弱含んでいます。硫酸還元菌は^{34}Sを含む硫酸塩より^{32}Sを含む硫酸塩を速く還元します。この細菌の作用を受けていない硫黄化合物、たとえば隕石の中の硫黄化合物(隕石中の硫黄化合物が硫酸還元菌の作用を受けているかどうかの解明は将来の問題です)の^{32}S／^{34}S比は、22.21ですが、硫酸還元菌の作用で硫酸塩から生じた硫化物はその比が22.21より大きくなります。一方、残った硫酸塩はこの比が22.21より小さくなります。

硫酸塩の還元速度があまり大きいと、^{34}Sの割合が比較的大きくなった硫酸塩も還元されますから、^{32}S／^{34}S比が22.21より小さい硫化物も生じることになりますが、とにかく硫化物の中の硫黄原子のこの比が22.21より大きければその硫化物は硫酸還元菌の作用を受けているといえます。この性質を利用して、現在存在する硫化物が過去において硫酸還元菌の作用で生じたかどうかを知ることができます。そして、生息していた硫酸還元菌の数がより多ければ、この比が22.21より大きくなります。たとえば、過去の地層Aの中の硫化物の^{32}S／^{34}S比が22.40で、過去の地層Bの中の硫化物についてのこの比が23.00であれば、地層Aより地層Bにより多くの数の硫酸還元菌が生息していたと考えられます。多くの場合、いろいろな地質年代の地層に存在するパイライト(二硫化鉄)について、この比を測定して、その年代に硫酸還元菌が生息していたかどうかが調べられています。地層の土の採取の仕方によって、この比にばらつきがあり、同じ地質年代の地層を数箇所掘削してこの比を測定し、平均値をとることも考えられますが、表4-4には、各地質年代の地層の数箇所のサンプルで得られた値のうち最大のものを示しました。

化物の^{32}S／^{34}Sの比は２２・４９で、この年代には現在の約10分の１の数の硫酸還元菌が生息していたと推測できます。一方、37億年前のグリーンランドのイスワ鉄鉱床分布域の硫化鉱の^{32}S／^{34}Sの比は２２・２４であり、専門家はこの年代には硫酸還元菌が生息していなかったと結論づけています。以上の結果から、生命の起源は27億５０００万年前より前で37億年前より後ということになります。ただ、最近の研究では、硫黄原子の同位体比からオーストラリアの35億年前の地層に硫酸還元菌が生息していた足跡が見つかったといいます。分子生物学や生化学などの研究成果をもとにして、現在では、生命の起源は、35億年前あるいは36億年前と推測されていますが、これと硫黄原子の同位体比からの推測は矛盾しません。

表 4-4　種々の地質年代の地層における硫化物の ^{32}S ／ ^{34}S 比

地質年代区分	絶対年代［現在より何年前か］（単位:100万年）	^{32}S ／ ^{34}S比
西グリーンランドのイスワ鉄鉱床分布域の硫化鉱	3700	22.24
カナダ楯状地鉄鉱層中の硫化鉱	2750	22.49
カンブリア紀	575～509	22.41
オルドビス紀-シルル紀	509～416	22.61
デボン紀	416～367	22.64
石炭紀	367～289	22.80
ペルム紀（二畳紀）	289～247	22.82
三畳紀	247～212	23.20
ジュラ紀	212～143	23.21
白亜紀	143～65	23.00
新生代	65～現在	23.02

イネ（水稲）の秋落

夏の終わり頃から秋の始め頃（早稲種ではもっと早い）にかけて、以前は、花穂が出る頃に稲が急に枯れる現象「イネの秋落」[*10]がよく起きました。主な原因は、硫酸還元菌による硫化水素の生成です。窒素肥料として硫安を用いると、イネがアンモニウムイオンを吸収して硫酸イオンが残ります。水田の土壌は田面水があるため、表面から約1センチメートルより下の部分は嫌気的になっているので、硫酸イオンは硫酸還元菌の作用で硫化水素に還元されます。土壌中に二価鉄が存在する間は硫化鉄が生じ、硫化水素によるイネの被害を防ぎますが、二価鉄が消費され尽くすと、硫化水素がイネの根に作用して根の働きが阻害されてイネが枯れるというわけです。

硫酸還元菌が絶対嫌気性細菌であることに目をつけ、水田の土壌中に空気を拡散させ、土壌の環境をできるだけ好気的にしてやれば、硫酸還元菌の活動を抑制でき、イネが枯れるのを防げると考えた人がいました。１９４１年、塩入松三郎博士により、水田の中干が考案されたのです。真夏に数回、田面水を抜いて水田の土の表面に割れ目を生じさせ、土中に空気を拡散させることにより、硫酸還元菌の活動を抑え、イネの秋落が防げるようになったのです。これは、微生物生理の研究が農業上大きな成果を収めた一例です。

後述するメタン生成菌による水田からのメタンの発生も、この中干によって非常に効

＊10　**イネの秋落**
最近は、イネの窒素肥料として、硫安ではなく、硫化水素を発生しない塩安（塩化アンモニウム）を使用するようになったようです。このため、イネの秋落は起きなくなりましたが、中干をしなくなれば、メタン発生の阻止という点からはあまりよくないのではないかと心配しています。ただ、聞くところでは、塩安を使用しても中干は行なわれているそうです。

率よく抑制されます。わが国ではかなり以前から、結果的には水田からのメタンの発生を阻止してきたのです。

硫黄酸化細菌は暗黒の深海底の動物界を支えている

2500メートル以深の海底にある熱水噴出孔の周辺に、カニ、エビ、イソギンチャク、マキガイ、チューブワームなど沢山の動物が棲んでいることがわかってきました。このような深海底は、暗黒の世界です。動物たちは何を食べているのでしょうか。海の上層部から沈降していった有機物がこれらの動物の餌になっているのではないか、と考えられたこともありましたが、熱水噴出孔の周辺には大量の糸状性硫黄酸化細菌（ベギアトア（*Beggiatoa*）属細菌と考えられます）が生息しており、これらの動物はこの細菌を食べて生きていることがわかりました（図4-5）。というのも、ここに生息している動物から得られたタンパク質などの同位体比（窒素原子の$^{15}N/^{14}N$比や、炭素原子の$^{13}C/^{12}C$比）と、周辺に生息している硫黄酸化細菌から得られたタンパク質などの同位体比が、それぞれ近い値を示すからです。また、熱水噴出孔が消滅すると、その周辺の動物たちもいなくなるなどのことが、これらの動物たちが硫黄酸化細菌を食べて生育していることの証拠になります。それに何より、チューブワームは口も肛門もなく、体内に生息する硫黄酸化細菌[*11]を栄養源にしているの

＊11　**硫黄酸化細菌**
チオブルム（*Thiovulum*）属細菌と考えられます。

です。

熱水噴出孔は、硫化水素や金属の硫化物などを含む真っ黒な熱水を出しており、ブラックスモーカーやチムニーと呼ばれ、周辺には金属の化合物や単体を含む鉱物が堆積しています。硫黄酸化細菌は硫化水素を食べて生育しており、この周辺に生息する動物たちが硫黄酸化細菌を食べて生きていることがわかった当時は、「太陽がなくても動物は生きることができる」と大変な驚きでした。それまでは、動物界は緑色植物（主に高等植物、藻類およびシアノバクテリア）が太陽光を利用して光合成した有機物に絶対的に依存していると考えられていたのですから。

ところが、熱水噴出孔からは酸素ガスが出ないことがわかりました。酸素ガスがないと、動物はもちろん、硫黄酸化細菌も生育することができません。これらの動物も硫黄酸化細菌も、緑色植物が光合成の結果作り出す酸素ガスを利用していることがわかり、驚きは半減しました。深海底の地殻プレートの湧出帯には、メタンを酸化して生育するメタン酸化細菌を食べて生きている動物たちがいることもわかっていますが、これも、細菌、動物ともに酸素ガスを必要とすることに変わりはありません。ただ、熱水噴出孔の周辺には水素ガスを単体硫黄で酸化して生育、つまり硫黄呼吸で生育する細菌も生息しており、この細菌は酸素ガスを必要とせずに有機物を作ります。これを動物が食べて生育することを考えると、酸素ガスの必要性はもう少し少なくなります（図4-6）。

図 4-5　熱水噴出孔付近に鉱物が沈積し動物が生息している様子を示す模式図

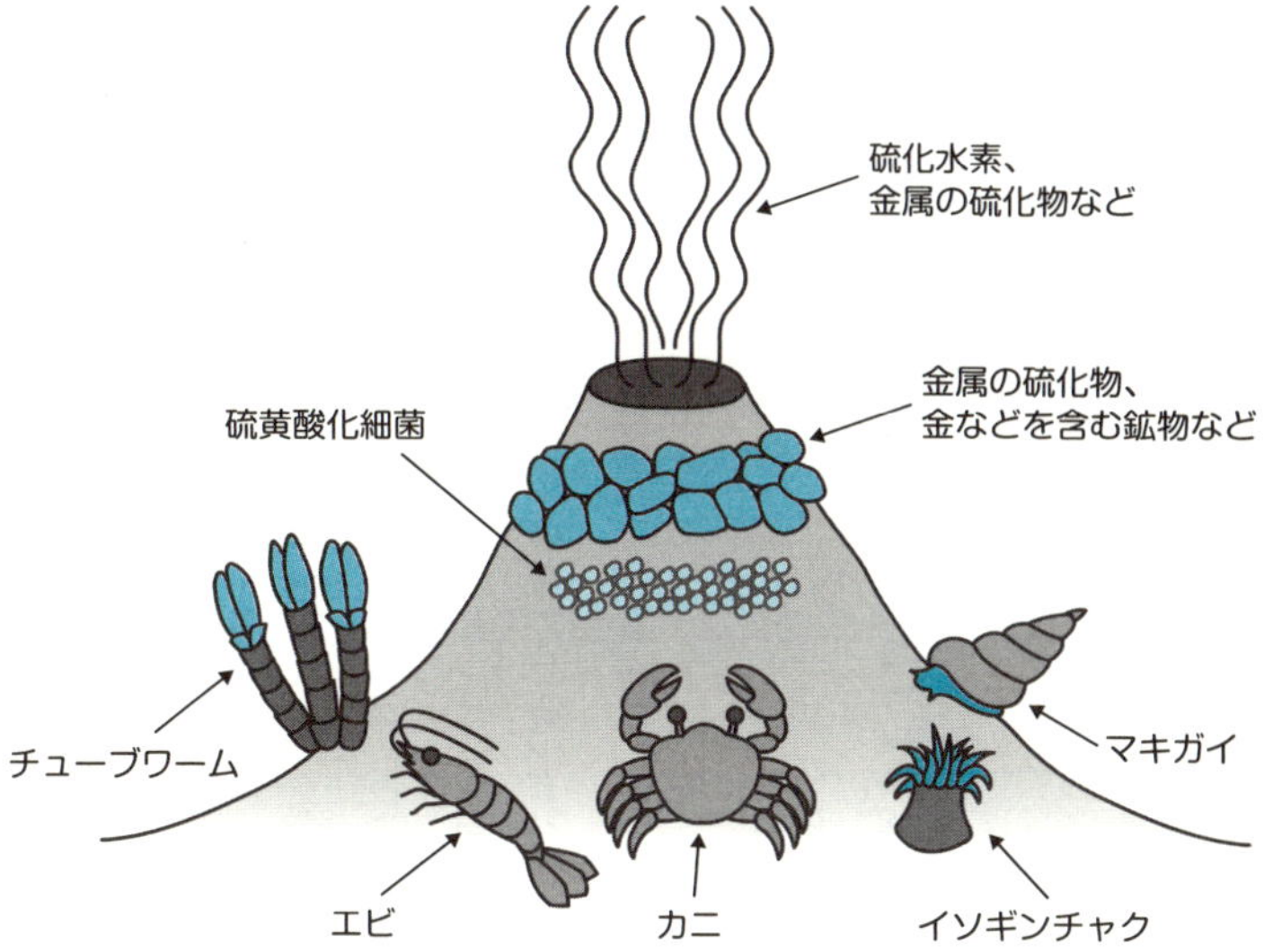

図 4-6　嫌気性化学無機栄養細菌が深海底の動物界を支えていることを示す概念図

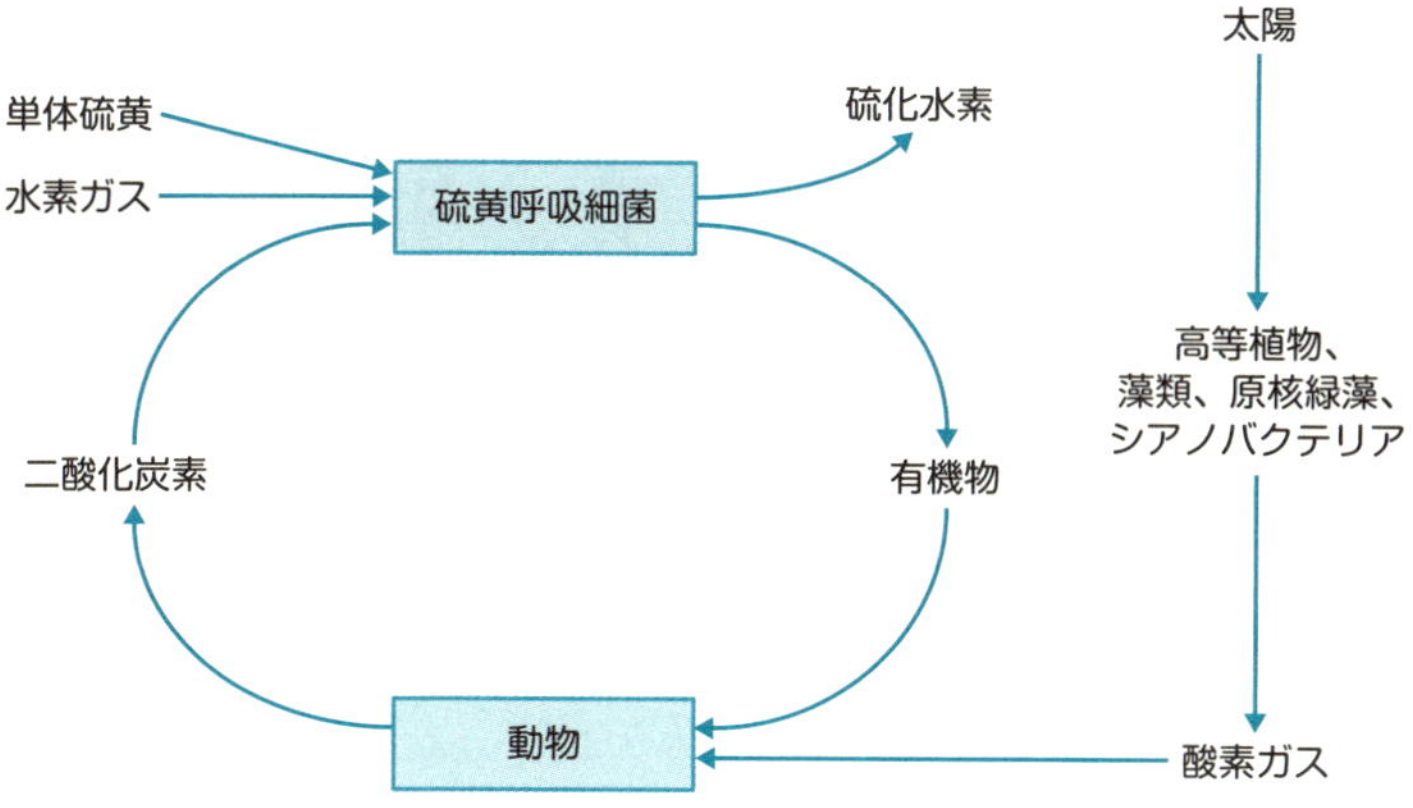

２５００メートル以深の深海底に棲むチューブワームには、直径が３〜５センチメートルで体長が２〜３メートルもある大きなものがいます。先端に赤い羽毛（機能上は鰓）をつけており、口も肛門も退化していますが、体内に硫黄酸化細菌を生息させており、この細菌を食べて生きています。栄養の摂取では、動物は固形物を食べることができますが、植物は気体や水に解けた物質を吸収します。チューブワームは固形物を食べない動物で、植物的動物になります。[14] この動物のヘモグロビンも変わっていて、酸素ガスも硫化水素も結合することができます。ヘモグロビンに結合した酸素ガスは、チューブワーム自身も利用しなければなりませんが、酸素ガスと硫化水素さらに二酸化炭素を硫黄酸化細菌に供給して細菌を育て、生育した細菌を栄養源にしています。

4-5 硫黄酸化細菌によるコンクリートの腐食

腐食されたコンクリートの中の細菌

30年くらい前ですと、「コンクリートが細菌で破壊される」などというものなら、「コンクリートが細菌にやられることなどあるはずがない」と土木工学の関係者に怒られたかもしれません。しかし、今やコンクリートといえども細菌に腐食されることは多くの土木工学の関係者も認めるところとなりました。一般に、下水処理施設の下水通路や浄化槽のコンクリートは、10数年経つと白い粉をふいたようになり、その部分は金属製スパチュラ（金属製の化学用へら）で掻き落とせるようになります。下水中には有機物が多く、水中は嫌気的になっており、硫酸塩が存在します。したがって、下水中では硫酸還元菌が活動して硫化水素を発生します。生じた硫化水素は上昇して下水上の空気中へ出て、コンクリートの表面で硫黄酸化細菌の作用で酸化され、希硫酸を生じます。希硫酸はコンクリートの細孔に入り、水分が次第に蒸発して濃縮され、コンクリートを腐食するのです（図4-7、図4-8）。コンクリー

図 4-7　下水処理施設の浄化槽が硫黄酸化細菌により腐食されることを示す模式図

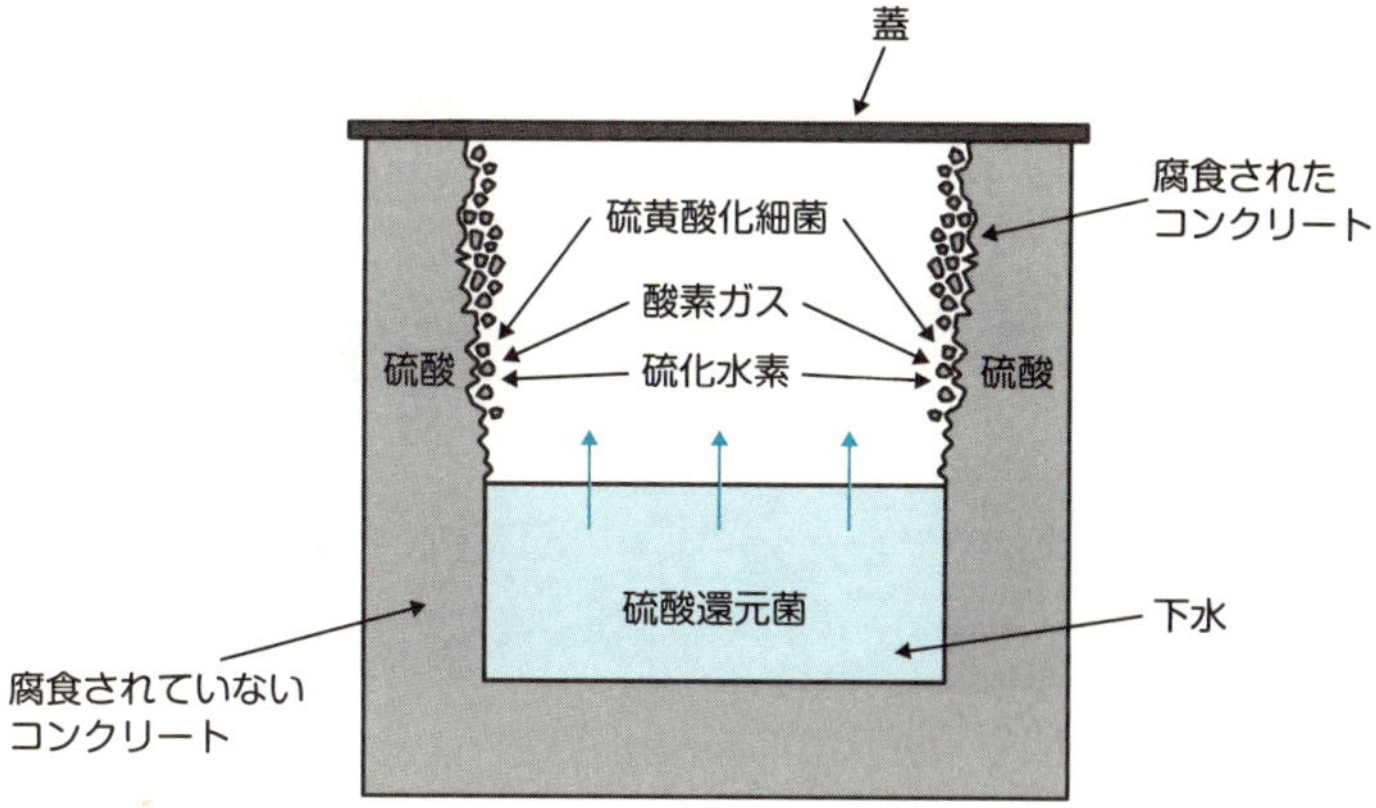

図 4-8　細菌により腐食された下水処理施設のコンクリートの写真
（(株) フジタ　渡部嗣道博士（現 大阪市立大学生活科学部教授）提供）

ト製下水管の天井部分も、同様に硫黄酸化細菌の作用により腐食されて破壊され、この管を埋設してある道路の陥没が起きる原因になります。

コンクリートの腐食された部分の粉末を水に懸濁し、固形物を沈殿させて得られる上澄みのpHは2・0付近の酸性です。この上澄みを硫黄酸化細菌用培地（表4-2）に入れて28～30℃で激しく通気しながら培養（震盪培養）すると、腐食されたコンクリート中に生息している硫黄酸化細菌が、培地中のチオ硫酸ナトリウムを酸化して硫酸を生じ、培養液のpHが次第に下がり、10日ほどでpH2・5～1・0程度になります。なお、腐食されたコンクリートの懸濁液を121℃で20分間処理しておくと、このようなpHの低下は起きません。10日間培養後、pHが低下した培養液を遠心分離して得られる沈殿を走査型電子顕微鏡で調べると、図4-9に示したように、沢山の細菌がい

図4-9　腐食されたコンクリートの中に生息している細菌を硫黄酸化細菌用培地で培養後集菌したものの走査型電子顕微鏡写真
（バーの長さは1μm）

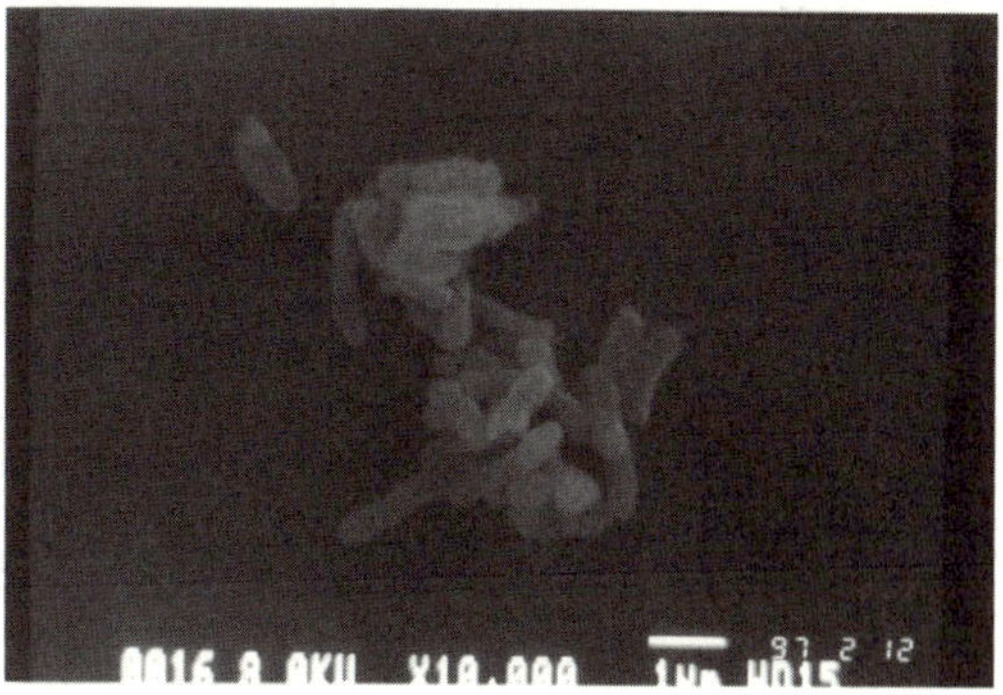

ることがわかりました。

細菌によるコンクリートの腐食のメカニズム

コンクリートの硫黄酸化細菌による腐食は、一般に次のように考えられていました。新しいコンクリートの表面はpH12～13のアルカリ性なので、硫化水素が存在しても、とても硫黄酸化細菌は生育することはできないでしょう。ところが10年くらい経つと、コンクリートの表面は空気中の二酸化炭素と反応して中性化しpH8・0くらいになります。そうすると、硫黄酸化細菌の中で、まず、pH5～8で生育できるものが中性化されたコンクリート表面で増殖し、次第にpHを低下させ、pH5・0くらいまで低下したところで、pH1～5で生育できるものが増殖し、どんどん硫化水素を酸化して多量の硫酸を生じてコンクリートを腐食するというものです。

ところが、いろいろな場所の下水処理施設から得たコンクリートのぼろぼろに腐食された部分を硫黄酸化細菌用の培地に入れて震盪培養すると、最終的に培養液がpH1・0付近まで低下する場合と、pH2・5付近で止まる場合とがあることがわかりました。つまり、下水処理施設の存在する場所によって、コンクリート腐食の最終段階で優勢に活動している硫黄酸化細菌の種が異なるのです。実際、これらの硫黄酸化細菌のDNAのGC含量（コラム9「DNAのGC含量」参照）を調べると、前者の場合の細菌は、アシジチオバチルス・

チオオキシダンスであり、後者の細菌はチオバチルス・ネアポリタヌスであることがわかりました。従来いわれていたように、コンクリートの表面で最初に生育するのはチオバチルス・ネアポリタヌスのようにpH5~8で生育する硫黄酸化細菌で、その後pH1~5で生育するアシジチオバチルス・チオオキシダンスのような硫黄酸化細菌が生育してくるのであれば、腐食の最終段階で優勢に生息しているのは、いつもアシジチオバチルス・チオオキシダンスのようなより酸性で生育する硫黄酸化細菌のはずです。しかし、最終段階でもチオバチルス・ネアポリタヌスが優勢に生育している場合もあるということは、必ずしも従来考えられていたように、pH5~8で生育する黄酸化細菌とpH1~5で生育するものがコンクリートの表面に段階的に棲みつくのではないことを示しています。

硫化水素の濃度が非常に高く、しばしば600ppm（空気1リットル中に硫化水素0・6ミリリットル）以上になることがある場所では、コンクリートの腐食は非常に速く進行することが明らかになりました。セメント（の粉末）と砂と水を2：6：1の割合に混ぜて造ったセメントモルタルテストピース（4×4×16センチメートル）を、硫化水素の濃度がしばしば600ppm以上になることがある場所に吊るしておくと、テストピースの表面のpHが2週間で4になり、1ヶ月で1~0になることがわかりました（pH試験紙で調べた場合）。

このことは、次のように解釈できます。硫化水素の濃度が600ppmのように高い場所では湿度も高く、セメントモルタルテストピースの表面に結露水の被膜ができます。被

コラム 9 DNAのGC含量

生物の遺伝情報を担うDNA（デオキシリボ核酸）は、デオキシアデニル酸(A)、デオキシグアニル酸(G)、(デオキシ)チミジル酸(T)、デオキシシチジル酸(C)がいろいろな順序で多数結合してできたポリマーです。生体内では多くの場合2本のDNA分子が対を作りらせん状によじれ合って、いわゆる2重らせんを作っています(厳密にはA、G、T、Cは塩基部分を指します。またこれらのデオキシリボヌクレオチドのほかに修飾塩基を持つものも微量含まれています)。2本のDNA分子の間では、常にAとT、GとCが水素結合で対を作っています。(GCの量)：(ATの量)の比は、生物によって大きく変化しており、この比は生物、とくに微生物を分類するのに重要であることがわかっています。DNAを加水分解して、G、C、A、Tを定量しなくても、GC含量(パーセント)を求めるとAT含量(パーセント)もわかります。GC含量は、物理的測定方法で簡単にわかるので、微生物の特定によく用いられます。

DNA溶液の温度を上げてゆくと、2重らせんがほぐれ、260ナノメートルの吸光度が増加しますが、やがてこの増加は頭打ちになって止まります。260ナノメートルの吸光度の増加が頭打ちになるまでの中点の温度(T_m)からある数式を使ってGC含量(モルパーセント)が計算できます。たとえば、黄色ブドウ球菌ではT_mが82.5℃でGC含量は32.2モルパーセント、大腸菌ではT_mが90℃でGC含量は50.5モルパーセントです。微生物を正確に同定するには、DNAの塩基配列を比較する必要がありますが、2つの微生物間でGC含量が異なれば、少なくともこの2つの微生物は別の微生物種であることがわかるのです。

膜水に硫化水素が溶け込むと、その水はpH4くらいになります（飽和硫化水素水のpHは約4）。硫黄酸化細菌の長さは1～3マイクロメートルですから、水の被膜の厚さがたとえば0・1ミリメートル（100マイクロメートル）であったとしたら、細菌にとって被膜水の中は大きなプールのようなものであり、被膜水中でゆうゆうと硫化水素を酸化して生育することができるでしょう。被膜水中では、最適生育pHが1～5の硫黄酸化細菌も、最適生育pH5～8の硫黄酸化細菌も生育できるでしょう。また、最適生育pHが5～8の硫黄酸化細菌は、pH2・5までは生育できます。こう考えると、コンクリートが10年ほど経って中性化し、表面がpH8くらいになって初めてそこに硫黄酸化細菌が生育するのではなく、たとえば、新しいコンクリートの表面であっても、硫化水素の濃度の高いところでは、2週間も経てば、硫黄酸化細菌が生育する可能性が出てきます。実際、硫化水素の濃度の高いところでは、セメントモルタルテストピース（約570グラム）の表面が数ヶ月でぼろぼろに腐食されます。8・5ヶ月後、腐食された表面を金属スパチュラで掻き落とした部分（約520グラム）を1リットルの水に入れてかき混ぜ固形物を沈殿させた上澄みは、pH2・4と酸性になっていました。また固く残っている部分の重量は50グラムで、残存率は8パーセントでした（図4-11、表4-6参照）。

それでは、硫化水素の濃度があまり高くない（20ppm程度）下水処理施設のコンクリート製浄化槽の硫黄酸化細菌による腐食は、どのように進行するのでしょうか。こういう場所では、コンクリートが10数年間空気（の中の二酸化炭素）や硫化水素に曝されて中性化してから硫黄酸化細菌により腐食されます。腐食はもちろんコンクリートの表面から起きますが、表面で硫黄酸化細菌が作用して生じた硫酸が内部へ浸み込んでいって腐食が進行するのでしょうか、それともコンクリートの内部まで硫黄酸化細菌が潜り込んで腐食が進行するのでしょうか。

そこで、20ppmくらいの濃度の硫化水素に約15年間曝された浄化槽のコンクリートを調べました。腐食されたコンクリートの表面から、25ミリメートル、その次の10ミリメートル、さらにその次の5ミリメートルと削り取って行くと、この調査では表面から40ミリメートル以上の内部は腐食されていませんでした。腐食されたコンクリートの粉末10グラムを脱イオン水１００ミリリットルに懸濁し、その上澄みのpHを測定し、上澄み20ミリリットルを硫黄酸化細菌用培地２００ミリリットルに加えて28～30℃で20日間振盪培養したときの培養液のpHの低下量を調べて、細菌の活動量としました。結果を表4-5に示します。表面から、25ミリメートルまでの部分ではpH２・１５で、硫黄酸化細菌の活動量はかなり盛んでした。この部分の活動量を１００とすると、次の10ミリメートルまでの部分では細菌の活動量の相対値は35パーセントでpH２・７６、その次の5ミリメートルまでの部分では細菌の活動量の相対値は０・７パーセントでpH３・１１でした。また、表面から40ミリメートル以上の部分ではpH１２・０で硫黄酸化細菌はいませんでした。この結果からは、各部分のpHが低いほど硫黄酸化細菌の活動量が大きいことがわかり、表面だけでなく内部にも硫黄酸化細菌が入り込んで硫化水素を酸化したように思えます。ところが、表面から35〜40ミリメートルの部分では、pHから水素イオンの濃度を計算してみると、水素イオン濃度のわりには細菌の活動量が小さいのがわかります。それに、コンクリートの内部へ行くほど酸素分圧も低下しているはずですから、硫黄酸化細菌もあまり活動できないと考えられます。表面から35〜40ミリメートルの部分では、水素イオン（要するに硫酸）が内部へ浸み込んでいったことを示していると考えたほうがよさそうです。

細菌によるコンクリートの腐食に対する防菌剤

このようなコンクリートの細菌による腐食を防止することはできないのでしょうか。これまでいくつかの防菌剤が考案されていますが、それらはすべて重金属やその化合物を含んでいます[15]。硫酸ニッケルや酸化ニッケルを主体としてタングステンの化合物を添加したものや、ゼオライトという一種のセラミックスに銅と銀

表 4-5　細菌によるコンクリートの腐食における表面から深部への腐食進行の様子

表面からの深さ（mm）	pH	水素イオンの濃度		細菌の活動量（相対値）
		ミリモル濃度	相対値	
0〜25	2.15	7.08	100	100
25〜35	2.75	1.78	24.6	33
35〜40	3.11	0.776	11.0	0.7
40〜	12.0	10^{-9}	0.0	0.0

＊ 硫化水素の濃度が20ppmぐらいの場所で測定

を結合させた銅・銀担持ゼオライトなどがあります。

ところが、腐食されたコンクリートの中には、好酸性鉄酸化細菌（第5章参照）も生息していることがわかりました。腐食されたコンクリートの粉末を好酸性鉄酸化細菌用培地（表5-1）に入れて30℃で振盪培養すると、淡黄色だった培地の色が2、3日で赤褐色になってきます。これは二価鉄が三価鉄に酸化されるためで、pH2・0という酸性では好酸性鉄酸化細菌の関与なしにはこの酸化反応は起きません。また、腐食されたコンクリートの粉末を121℃で20分間処理しておくと、これを培地に加えて振盪培養した培養液の色は淡黄色のまま変わりません。熱処理をしていない被腐食コンクリートの粉末を好酸性鉄酸化細菌用培地に入れて10日間培養した後、培養液を静置して砂などの粗い固形物を沈殿させた上澄みを遠心分離し、得られた沈殿を走査型電子顕微鏡で観察すると、図4-10に示したように、沢山の細菌がいることがわかりました。この細菌は、pH2・0で二価鉄を三価鉄に酸化して生育するので、好酸性鉄酸化細菌です。DNAのGC含量を測定した結果から、好酸性鉄酸化細菌の中の「アシジチオバチルス・フェロオキシダンス」（*Acidithiobacillus ferrooxidans*）であることが明らかになりました。この好酸性鉄酸化細菌は、二価鉄のほかに硫化水素のような硫黄化合物をも酸化しますから、コンクリートの腐食に関与している可能性が十分あります。この細菌は種々の金属イオンに対して強く、65ミリモル濃度の二価銅イオンや100ミリモル濃度の二価ニッケルイオンが存在しても、二価鉄イオンを酸化する活性はほとんど衰えません。銀イオンも0・1ミリモル濃度であれば、この細菌の二価鉄イオンを酸化する活性には影響しません。このように、好酸性鉄酸化細菌は、重金属イオンに対してかなり耐性があるので、この細菌によるコンクリートの腐食を防止するのには重金属を主体とする防菌剤の効果はあまり期待できません。しかし、何よりも、こういう防菌剤からは重金属が徐々に流出して、重金属による環境汚染をひきおこす危険性があります。

ギ酸カルシウムの効果

筆者らは、ギ酸カルシウムが硫黄酸化細菌および好酸性鉄酸化細菌の生育を強く阻害することを見いだしました。実験室における培養実験では、0・65パーセント

図4-10　腐食されたコンクリートに生息している細菌を好酸性鉄酸化細菌用培地で培養後集菌したものの走査型電子顕微鏡写真
(バーの長さは1μm)

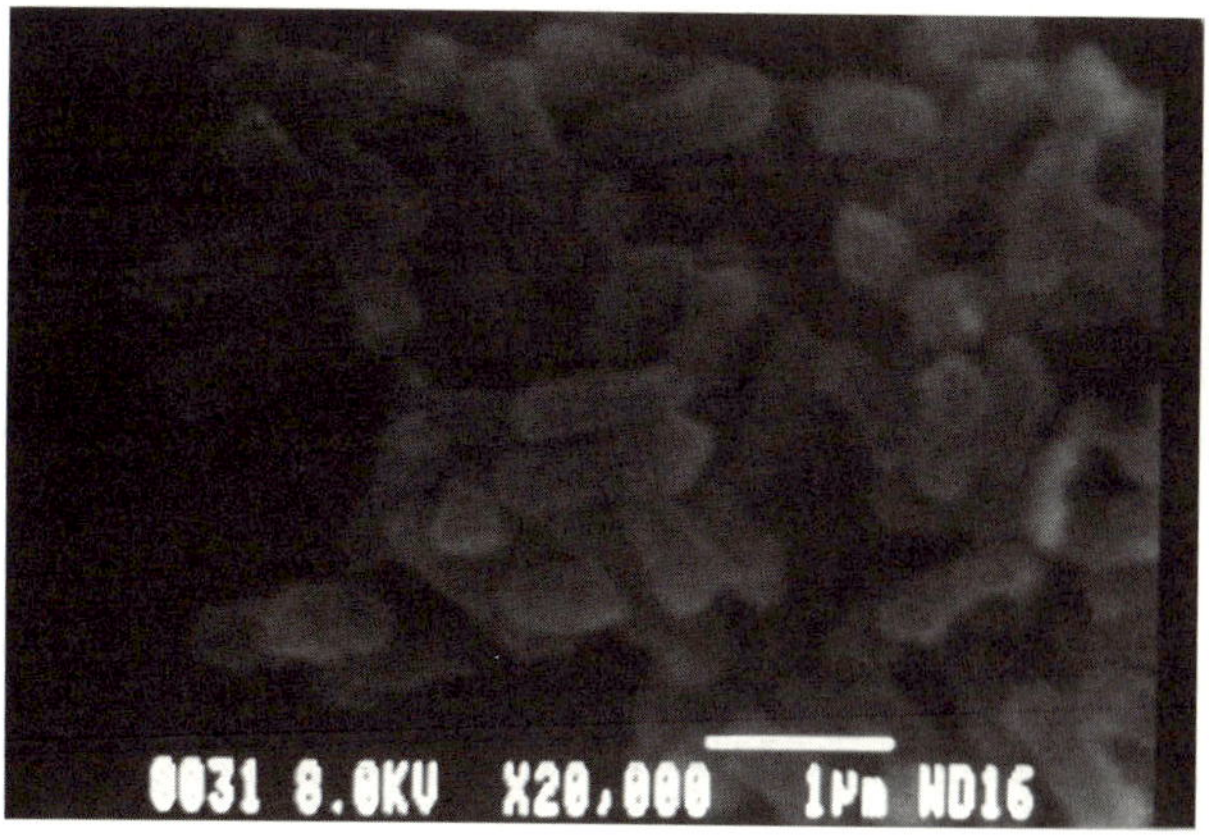

（50ミリモル濃度）以上の濃度のギ酸カルシウムが硫黄酸化細菌および好酸性鉄酸化細菌の生育を長期間にわたって完全に阻害します。低濃度のギ酸カルシウムなら流出してもほかの生物に被害をおよぼすことはほとんどないと考えられます。また、この化合物が分解や変化して生じるのは、おそらく炭酸カルシウムであり、環境に対して悪影響をおよぼす可能性は極めて低いと考えられます。

しかし、培養実験で細菌の生育を阻害しても、実際コンクリートの中に混合してみないと効果があるかどうかわかりません。そこで、ギ酸カルシウムをセメントモルタルテストピースに混入して、下水処理施設で硫化水素に曝露してみました。ギ酸カルシウムを1・4パーセントおよび2・9パーセントになるように添加したセメントモルタルテストピースを、硫化水素の濃度がしばしば600ppm以上になるような場所に8・5ヶ月間放置すると、ギ酸カルシウムを加えなかった場合の残存率が8パーセントであったのに対して、これらの残存率は、それぞれ、17パーセントと26パーセントでした（図4-11、表4-6）。この結果は、ギ酸カルシウムによって、かなりモルタルが腐食から保護されていることを示しています。ただ、実験室における実験の結果とは異なり、ギ酸カルシウムによって腐食を100パーセント近く阻害することはできませんでした。テストピースの細菌による腐食からのギ酸カルシウムによる保護状況を表4-6に示します。

表4-6で、洗液のpHは、テストピースの腐食された部分を金属製スパチュラで掻き落とせるだけ掻き落として得た粉末を1リットルの脱イオン水とかき混ぜて得られた上澄みのpHです。また、8・5ヶ月間曝露後の重量は、腐食された部分を金属製スパチュラで掻き落として残った部分の重量です。図4-11には、比較のため、曝露前のテストピースの形にかなり近いポリマーセメントモルタルテストピースも示しました。ポリマーセメントは、モルタルを造るとき、セメント粉末に加える水の中にある種の合成樹脂のエマルジョンを添加したものです。樹脂を添加すると、細菌により腐食されにくくなります。しかし、樹脂が高価なため、できるだけ樹脂量を少なくしてギ酸カルシウムを多く加えた、安価で腐食に強いコンクリートの製造が望まれますが、これは今後の課題です。

テストピースの細菌による腐食に関しては、まだあまりはっきりしないこともあります。上記の曝露実験

表4-6　硫化水素の濃度がしばしば600ppm以上になる下水処理施設の下水上の空間で、硫化水素に長時間曝露したセメントモルタルテストピースの被腐食状況

テストピース中のギ酸カルシウムの濃度（%）	洗液のpH	重量（g）		残存率（%）
		曝露前	8.5ヶ月間曝露後	
0	2.42	572	47	8
1.4	3.73	566	94	17
2.9	4.41	570	149	26
0.29*	4.11	533	480	90

※セメントモルタルテストピースを作るとき、水の代わりにある種のポリマーの5%水溶液を用いた。ただし、6.4ヶ月間曝露

図 4-11　硫化水素の濃度がしばしば 600ppm 以上になる下水処理施設の下水上の空間で硫化水素に長時間曝露したセメントモルタルテストピースの写真

（①ギ酸カルシウム無添加、8.5ヶ月間曝露②1.4%ギ酸カルシウム添加、8.5ヶ月間曝露③2.9%ギ酸カルシウム添加、8.5ヶ月間曝露④0.29%ギ酸カルシウム添加のポリマーセメントモルタルテストピースで6.4ヶ月間曝露。①②③は普通セメントモルタルテストピース。テストピースは腐食の初期に少し堆積が増大するが、まだ硬くてスパチュラでは削り落せないので④の場合、幅が40mmより少し大きくなっている。（日本下水道管理（株）元社長　牧　和郎氏提供）

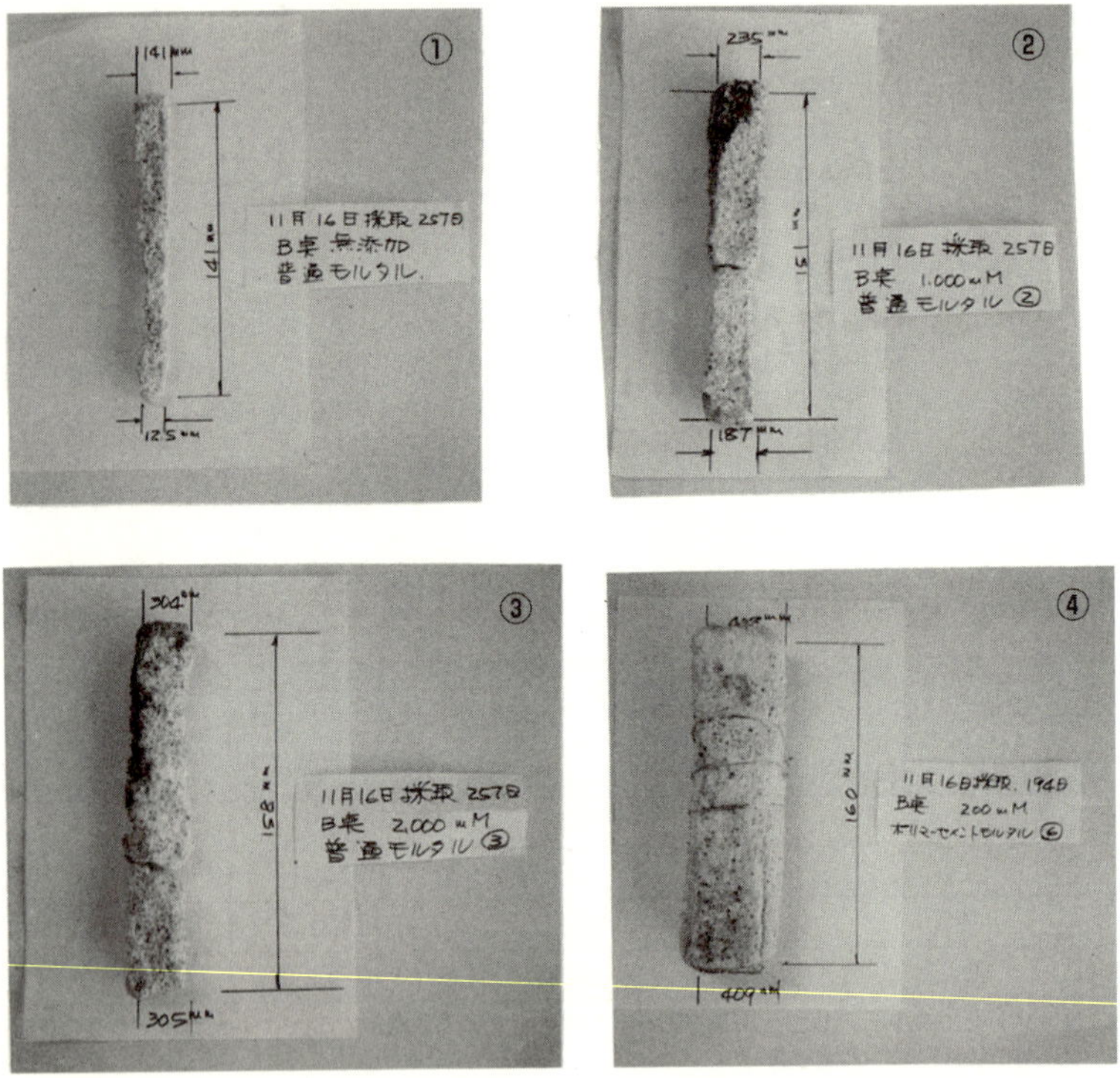

では、テストピースをステンレス製の籠に入れて下水処理施設の下水上の空間に吊り下げておきますが、水滴の飛沫が飛んで来てテストピースが濡れるわけではありません。それなのに、テストピースの腐食された部分には硫黄酸化細菌や好酸性鉄酸化細菌が生息しています。これらの細菌は浄化槽の壁や下水通路の壁の腐食された部分から飛来するとしか考えられないのですが、どのようにして飛来するのでしょうか。下水処理施設内の空気中には、水のミストが充満していますから、細菌はこのミストの微粒子に乗ってテストピースの表面へ到達するのでしょうか。

腐食されたコンクリートの修復は、現在、腐食された部分をはつって除き、主にエポキシ樹脂などをある厚さに塗る方法が多くとられています。樹脂を塗った場合、コンクリートとの間に隙間ができると、樹脂膜に被われていて水中に浸かっている部分のコンクリートが腐食されるという奇妙な現象が見られます。というのは、修復前で樹脂を塗っていないときは、水中のコンクリート表面は腐食されないからです。これは、樹脂を塗るときに微量の空気が取り込まれているか、あるいは樹脂の中に空気の小泡が多数あるかして、腐食されたコンクリートをはつったときに残っていた硫黄酸化細菌や好酸性鉄酸化細菌がその空気を使って硫化水素を酸化するためかもしれません。

第5章

細菌による鉄の酸化と還元

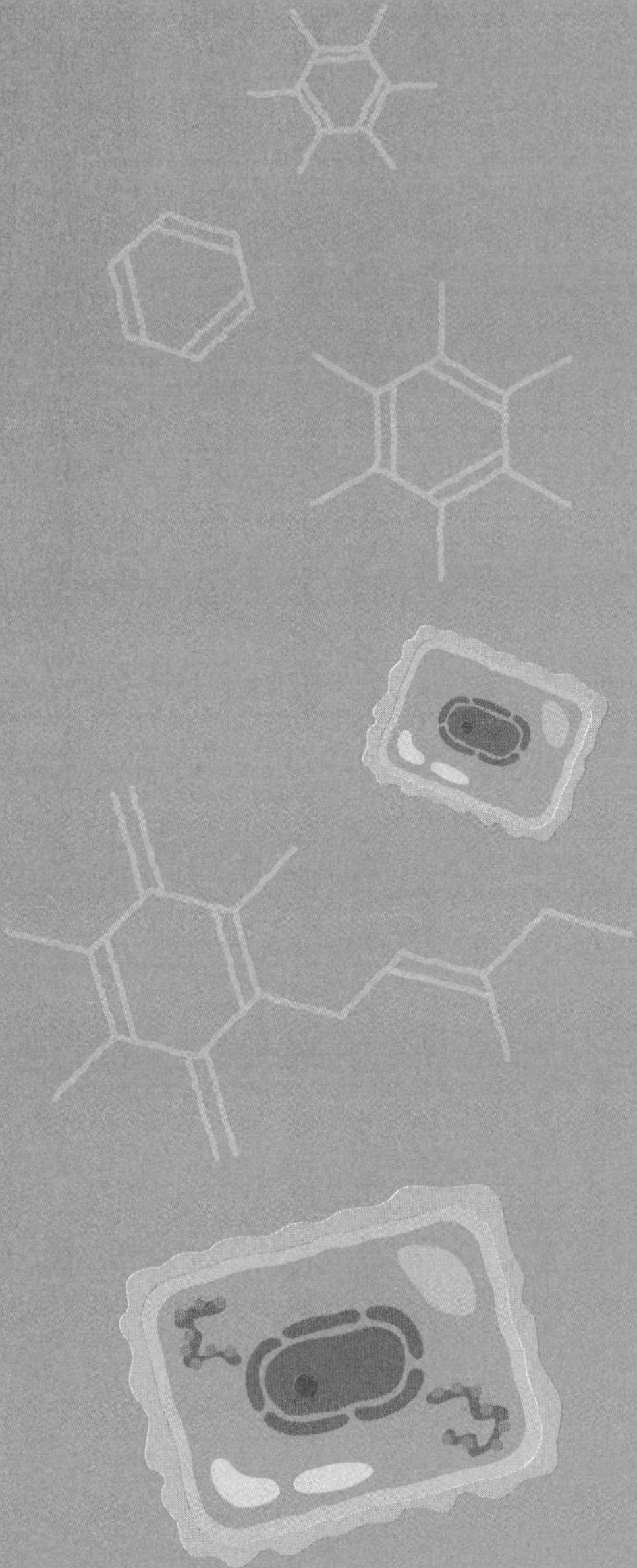

5-1 二価鉄を酸化する細菌

自然界には、二価鉄を三価鉄に酸化することでATPを作って生育する細菌や、三価鉄を二価鉄に還元してATPを作って生育する細菌がいます。これらの細菌の働きによって、地球の表面が削られたり、鉱物資源が造られたりするのです。そこでまず、二価鉄を酸化する細菌について詳しく見ていきましょう。

酸性で二価鉄を酸化する細菌

硫酸鉄（Ⅱ）（硫酸第一鉄）を脱イオン水に溶かした直後の溶液は、淡い緑青色をしていますが、空気が存在する状態ではすぐに黄色になり、やがて褐色に変化します。これは、硫酸鉄（Ⅱ）が硫酸鉄（Ⅲ）（硫酸第二鉄）に酸化されるからです。つまり、硫酸鉄（Ⅱ）は、中性付近よりアルカリ側では容易に酸素ガスで酸化されるのです。

ところが、1グラムの硫酸鉄(Ⅱ)を100ミリリットルの水に溶かした直後、濃硫酸を1、2滴加えて溶液のpHを2・0付近にすると、硫酸鉄（Ⅱ）は、たとえ1週間、溶液に激しく空気を吹き込んでもなかなか酸化されません。このpH2・0の硫酸鉄（Ⅱ）の溶液（ほかに表5-1に示した塩類を追加）に好酸性鉄酸化細菌を加えて、30℃くらいの温度で空気を吹き込むと、1日ほどで溶液が褐色になり始めます。この細菌がpH2・0の酸性下で二価鉄イオンを三価鉄イオンに酸化するからです。pH2・0で二価鉄を酸化する細菌では、第4章にも登場したアシジチオバチルス・フェロオキシダンスと「レプトスピリルム・フェロオキシダンス」(*Leptospirillum ferrooxidans*)がよく知られています。これらの細菌は、pH2・0で二価鉄を酸化し、その際に遊離されるエネルギーを利用してATPを作って生育します。また、これらの細菌は金属のバクテリアリーチングや湿式製錬などに利用されています。

好酸性鉄酸化細菌は、表5-1に示したような培地で生育します。

アシジチオバチルス・フェロオキシダンスは、二価鉄のほかに、酸化されて硫酸になりうる硫黄化合物[*1]も酸化しますが、中でもパイライト(二硫化鉄)を酸化します。このことは、この細菌による金属鉱床の浸食やこの細菌の応用に関連しています。パイライトは、普通の硫黄酸化細菌のみの作用ではほとんど酸化されませんが、好酸性鉄酸化細菌の作用で速やかに酸化され、鉄イオンとその2倍モル量の硫酸イオンを生じます。生じる鉄イオンは、はじめ二価のものが多いのですが、やがて三価に酸化されます。レプトスピリルム・フェロオキシダンスも硫黄酸化細菌と共存すると硫化物を酸化することができます。

また、アシジチオバチルス・フェロオキシダンスは、電極からの電子を食べて生育できます[16]。すなわち、この細菌を培養するときは、培養槽をカチオン交換性半透膜で仕切り、一方の部分にこの細菌用培地(二価鉄イオンを含む、pH1・6)とこの細菌との混合液を入

*1 **酸化されて硫酸になりうる硫黄化合物**
たとえば、単体硫黄や硫化水素などがあります。

れて陰極を差し込み、もう一方に1モル濃度の硫酸を入れて陽極を差し込んで電気分解をします（図5-1）。この半透膜はガスとプロトンを透過させますから、陽極で発生した酸素ガスと（残った）プロトンは、半透膜を通って細菌のいる部分に入ります。細菌は、この酸素ガスを用いて二価鉄イオンを酸化して三価鉄イオンと水を生じます。生じた三価鉄イオンは、陰極で還元されて二価鉄イオンになり、再び細菌で酸化されます。このようにして、電極から供給される電子を（鉄イオンを介して）食べて生育することができるのです。電極からの電子を食べて生育する無機栄養生物は、「エレクトロトローフ」と呼ばれています。[17]

好酸性鉄酸化細菌は、金属を含む鉱石から金属を浸出する作用を持つこともあってか、種々の金属イオンに対して比較的耐性です。アシジチオバチルス・フェロオキシダンスは、すでに述べたように、65ミリモル濃度の二価銅イオン、100ミリモル濃度のニッケルイオン、ま

表5-1　アシジチオバチルス・フェロオキシダンス用培地の一例

硫酸アンモニウム	3.0g	硫酸マグネシウム七水和物	0.5g
塩化カリウム	0.1g	硝酸カルシウム	0.01g
リン酸水素二カリウム	0.5g	硫酸鉄(II)七水和物	25～100g
硫酸銅五水和物	0.1g		
脱イオン水	1000 ml	pH	2.0*

※濃硫酸で調整する
滅菌後種菌を植えて、30℃で激しく通気して培養する

た0・1ミリモル濃度の銀イオンの存在下でも二価鉄イオンを酸化します。さらに、100ミリモル濃度の二価コバルトイオン、100ミリモル濃度の亜鉛イオン、500ミリモル濃度のカドミウムイオンによっても、この細菌が二価鉄イオンを酸化する活性はほとんど阻害されません。また、2ミリモル濃度のウラニルイオンの存在下でも生育できる菌株も得られています。80ミリモル濃度の亜ヒ酸イオンあるいは287ミリモル濃度のヒ酸イオンの存在下でも、二価鉄イオンを酸化する活性が完全には阻害されない菌株も知られています。レプトスピリルム・フェロオキシダンスは、一般にアシジチオバチルス・フェロオキシダンスよりは重金属イオンに対する耐性が低いのです。

図 5-1　電極から電子を食べて生育することができる好酸性鉄酸化細菌
（細菌:好酸性鉄酸化細菌。Blake Ⅱ,R.C.ら（1994）[16] をもとに作成）

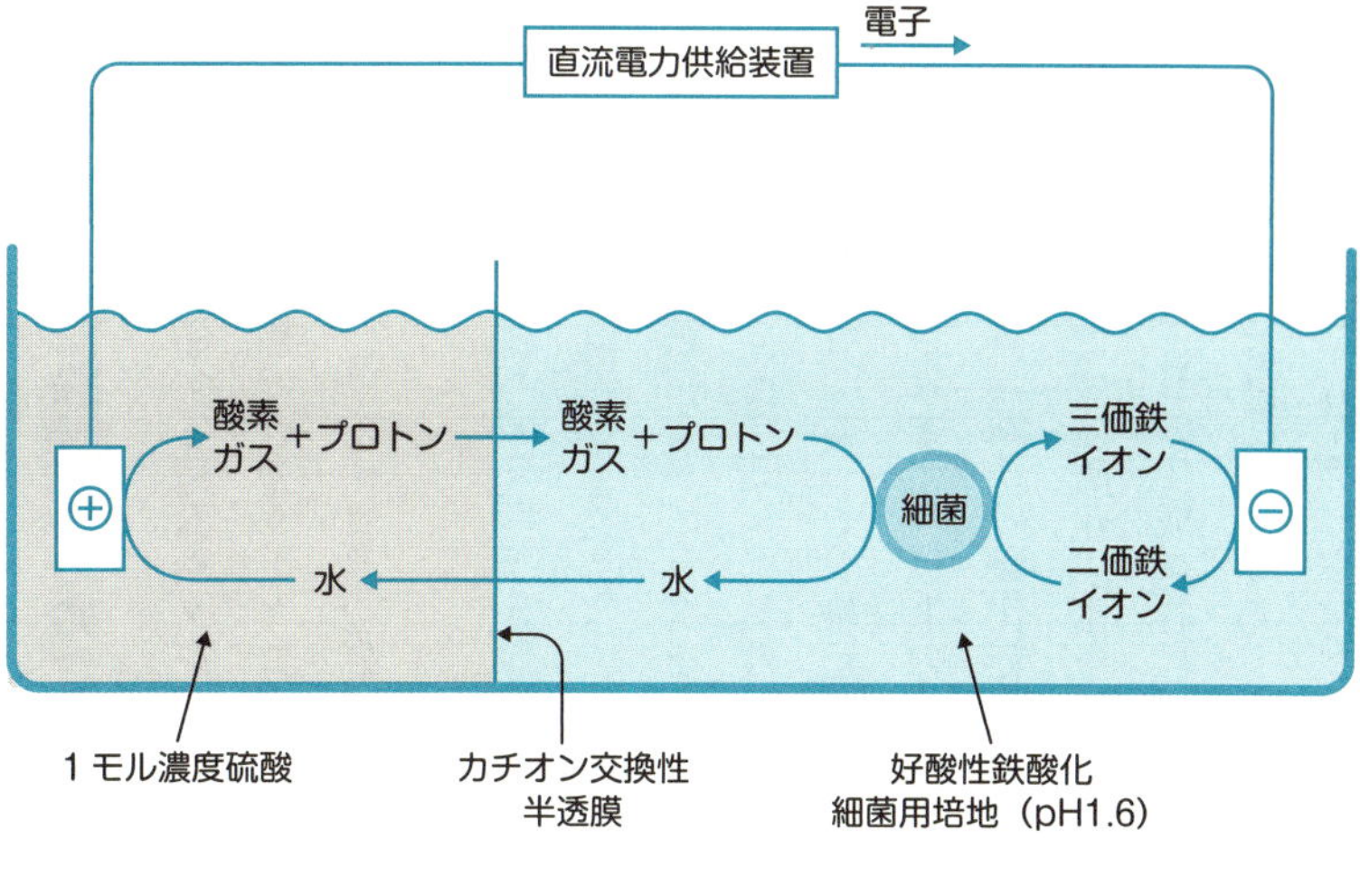

アシジチオバチルス・フェロオキシダンスの二価鉄酸化メカニズム

アシジチオバチルス・フェロオキシダンスからは電子伝達に関係する酵素やタンパク質として、鉄（Ⅱ）-シトクロム*c*オキシドレダクターゼ、最低4種類のC型シトクロム、銅タンパク質であるラスチシアニン、シトクロム*c*オキシダーゼが高度（多くは電気泳動的均一）に精製されています。

鉄（Ⅱ）-シトクロム*c*オキシドレダクターゼは、二価鉄存在下にシトクロム*c*-552（s）（この細菌の機能上のシトクロム*c*）を還元しますが、ラスチシアニンは還元しません。しかし、少量のシトクロム*c*-552（s）が共存すると、この酵素は二価鉄によってラスチシアニンを還元しますし、ラスチシアニンが存在しないとシトクロム*c*-552（s）との接触によって失活します。さらに、シトクロム*c*オキシダーゼの触媒作用によって、還元型シトクロム*c*-552（s）も還元型ラスチシアニンも酸素ガスで酸化されます。以上の結果から、図5-2にアシジチオバチルス・フェロオキシダンスにおける二価鉄の酸化経路を示しました。この細菌も生体構成物質を二酸化炭素から生成するので、二酸化炭素を還元するためのNAD（P）Hを作らなければなりません。NAD（P）Hの生成過程は、まだよくはわかっていません。二価鉄からの電子が、シトクロム*c*-552（s）からシトクロムbc_1を経て、キノンに渡されます。生じたキノールがNAD（P）H-デヒドロゲナーゼの逆向きの触媒作用でNAD（P）$^+$を還元して、NAD（P）Hを生ずるという考えがあります。

　この細菌のシトクロムcオキシダーゼが、試験管内で還元型シトクロムc-552（s）の酸化を触媒する最適pHは3・5です。一般にシトクロムcオキシダーゼの最適pHは5〜6くらいですから、この細菌のシトクロムcオキシダーゼの最適pHは、ほかの生物と比較すると、かなり酸性側にあります。これはこの細菌の最適生育pHが2・0付近にあることに関係しているように思われます。

　この細菌の二価鉄酸化系の酵素やタンパク質は、細胞膜の外側表面に結合（シトクロムcオキシダーゼは膜を貫通）して存在しますから、スフェロプラスト（細胞壁を除いた細胞）が二価鉄イオンを酸化します。二価鉄イオンは、細

図 5-2　アシジチオバチルス・フェロオキシダンスにおける二価鉄の酸化経路
（Q：キノン、QH_2：キノール。点線は実証されていない経路）

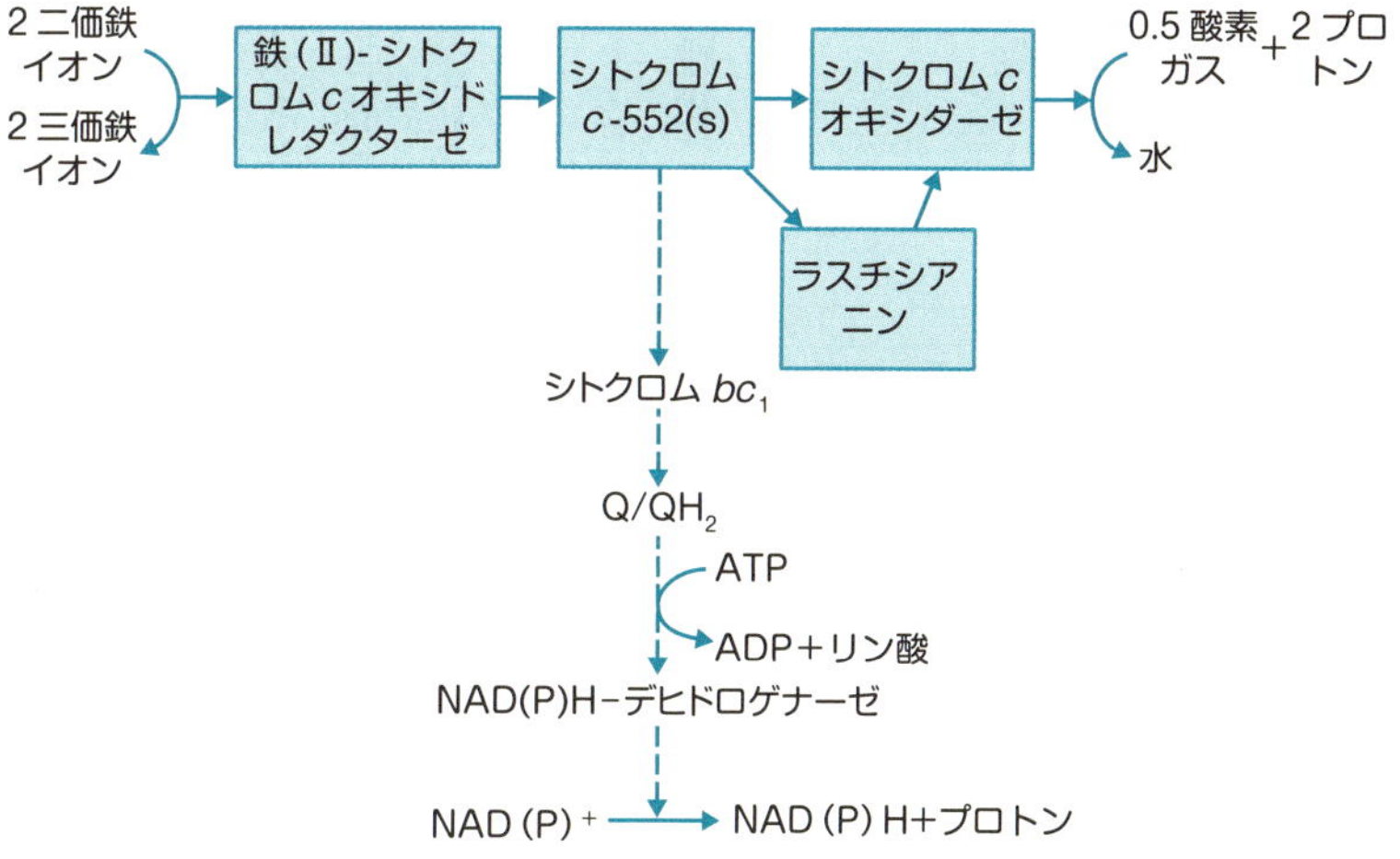

菌の細胞壁外膜を通って、ペリプラズムに入り込んでくるので、上記の酸化系で酸化されることは理解できます。しかし、パイライトなどのような固形物がどのように酸化されるかが問題になります。外膜に存在する2種類のシトクロム*c*（46kDaの膜結合シトクロム*c*と2個のヘムCを持つ22kDaのシトクロム*c*）が固形物の酸化に関係あるという考えもあります。さらに、二価鉄イオンもペリプラズムに入ることなく、外膜表面で上記の2種類のシトクロム*c*にまず電子を渡し、その電子が上記の二価イオン酸化系に渡されるという考えがあります。また、ペリプラズムで三価鉄イオンが生じるとすぐ沈殿してしまい、三価鉄はペリプラズムから外へ出られないのではないか、という疑問もあります。ただ、pH2・0では二価鉄が三価鉄に酸化されてすぐ水酸化第二鉄などの沈殿物になるとは考えにくいのではないでしょうか。

中性で二価鉄を酸化する細菌

水田の縁の溝に、ひどく錆びた鉄釘のようなものが横たわっているのを見かけることがあります。錆びた鉄釘のように見えるのは、鉄の酸化物の殻で、中には鉄酸化細菌「ガリオネラ・フェルギネア」（*Gallionella ferruginea*）が生息しています。

すでに述べたように、中性付近では、空気中の酸素ガスによって二価鉄は容易に酸化されます。そこで、中性付近で二価鉄を酸化して生育しようとする細菌は、餌になる二価鉄をどのように確保するかが問題になるのです。鉄の酸化物でできた殻の内部は、酸素分圧が空気中より低くなっていますから、二価鉄の酸化速度もかなり小さくなっているのでしょう。この細菌を研究室で培養するときは、酸素分圧を大気中の100分の1程度に下げて行ないます。

また、鉄イオンあたりの遊離されるエネルギーを計算すると、中性で二価鉄が酸化されるときに遊離されるエネルギーは、pH2・0のときの約2・6倍になります。

以上のことから、この細菌は中性付近で二価鉄を酸化しても結構生きてゆくことができると考えられます。事実、米国オレゴン州にあるクレーター湖の湖底にはこの細菌が大きなマットを作って生育しています。

酸素ガスなしで二価鉄を酸化する細菌

原始地球の生物圏（地球上の生物が生息している範囲）には、「酸素ガスが存在しなかった」というのが定説になっており、現在では、生物圏に初めて酸素ガスをもたらしたのはシアノバクテリアだと考えられています。そして、古い地層に鉄の酸化物を含む赤褐色の層「縞状鉄鉱層」が見つかると、この地層が形成された年代にシアノバクテリアが生息していた証拠であるかのようにいわれてきました。

ところが、非酸素発生型光栄養細菌や硝酸呼吸をする細菌で、酸素ガスを利用せずに二価鉄を三価鉄に酸化する細菌が見つかりました。たとえば、嫌気的条件下で光のエネルギーを利用して炭酸鉄（Ⅱ）（炭酸第一鉄）を水酸化第二鉄（正確には酸化水酸化鉄（Ⅲ））に酸化する細菌「クロロビウム・フェロオキシダンス」（*Chlorobium ferrooxidans*）や、嫌気的条件下で硝酸塩により炭酸鉄（Ⅱ）を酸化して水酸化第二鉄にする細菌「フェログロブス・プラシドゥス」（*Ferroglobus placidus*）（実際は古細菌）が知られています。また、さまざまな鉱物の中の二価鉄を溶かしだすことなくそのまま嫌気的条件下で硝酸塩により酸化する「デクロロソマ・スイッルム」（*Dechlorosoma suillum*）という細菌も知られています。

縞状鉄鉱層は、鉄の酸化物のみからできているのではなく、炭酸鉄（Ⅱ）、酸化鉄（Ⅲ）（三酸化二鉄）、酸化二鉄（Ⅲ）鉄（Ⅱ）（四酸化三鉄）などを含んでいます。水酸化第二鉄は、熱が加わると酸化鉄（Ⅲ）になります。このようなことを考えると、酸素ガスなしで二価鉄を酸化する細菌の作用によって生成した鉄酸化物が、縞状鉄鉱層を作ることも十分考えられます。つまり、酸素ガスが存在していなくても、鉄の酸化物によって赤褐色の地層が形成されることがわかったのです。したがって、地球の歴史で、シアノバクテリアの光合成によって酸素ガスが初めて生物圏に出現しましたが、縞状鉄鉱層が存在する地層が見つかっても、ただちに、その地層が形成された時代にシアノバクテリアが生息していたと結論づけることはできません。

5-2 三価鉄を還元する細菌

これまで述べてきたのは、二価鉄を酸化する細菌の話でしたが、細菌の中には三価鉄で有機物や無機物を酸化してATPを生成し生育するものもあります。嫌気的条件下で三価鉄イオンにより有機物や無機物を酸化してATPを作る過程を「鉄呼吸」といいます。

「ジオバクター・メタリレドゥーケンス」(*Geobacter metallireducens*)という細菌は、有機物を三価鉄で酸化して生育します。この際、三価鉄は二価鉄に還元されますが、二価鉄が生じる途中、三価鉄と二価鉄が混在する状態が起こり、磁鉄鉱(マグネタイト、四酸化三鉄)など種々の鉄の鉱石が生じます。深海底の熱水噴出孔付近には、最適生育温度が100℃の超好熱菌(古細菌の場合が多い)が生息しています。たとえば、「ピロバクラム・アイランディカム」(*Pyrobaculum islandicum*)という古細菌は、100℃で水素ガスを三価鉄で酸化して生育します。三価鉄は還元されてマグネタイトを生じ、それが熱水噴出孔付近に堆積します。熱水噴出孔からは、六価ウラン化合物が出ますが、この化合物は水溶性で、この古細菌の作用で水素ガスと反応し、水に不溶性の四価のウラン化合物になって熱水噴出孔付近に堆積します。さらに、この古細菌の作用で、水素ガスが三価の金化合物で酸化されます。この結果、金は還元されて単体、つまり金属の金になり、熱水噴出孔付近[*2]に堆積します。熱水噴出孔からは種々の金属の硫化物が出てきて、これらもこの付近に堆積します。ただし、以上は概念的な話で、必ずしもウラン化合物とほかの金属の硫化物などが一緒に堆積するということではありません。このようにして、さまざまな単体金属や金属の化合物が熱水噴出孔付近に堆積し、数千万年の時間をかけて、熱水噴出孔周辺が隆起すると、これらの金属を含んだ鉱床の山が形成されます。後述する「黒鉱鉱床」が存在する山はこのようにしてできたと考えられています。

＊2　**熱水噴出孔付近**
熱水噴出孔付近は、硫化水素の濃度が高いので、その後硫化物になる場合もあるでしょう。

5-3
磁石を持つ細菌

湿地帯の泥の中などには、磁石を持つ細菌が生息しています。たとえば、底を取り除いたビーカーの底のあった部分に、目の詰んだろ紙を輪ゴムで縛って貼付け、ろ紙の外側を湿地の泥に押し付けて、内側でろ紙面を強力な磁石でなでると、磁性細菌が水と共にろ紙を通って内側へ入り込んできます。これを、コハク酸、酒石酸、硝酸ナトリウム、アスコルビン酸、キニン酸鉄（Ⅲ）などを含む培地（pHを6・75に調整）を用い、1パーセント酸素ガスと99パーセント窒素ガスの混合気体下で、25℃で培養すると多量の磁性細菌の細胞が得られます[18]。

よく研究されている磁性細菌の一種は「マグネトスピリルム・マグネトタクチカム」(*Magnetospirillum magnetotacticum*)です。この細菌の細胞内には、直径40～100マイクロメートルくらいの粒子15～30個程度が一列に並んでいます（図5-3）。各粒子は単結晶のマグネタイトがリン脂質の膜で包まれたもので、「マグネトソーム」と呼ばれます。マグネトソームには磁力により凝集しやすい性質があるのに、固まりにならず一列に並んでいるのは、直線構造の形成に必要な物質（タンパク質）の存在によるものですが、その物質の性質等についてはまだよくはわかっていません[19]。

図 5-3　磁性細菌のマグネトソームの様子を示す模式図

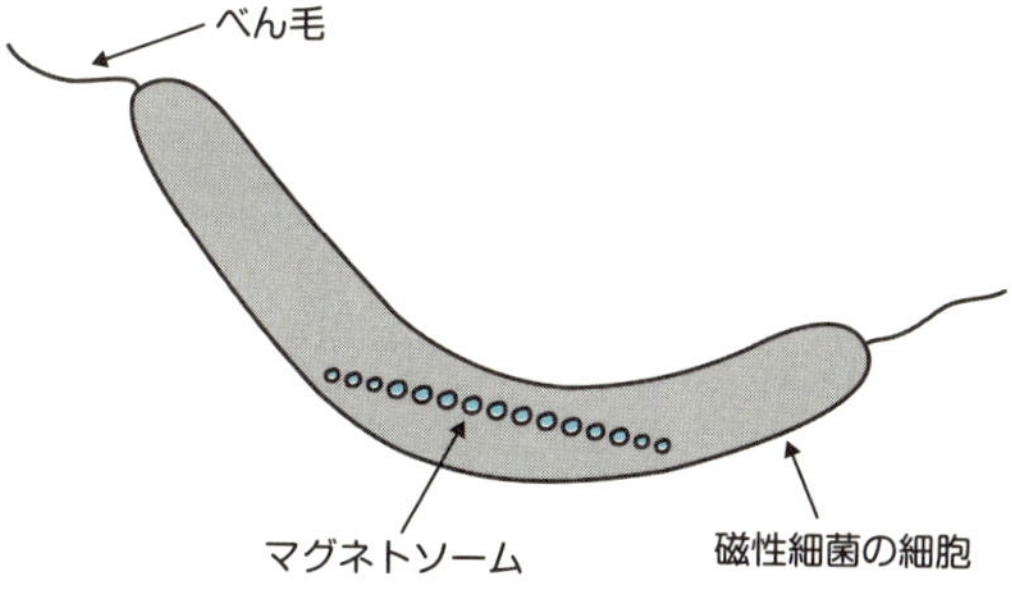

酵素によって作られるマグネタイト

磁性細菌は、マグネトソームで地磁気を感知します。北半球に生息する磁性細菌は、磁石のS極を近づけると寄ってきますし、N極を近づけると逃げてゆきます。つまり、北半球に生息する磁性細菌は、地球の北極に向けて動いていきます。一方、南半球に生息する磁性細菌はこの逆で、磁石のN極を近づけると寄ってきます。

自然界で磁性細菌は酸素濃度の低い環境に生息しており、酸素濃度が大気中並みのところには棲んでいません（実験室で大気中の酸素濃度で培養するとマグネトソームを形成しません）。そこで、磁性細菌は、湿地帯などの泥の中に潜り込むために、マグネトソームによって地磁気の磁力線を感知しているのではないかと考えられていますが、まだ本当のところはわかっていません。

それでは、磁性細菌のマグネトソームはどのようにして作られるのでしょうか。前述したように、ジオバクター・メタリレドゥーケンスによって、細胞の外側で三価鉄が還元されて二価鉄が生じる場合、反応途中の二価鉄と三価鉄が共存するような条件でマグネタイトが生成されます。磁性細菌の細胞内で、二価鉄の酸化で三価鉄が生じる場合にも、二価鉄と三価鉄が共存する状態が出現するため、マグネタイトが生じることはうなずけます。磁性細菌の場合、二価鉄の酸化は、亜硝酸塩の存在下にシトクロムcd_1型の二価鉄-亜硝酸レダクターゼという酵素の触媒作用によって起きることがわかっています。

5-4 酸性で二価鉄を酸化する細菌の応用

好酸性鉄酸化細菌が金属鉱床表面で二価鉄を酸化して生育すると、鉱床の金属成分が溶け出してくることがよくあります。この細菌には地球の表面をいわば削り取る力があるのです。

バクテリアリーチング

銅の鉱石のうち、ラン銅鉱やクジャク石などは銅の炭酸塩と水酸化物を含んでおり、黒銅鉱は酸化銅（Ⅱ）（酸化第二銅）です。このような鉱石は、5パーセント程度の希硫酸に数時間から数日間浸しておくと、銅が100パーセント近く硫酸銅として溶け出してきます。ところが、銅の硫化物を含む鉱石、たとえば黄銅鉱の場合は、希硫酸に長時間浸けておいても銅が硫酸銅となって溶け出してきません。こういう鉱石から銅を浸出するには、硫酸鉄（Ⅲ）（硫酸第二鉄）のような第二鉄塩の存在が必要です。硫酸鉄（Ⅲ）は、黄銅鉱から銅を硫酸銅として浸出するのに役立った後、硫酸鉄（Ⅱ）になります（式5-1）。硫酸鉄（Ⅱ）をリサイクルして利用しようと思うと、これを再酸化しなければなりません。ところが、硫酸銅を含む浸出液は硫酸を含み、pHは2・0付近になっていますから、この浸出液に空気を吹き込んでも硫酸鉄（Ⅱ）は硫酸鉄（Ⅲ）に酸化されません。

そこで、好酸性鉄酸化細菌の力を利用して硫酸鉄（Ⅱ）を酸化すると、連続的に銅を浸出することができます（式5-1）。このように細菌を利用して鉱石から金属を浸出する操作を「バクテリアリーチング」といいます。

バクテリアリーチングを実験室規模で行なうための原理図を図5-4に示しました。銅の硫化物を含む鉱石（たとえば黄銅鉱）に空気の存在下で硫酸鉄（Ⅲ）を噴霧すると、硫酸銅（Ⅱ）（普通の硫酸銅）、硫酸鉄（Ⅱ）、硫酸の混ざった溶液が出てきます。これに金属鉄を作用させると、金属銅が析出し、その結果得られる溶液は硫酸鉄（Ⅱ）と硫酸を含んでいます。この溶液を、好酸性鉄酸化細菌とこの細菌用の培地とを入れた反応槽に入れ、激しく通気して硫酸鉄（Ⅱ）を硫酸鉄（Ⅲ）に酸化します。得られた硫酸鉄（Ⅲ）を含む溶液を揚水ポンプで汲み揚げ、再び鉱石に噴霧します。このようにすると、連続的に、硫化銅を含む鉱石から銅を取り出すことができます。

式5-1

アシジチオバチルス・フェロオキシダンス

黄銅鉱＋2 硫酸鉄 (III)＋2 水＋3 酸素ガス → 硫酸銅＋5 硫酸鉄 (II)＋2 硫酸

図 5-4　バクテリアリーチングの原理図

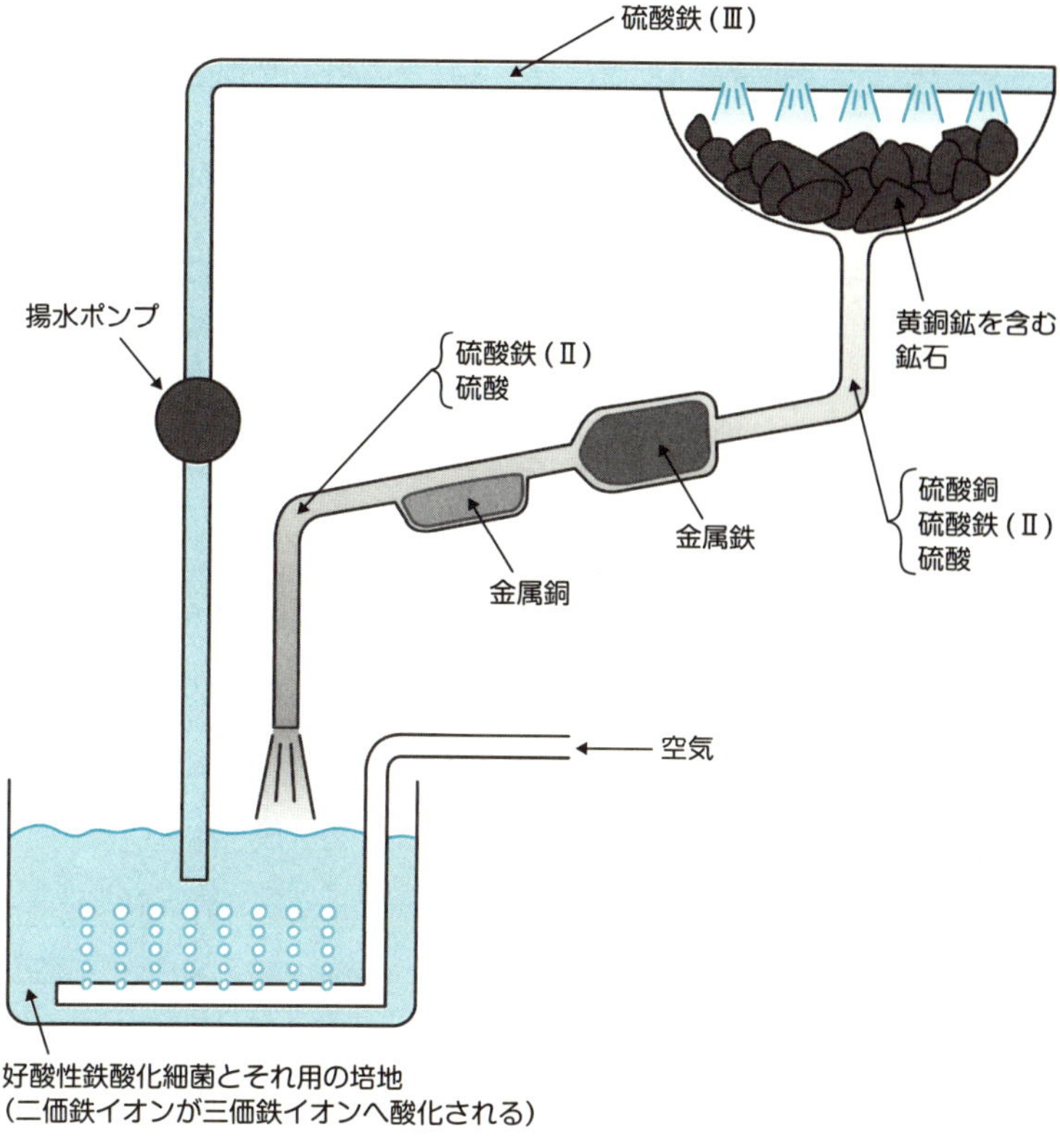

バクテリアリーチングによる銅の精錬

この方法を実際に適用するには、露天掘りの銅鉱山が有利で、米国で多く行なわれています。多数の小孔をあけたビニールチューブを銅鉱床が存在する山の山肌に這わせ、好酸性鉄酸化細菌とその培地の混合物を噴霧します。生成した硫酸銅溶液は、山肌をつたい、麓に設置した耐酸性コンクリート製の貯留槽へ集められます。この硫酸銅溶液から銅を製錬します。

ただし、実際は、低品位（金属含量の少ない）の銅鉱石からの銅の回収に利用される場合が多いようです。銅の硫化物を含む低品位の鉱石を山積みにして、それに好酸性鉄酸化細菌とその培地の混合物を撒布して長時間放置し、滴り落ちてくる溶液を集め、それに金属鉄を入れて金属銅を析出させるというわけです。

バクテリアリーチングは、細菌とその培地を撒布しておけば、後は放置して待つだけなので〝楽〟ですが、時間がかかります。わが国には、露天掘りの銅鉱山がないことや、気長に待つことが困難で、バクテリアリーチングによる銅の製錬は行なわれていません。また、諸外国では、銅のほかに、亜鉛、モリブデン、ビスムスなどもバクテリアリーチングによって製錬されている場合がありますが、わが国ではいずれも行なわれていません。

好酸性鉄酸化細菌を利用すると、鉱石から種々の金属を浸出することができることから、新しいアイディアも生まれています。たとえば、地下の金属鉱床では、金属を含む鉱石を掘り出してくるのではなく、鉱床を地下で爆破して好酸性鉄酸化細菌とその培地を注入して金属を浸出し、金属イオン（できれば金属別の溶液として）を地上へ汲み上げると、鉱石の採掘や運搬の経費が節約できるというアイディアが出されています。将来はこのようなことが実現するかもしれません。

バクテリアリーチングによるウランの精錬

バクテリアリーチングによる銅以外の金属の製錬で特筆すべきは、ウランの製錬でしょう。わが国でも、以前、バクテリアリーチングによるウランの製錬が試みられたことがあります。わが国で産出するウラン鉱石は人形石ですが、これはウランのほかに金属としてカルシウムを含んでいますから、ウランを浸出した結果、硫酸カルシウムの泥状沈殿ができ、以後の処理が大変困難になります。このため、わが国におけるバクテリアリーチングを利用したウランの製錬は実験段階で終わり実用化されませんでした。

一方、カナダのオンタリオ湖の周辺にあったウラン鉱床は、ピッチブレンドを含んでいました。ピッチブレンドは酸化ウラン（Ⅳ）（二酸化ウラン）で、ウランは四価で水に溶けませんが、pH2・0で硫酸鉄（Ⅲ）が存在すると、ウランは容易に六価で水溶性の硫酸ウラニルになり、水に溶けます。その結果、硫酸鉄（Ⅲ）は硫酸鉄（Ⅱ）となります。このウランの浸出を続けるため、硫酸鉄（Ⅱ）をリサイクルして使用するには、好酸性鉄酸化細菌の作用でこれを酸化してやる必要があります（式5-2）。

カナダのウラン鉱山では、採掘し終えた廃坑へ好酸性鉄酸化細菌とその培地を噴霧しました。すると、廃坑に残っていたウランが浸出されて、1年間に約57トンのウランの酸化物（酸化二ウラン（Ⅵ）ウラン（Ⅳ）、八酸化三ウラン）を回収することに成功したそうです。この廃坑でのウランの回収はもう終わっていますが、現在でもスペインやメキシコでこのような方法でウランの回収が行なわれているようです。

金属の湿式製錬

わが国では、バクテリアリーチングによる金属の製錬は行なわれていませんが、金属製錬の1工程に好酸性鉄酸化細菌を利用しているケースがあります。

わが国の金属資源の代表的な鉱床に「黒鉱」があります。[20] 黒鉱は、かつての深海底の熱水噴出孔付近一帯が隆起して鉱床になったものと考えられています。黒鉱1トンあたりに含まれる金属（7例の黒鉱サンプルの平均）は、銅22キログラム、鉛１６０キログラム、亜鉛２２５キログラム、鉄53キログラム、ヒ素１０３０グラム、金３グラム、銀３１２グラムなどです。黒鉱から金属

式 5-2

$$\text{二酸化ウラン} + \text{硫酸鉄 (III)} \xrightarrow{\text{アシジチオバチルス・フェロオキシダンス}} \text{硫酸ウラニル} + 2\ \text{硫酸鉄 (II)}$$

を取り出す工程の途中で、好酸性鉄酸化細菌が利用されます。

まず、黒鉱を自溶炉[*3]で処理して銅を溶融します。冷却して得られる銅の塊（粗銅）は、微量の金と銀を含んでいますから、純銅の板（あるいはステンレス板）を陰極、粗銅を陽極にして、硫酸銅溶液中で電気分解をすると、純度の高い銅が陰極に付着します。陽極の粗銅に含まれている不純物（この場合は金と銀）は、陽極槽の沈殿物（アノードスライム）となり、沈殿物から金と銀を精錬することができます。

一方、自溶炉による黒鉱の処理のとき、煙道に蓄積する金属の酸化物（煙灰）は溶融物に含まれなかった銅酸化物のほか、鉛、亜鉛、鉄、ヒ素などの酸化物を含んでいますから、これらを回収する必要があります。ここから先が湿式製錬になります。

まず、煙灰を希硫酸に溶解すると、鉛が硫酸鉛として沈殿します。沈殿を除いた上澄みに硫化水素を通じると、銅が硫化銅となり沈殿します。この沈殿を除いた上澄みには、亜鉛、鉄、ヒ素が含まれていますが、これらは、それぞれ、亜鉛イオン、二価鉄イオンおよびヒ酸イオンになっています。このような状態の鉄とヒ素には利用価値がありませんが、亜鉛は利用できるのでこれを取り出す必要があります。そこで、上澄みに好酸性鉄酸化細菌を作用させ、二価鉄イオンを三価鉄イオンに酸化します。その後、炭酸カルシウムを加え、pHを5~0付近にすると、三価鉄イオンはヒ酸イオンと結合してヒ酸鉄となり沈殿し、残った三価鉄イオンも水酸化第二鉄となって沈殿します。上澄みに硫化水素とアンモニアを加

＊3　自溶炉
自溶炉は、主に銅の硫化物を含む鉱石から銅を製錬するのに使われる溶鉱炉です。粉砕して乾燥させた銅の硫化物を含む鉱石を、重油と粉砕した石炭と共に高温の空気で炉の中に送り込むと、硫黄が燃焼して高温が保たれ銅が溶融します。

えると、水酸化亜鉛が沈殿するので、亜鉛を取り出すことができます。以前は、二価鉄イオンを高温にして酸化していたので、大量の電力を消費していましたが、好酸性鉄酸化細菌を利用するようになってから、電力の消費量が非常に減少しました。なお、実際の製錬工程はもっと複雑です。ここでは、好酸性鉄酸化細菌の湿式製錬における利用の要点を述べました。

硫化水素の処理

廃水中の大量の有機物の除去には、前段階処理として嫌気性微生物による分解（メタン発酵法）を利用しますが、このとき、どうしても硫化水素が発生します。この硫化水素を処理するのにも好酸性鉄酸化細菌が利用されます。

好酸性鉄酸化細菌を生育させ、酸性の水槽の中へ硫化水素を導入すると、三価鉄イオンによって硫化水素が酸化されて単体硫黄になります。三価鉄イオンは還元され、二価鉄イオンになりますから、これを好酸性鉄酸化細菌の作用で酸化してやると、鉄イオンがリサイクルされ、硫化水素は連続的に単体硫黄になります。

この方法による硫化水素の処理は非常に有効のように思われます。しかし、得られる単体硫黄が不純物を多く含み、利用価値が低いため、あまり歓迎されていないようです。

微量の金を含むパイライトからの金を回収

メキシコや南アフリカでは、ごく微量の金や銀をふくむパイライト（黄鉄鉱）やアルゼノパイライト（硫ヒ鉄鉱）を産出します。微量の金や銀を含むパイライトでは、パイライトの結晶格子を形成する鉄原子の代わりに、これらの金属がはまり込んでいます。含まれる量は、1トン（100万グラム）のパイライトの中に金が約8グラム、銀が約43グラム程度です。

金や銀を取り出すには、鉱物に青酸ソーダ（シアン化ナトリウム）を加え、水に溶出させる方法があります。しかし、100万グラムの中に8グラムしか存在しない金をめがけて青酸ソーダを加えても、金はなかなか溶出されません。

そこで、好酸性鉄酸化細菌を利用して金や銀を濃縮します。パイライト鉱石を細かく砕き、好酸性鉄酸化細菌とその培地を加え、空気を通じながら撹拌すると、パイライトが酸化され、鉄は二価鉄（一部三価鉄）イオンに、硫黄は硫酸イオンになって、水で抽出すると共に溶出されます。残った固形物の中の金や銀の濃度は相当高くなっていますから、青酸ソーダを加えると、金はジシアノ金（I）酸ナトリウムに、銀はジシアノ銀（I）酸ナトリウムとなって溶出されます。次に、亜鉛の粉末を加えて加熱すると、単体（金属）の金や銀を得ることができます。

鉱山の湧き水の処理

鉱山からの湧水（坑廃水）は、硫酸酸性で、二価鉄イオンを含んでいることがあります。岩手県の北上川上流の赤川の近くにある「旧松尾鉱山」は、パイライト（および単体硫黄）を産出していましたが、1972年に廃山（実質閉山は1969年）になりました。その後も、そこからは硫酸酸性で多量の二価鉄イオンを含む坑廃水が出て、赤川に流れ込み、流れてゆくうちに酸性度が弱まり、空気に曝露され二価鉄イオンが三価鉄イオンに酸化されて水酸化第二鉄となり、粘液性物質と結合して川底にへばりつき、川が赤く染まりました。これを防ぐために、以前は坑廃水に消石灰と炭酸カルシウムを加えて硫酸を中和していました。このようにして得られた上澄みは鉄を含んでいませんし、pHも中性付近で放流可能になり、川もきれいになりました。しかし、この処理で生じた水酸化第二鉄と硫酸カルシウムの混ざった沈殿は利用価値がなく、捨て場所にも困りました。そこで、坑廃水を中和する前に、好酸性鉄酸化細菌を加えて二価鉄イオンを三価鉄イオンに酸化します。少量の炭酸カルシウムを加えてpHを3～4くらいにした時点で水酸化第二鉄のみが沈殿します。次にその上澄みにさらに炭酸カルシウムを加えてpHを6・5くらいにすると、硫酸カルシウムが沈殿して、上澄みは放流可能になりました。また、水酸化第二鉄は鉄の原料として、硫酸カルシウムは石膏ボードなどの原料として利用できるようになりました。なお、この細菌を利用した坑廃水の処理によってヒ素の除去率も非常に高くなりました。

5-5 宅地の盤膨《ばんぶく》れ

盤膨れの様相

福島県いわき市周辺では、床下の土（地盤）が不均等に盛り上がり、柱が傾いたり壁板が割れたりする被害がでています。これが宅地の「盤膨れ」による被害で、木造住宅だけでなく、工場の床版下の地盤も隆起して、床の上に置いた機械類が傾き支えが必要になったりしています。現在までに、いわき市周辺で１０００戸近くの住宅や工場が被害にあっており、最大48センチメートルの地盤の隆起が見られました。

この被害にあった建物の多くは、切り土した新第三紀層（２３５０万年前～１７５０万年前に形成）の泥岩の上に直接建っているものです。新第三紀層泥岩を切り開いた新鮮な地盤の上に家屋や工場の建物を新築すると、速い場合は2～6ヶ月後に、遅い場合は10年以上経って被害が発生します。

盤膨れの初期には、床下で硫化水素の臭いがすることがあります。一戸建ての住宅でこの臭いがするケースはごく稀ですが、工場の建物の床版下の地盤を広い範囲にわたり掘り返したときなど、よく硫化水素の臭いがします。やがて、床下の土のpHが4・0以下に下がってくると、束石にしてあるコンクリートブロックの上部コーナーが崩壊して粉が地面に落ち（図5-5①）、この頃から土が膨れ始めます。一戸建ての家屋に盤膨れの被害が発生する場合、まず障子の開け閉めの自由がきかなくなることが多いようです。やがて、床下の地面に亀裂が生じ、地面の色は建築当時の濃灰色から黄褐色に変化して乾燥します。新鮮な（つまり未風化の）泥岩の切土面のpHは7〜8ですが、地面の色が黄褐色になった頃にはpHは5・3付近になっています。とくに束石の周辺の地面の低下が甚だしく、pH3・0くらいになると地面は亀裂が消失し膨れ始めます。やがて土の表面に白い石膏の結晶が析出し、ほかの場所は茶色がかってきます（図5-5②）。茶色になるのは、ジャロサイト（鉄ミョウバン石）の細かい結晶が出てきているからです。

盤膨れと細菌

筆者らが地盤の盤膨れの研究を始めた頃、ほかの研究者から「このような盤膨れには好酸性鉄酸化細菌が関係しているのではないか」と指摘されていました。しかし、この細菌が盤膨れを起こすメカニズムはまったくわかっていませんでした。そこで、筆者ら

図 5-5　**束石の表面の崩壊と石膏の結晶析出の写真**
（①盤膨れが起きた家の束石の表面。とくにコーナーが崩壊している②盤膨れが起きた家の床下には、石膏の結晶が析出している（(株) ヨウタ　会長　陽田秀道博士提供）

①

②

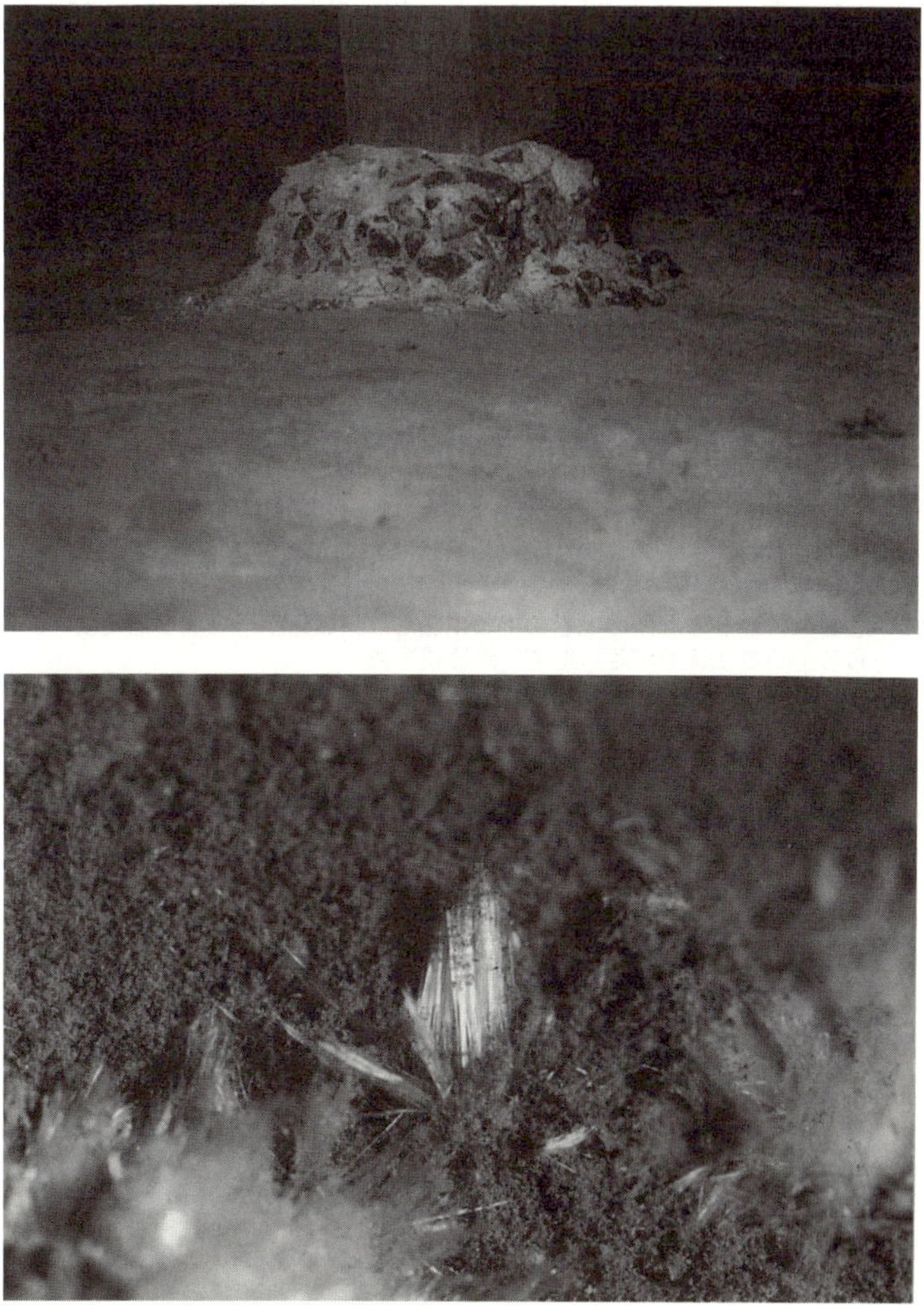

は、地盤が隆起するような場所の土の中に、ほかの微生物がいないか調べました。盤膨れが起きる初期に硫化水素の臭いがすることがあることから、まず、硫酸還元菌について調べました。盤膨れが起きる場所の泥岩を硫酸還元菌用培地に入れ、*4 嫌気的条件下に37℃で静置すると、数日後に硫化水素の臭いがしだしました。培養液中の硫化水素の量を生化学的方法でチェックしたところ、それは日毎に増加していました。培養を始めてから8日経ったとき、培養液を遠心分離して沈殿を走査型電子顕微鏡で調べると、細菌が沢山いることがわかりました（図5-6）。泥岩を121℃で20分間処理すると、このような硫化水素の生成は見られませんでした。このことから、硫酸還元菌用培地で

図 5-6　**盤膨れの起きる場所の泥岩の中の細菌を硫酸還元菌用培地で培養後、遠心分離して得られた沈殿の走査型電子顕微鏡写真**
（バーの長さは1μm）

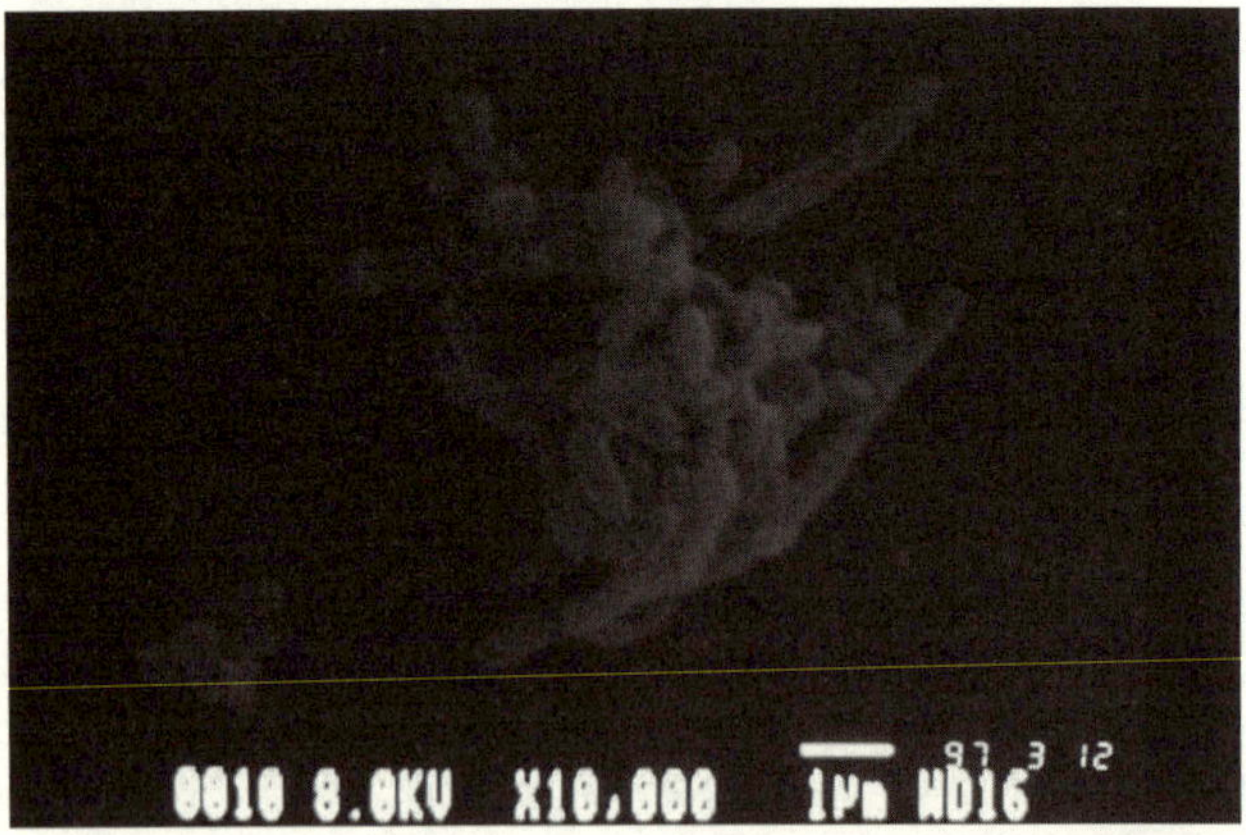

＊4　**硫酸還元菌用培地**
133ページの表4-3。主な成分は硫酸ナトリウムと乳酸ナトリウム。

嫌気的に生育して硫化水素を発生する細菌は、硫酸還元菌であり、盤膨れの起きる土の中にこの細菌が生息していることがわかりました。

次に、泥岩を硫黄酸化細菌用培地[*5]に入れ、28℃で振盪培養すると、チオ硫酸ナトリウムが酸化されて硫酸ができ、培養液のpHが徐々に低下し、25日後にはpH3、40日後にはpH1・5になりました。この場合も、121℃で20分間処理した泥岩を用いると、pHの低下は見られませんでした。このようにして、泥岩の中には硫黄酸化細菌が生息していることがわかりました。

さらに、好酸性鉄酸化細菌用培地[*6]に泥岩を入れて30℃で振盪培養すると、二価鉄イオンが三価鉄イオンに酸化されるこ

図 5-7　盤膨れが起きる場所の泥岩の中の細菌を好酸性鉄酸化細菌用培地で培養後、遠心分離して得られる沈殿の走査型電子顕微鏡写真
（バーの長さは1 μm）

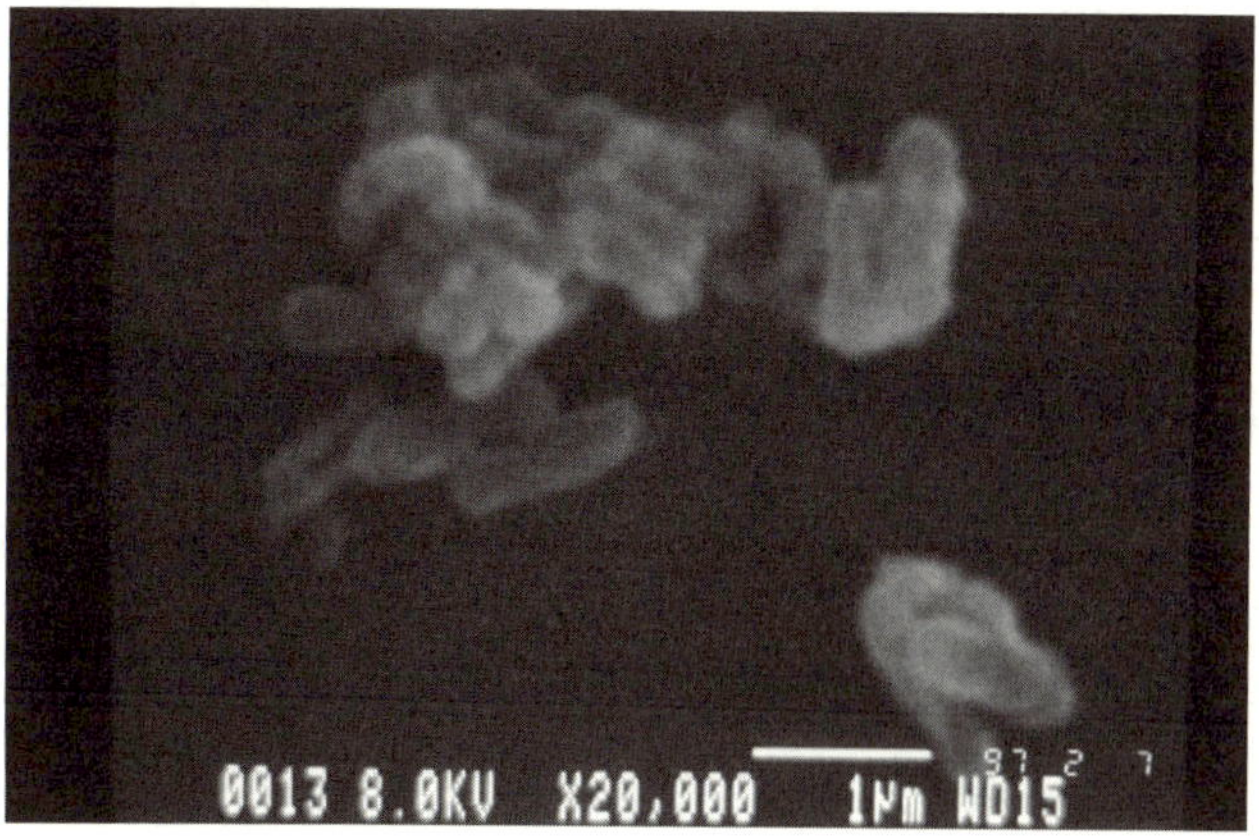

＊6　**好酸性鉄酸化細菌用培地**
168ページの表5-1。主な成分として硫酸鉄（Ⅱ）が入っており、pH 2・0。

＊5　**硫黄酸化細菌用培地**
126ページの表4-2。主な成分としてチオ硫酸ナトリウムが入っており、pH 6・5。

とがわかりました。8日間培養して培養液を遠心分離し、得られた沈殿を走査型電子顕微鏡で調べると、沢山の細菌がいることがわかりました（図5-7）。この場合も、121℃で20分間処理した泥岩では、二価鉄イオンの酸化は起きませんでした。この細菌は、pH2・0の酸性で二価鉄イオンを酸化して生育するので、好酸性酸化細菌です。このような調査の結果、盤膨れの起きる場所の泥岩の中には、硫酸還元菌、硫黄酸化細菌、好酸性鉄酸化細菌が生息していることがわかりました。

そこで、硫黄酸化細菌用培地（表4-2）に、硫化ナトリウムを0・2パーセントになるように追加し、さらに培地100ミリリットルあたり2・5グラムのパイライトの粉末を加え、pH6・5にしたものへ泥岩を加えて、28℃で振盪培養しました。5日くらい経つと、培養液のpHは4・0くらいになり、この頃から培養液中に鉄イオン（二価鉄イオンと三価鉄イオン）が増加し始め、鉄イオンの2倍モル量の硫酸イオンも増加してきました。pHが4・0くらいまでの低下では、鉄イオンの生成が見られないことから、普通の硫黄酸化細菌によるチオ硫酸ナトリウムの酸化による硫酸の生成に起因しており、パイライトの酸化は起きていません。pHが4・0以下になると、好酸性鉄酸化細菌の作用でパイライトの酸化が起こり、鉄イオンが溶出されてくると同時に、鉄イオンの2倍モル量の硫酸イオンが急激に生成されます。この結果から、パイライトは好酸性鉄酸化細菌の作用を受けないと、水と酸素ガスが作用しただけでは容易には酸化されないこと、さらに普通の硫黄酸化細菌が生息していても容易には酸化されないことがわかります。

盤膨れのメカニズム

これらの結果をふまえて、地盤の盤膨れのメカニズムを考えると次のようになります。[21]新第三紀層の泥岩は、含水率が50パーセントくらいで、その中は嫌気的になっています。しかも、盤膨れの起きている地域の泥岩は、5パーセントの有機物と6パーセントのパイライトを含んでいます。宅地造成の前は、泥岩の比較的深部（地表から5〜10メートルの深さ）に生息していた硫酸還元菌は、その場所の温度が年間を通して17〜19℃に保たれているため、休止またはあまり活動していない状態にあります。ところが、宅地造成のため泥岩層を切り開くと、硫酸還元菌の生息場所が地表近くになり、夏場は温度が25℃以上になります。また、家屋の床下は冬でも暖房のため温度が上がります。そうすると、嫌気的で有機物が多いので、硫酸還元菌の生育が盛んになり、硫化水素が生成されます。家が建ち床下の土が乾燥すると、土の空気に対する透過性が増し、土中の環境が好気的になるため、硫黄酸化細菌が活動を始め、硫酸還元菌が生成した硫化水素を酸化して硫酸を生じます。すると、土中環境のpHが下がって4・0以下になり、やがて好酸性鉄酸化細菌が活動を始め、パイライトを盛んに酸化して、二価鉄イオンと硫酸を生じます。二価鉄イオンは、やがて三価鉄イオンに酸化され、硫酸は土中の炭酸カルシウムと反応して石膏（硫酸カルシウム二水和物）の結晶になり、このとき二酸化炭素も生じます。さらに、生じた三価鉄イオンと硫酸イオン、土中に存在しているカリウムイオンが結合して、褐色のジャロサイトの結晶も生じます。このように、石膏とジャロサイトの結晶に加えて、二酸化炭素が生じることにより、土の堆積が増大して盤膨れが起きるのです。

各地で見られる盤膨れ

国内のいわき市以外の場所や外国でも、盤膨れと似たような現象が観察されています。たとえば、福岡市郊外の「ぼた」*7で埋め立てて造成した宅地で、建物の基礎コンクリートに硫酸による破壊が見られました。また、宮崎県にある新第三紀層を切り土造成して建てた団地では、地盤が膨れ上がったことが報告されています。しかし、これらの現象の原因は明らかにされていません。また、カナダ、米国および英国で似たような盤膨れが報告されています。カナダではオルドビス紀（5億900万年前～4億4600万年前）とカンブリア紀（5億7500万年前～5億900万年前）の頁岩上、米国では石炭紀（3億6700万年前～2億8900万年前）の石炭上、英国では三畳紀（2億4700万年前～2億1200万年前）の頁岩上に建った建物でこの現象が見られます。頁岩は、粘度が固化してできた岩石ですが、泥岩と異なり、薄板状にはがれやすい特徴があります。英国やカナダの場合、かなり大規模な木造建築物で被害が発生していますが、いずれも建物の中央部で、1、2階の床が押

*7 **ぼた**
石炭を採掘した際、粗炭のなかに混じっている捨石のこと。

し上げられています。これらに関する地盤隆起のメカニズムもわかっていません。

盤膨れの予防

盤膨れを防ぐ応急処置の1つは、地盤に水を注入して土の環境を嫌気的に保ち、硫黄酸化細菌と好酸性鉄酸化細菌を増殖させないようにすることです。また、切り土上に直接家を建てるのではなく、泥岩を掘削粉砕した後、押し広げておく（オーバーカッティング法）と通気がよくなり、硫酸還元菌が活動しなくなります。さらに、地盤を有機物あるいはパイライトの少ない土（両方の条件を満たす土ならなお良い）で置き換えておくと、硫酸還元菌または好酸性鉄酸化細菌（あるいは両方の細菌）の活動を抑制することができます。また、遮水用ゴムシートを敷き、その上に押さえのコンクリートを10センチメートルくらいの厚さに打設すると、空気の侵入が遮断され、硫黄酸化細菌による硫化水素の酸化や好酸性鉄酸化細菌によるパイライトの酸化が阻止されますから、盤膨れを防ぐことができます。

第6章

炭素の循環と微生物

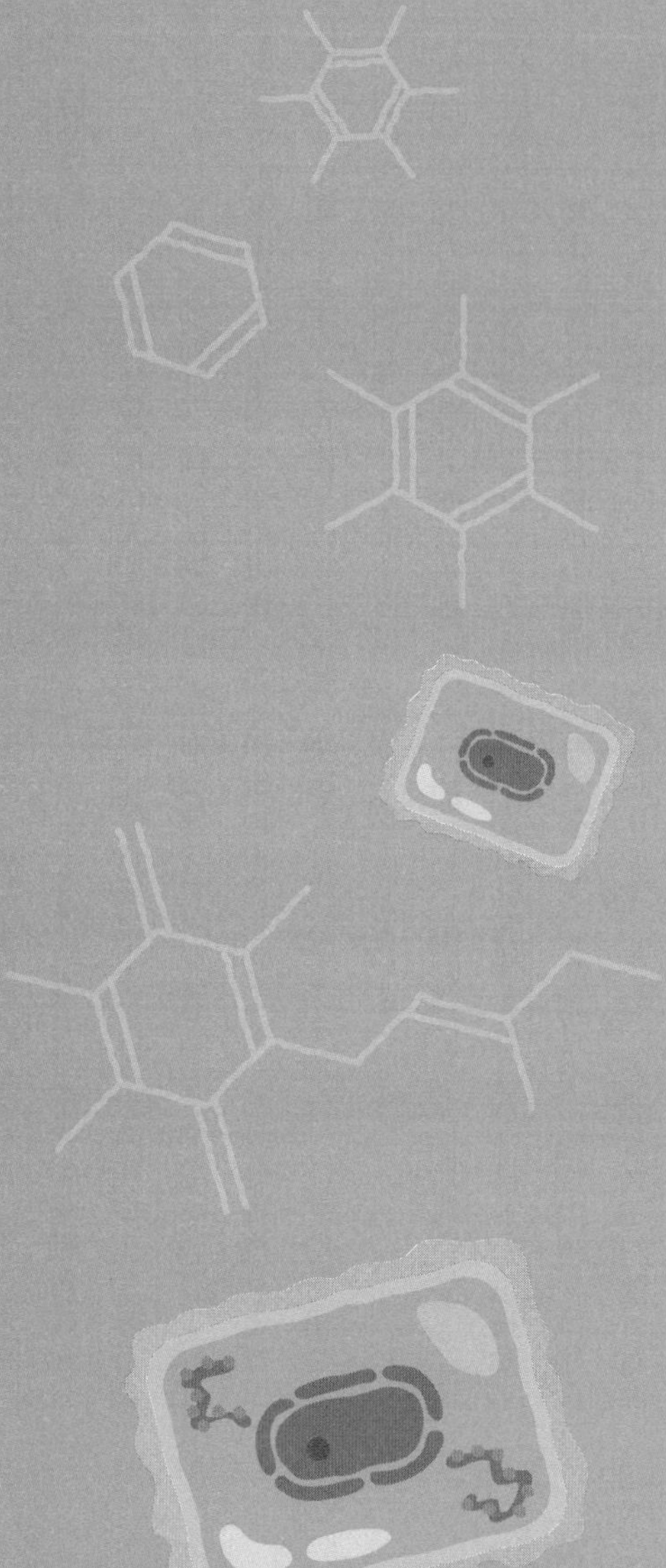

6-1 炭素の循環のあらまし

炭素は、生物の体を作っている有機物の中に含まれているほか、大気中に二酸化炭素として存在しますから、炭素がいろいろと形を変えて地球上に存在していることがわかります。緑色植物（藻類、原核緑藻、シアノバクテリアを含む）と非酸素発生型光栄養細菌は光合成によって、化学無機栄養細菌は光を利用せずに化学合成によって、二酸化炭素から有機物を生合成します。動物は、緑色植物の作った有機物を食べて酸化し、炭素を再び二酸化炭素として大気中に出します。そのほか、多くの細菌やカビなども、有機物を酸化して二酸化炭素を生成します。さらに、動物、植物、細菌などすべての生物は、死んで分解されれば二酸化炭素を放出します。このように、炭素も循環しているのです。

しかし、炭素の循環には、人間の活動が強力に加わり、実際はもっと複雑になります。二酸化炭素は、温室効果のある気体であり、これの放出を削減することは目下の急務です。もっとも、二酸化炭素は地球温暖化の原因にはならないという意見や、地球温暖化は起こらず地球はやがて寒冷になってゆくという意見もあります。[22] また、天然ガス、石油、石炭などはいわゆる化石燃料ではなく、非生物起源燃料であり、地球創生期に取り込まれたもので、従来考えられていたほど速く枯渇するものではないという説もあります。[23]

しかし、現在のところ、二酸化炭素の放出を極力抑制しなければならないというのが世論です。すでに、自動車が排出する二酸化炭素の量を減らすために、バイオエタノールなどのバイオ燃料の使用も始まっています。バイオ燃料を使用すれば、植物が光合成で固定（二酸化炭素を有機物にする）した二酸化炭素を再び放出するのだから、二酸化炭素の増加にはならないという理由からです。

図 6-1　地球上における炭素の循環の概略
（海洋との間の物理的、化学的出入は省略した）

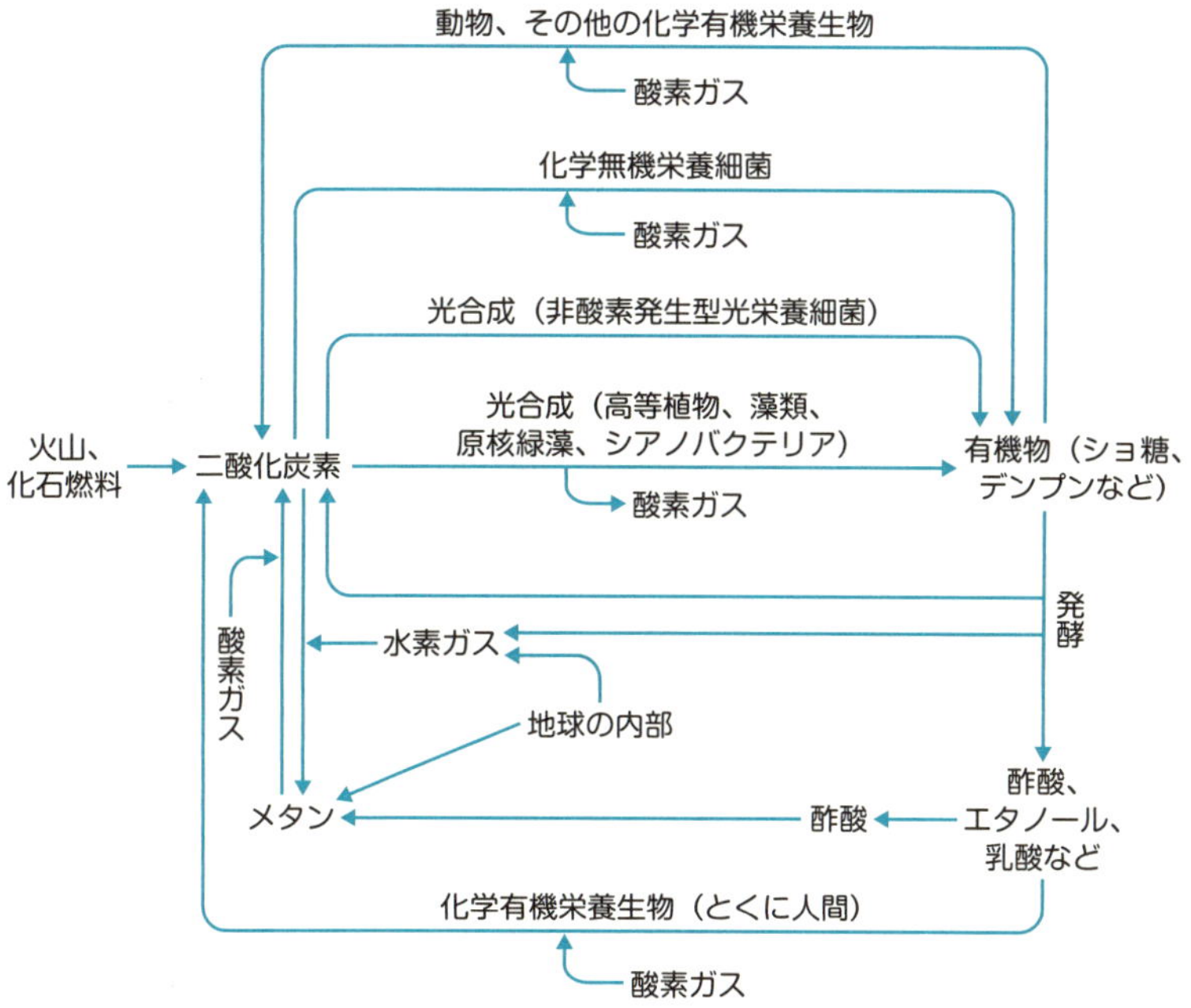

食糧と競合しないバイオ燃料

二酸化炭素の放出を抑制するには、バイオ燃料の研究をすることが重要ですが、バイオエタノールの原料であるトウモロコシやサトウキビ、サトウダイコン（甜菜）は、現段階では食料と競合する問題を抱えています。

そこで、稲藁やトウモロコシの葉や茎などのセルロースからエタノールを造る研究が急務です。アルコール発酵をする微生物である酵母やザイモモナス属細菌は、セルロースを発酵することができないので、稲藁などを原料とする場合、まずセルロースをグルコースに糖化しなければなりません。希硫酸などによる加水分解によっても糖化できますが、効率よく行なうには、セルラーゼとβ-グルコシダーゼという2種類の酵素が必要です。これらの酵素の量産も最近進んでいますが、稲藁などの中のセルロースを酵素で直接分解するのは難しいようです。

ディーゼル車（やその他のディーゼルエンジン）の燃料になるパーム油は、食料とはそれほど競合しないため、熱帯の森林を切り開いてヤシの木を植林することが大規模に行なわれています。しかし、二酸化炭素の消費の主役である熱帯雨林の消滅につながるので問題です。熱帯雨林の消滅によって二酸化炭素の消費量が減少しても、バイオ燃料が二酸化炭素を増加させないから問題はなく、経済効果の分だけメリットがあると考えたくなるかもしれません。しかし、熱帯雨林の地下に泥炭が存在する場合、森林伐採によって土地が乾燥するなどしてこれが酸化され、二酸化炭素を放出することが懸念されます。

また、最近は、「ナンヨウアブラギリ」(ヤトローファ)[*1]の種子から得られるバイオディーゼル燃料が注目されています[24]。この植物は、熱帯および亜熱帯に分布する落葉低木で、成長が速く、植え付けて1年後には果実の収穫が可能で、油は毒性物質を含むので食用になりません。この油をディーゼル燃料として使用すれば食料とは競合しないと思えます。しかし、ヤトローファの栽培も、食用植物を植え付けるための農地を奪うことになります。

最近では、炭化水素を生成する藻類も見つかっていますから、このような藻類の研究をもっと発展させなければなりません。なお、二酸化炭素を出さない燃料として、水素ガスが将来、有望視されています。

二酸化炭素を消費する微生物

二酸化炭素の消費は、熱帯雨林が主役だということに間違いありません。しかし、海洋の藻類やシアノバクテリアの活動も無視できません。地球規模で見ると、吸収される二酸化炭素量の割合は、熱帯雨林が30パーセント、海洋の藻類とシアノバクテリアを合わせて70パーセントだという研究者もいるくらいで、二酸化炭素の消費にはこれらの微生物が貢献していることを忘れてはなりません。

＊1　ヤトローファ
ナンヨウアブラギリの学名を「ヤトローファ・クルカス」(*Jatropha curcas*)というため、ヤトローファと呼ばれています。

非酸素発生型光栄養細菌も二酸化炭素を吸収しますが、全地球規模で見積もっても、この細菌による吸収量は少ないものです。また、化学無機栄養細菌は、ほとんど二酸化炭素を出すことはなく、昼も夜も二酸化炭素を消費し続けていますが、こちらも全地球規模で考えると非常な少数派です。もちろん、この細菌も死んで分解されると二酸化炭素を出します。一方、有機物を食べる化学有機栄養細菌やカビなどが二酸化炭素を出す量は地球規模で考えると莫大です。しかし、このような微生物が地球上のいろいろな有機物ごみを処理してくれるおかげで、地球表面の清掃もでき、植物が必要とする物質のリサイクルもできています。微生物が二酸化炭素および酸素ガスを吸収・放出することと光との関係を表6-1にまとめました。

表 6-1　微生物による二酸化炭素および酸素ガスの吸収・放出と光との関係

栄養型	生物または生物群	明所		暗所	
		二酸化炭素	酸素ガス	二酸化炭素	酸素ガス
光無機栄養	藻類（と高等植物）	吸収	放出	放出	吸収
	シアノバクテリア、原核緑藻	吸収	放出	放出	吸収
	非酸素発生型光無機栄養細菌	吸収	無放出	無放出※ 吸収※※	無吸収※※
光有機栄養	非酸素発生型光有機栄養細菌	微吸収	無放出	放出	吸収
化学無機栄養	硫黄酸化細菌など	吸収	吸収	吸収※	吸収
化学有機栄養	多くの細菌、カビ、（動物）など	放出	吸収	放出	吸収

※どの（微）生物の場合も死滅して分解されると二酸化炭素を放出する
※※吸収する種もある

6-2 二酸化炭素を有機物に変えるメカニズム

カルビン-ベンソンサイクル

無機栄養生物は、体の構成物質を二酸化炭素から作ります。シアノバクテリアや原核緑藻、藻類、多くの高等植物、多くの非酸素発生型光栄養細菌、ほとんどの化学無機栄養細菌は、二酸化炭素をまずリブロース-1,5-ビスリン酸と結合させて固定（有機化合物にする）し、3-ホスホグリセリン酸を生じます（式6-1）。

このとき作用する酵素の名前は「リブロース-1,5-ビスリン酸カルボキシラーゼ／オキシゲナーゼ」と長いのですが、この分野の研究者は「ルビスコ」(Rubisco）と呼んでいます。この酵素は、高等植物や藻類など多くの無機栄養生物に存在するので、地球上で最も多い量のタンパク質だといわれています。

ルビスコの触媒作用で二酸化炭素とリブロース-1,5-ビスリン酸から生じた3-ホスホグリセリン酸は、ATPを消費して1,3-ビスホスホグリセリ

式 6-1

リブロース 1,5- ビスリン酸＋二酸化炭素＋水 $\xrightarrow{\text{ルビスコ}}$ 2 3- ホスホグリセリン酸

ン酸になり、さらにNAD（P）Hを消費してグリセルアルデヒド-3-リン酸になります。これらの反応は、それぞれに特有の酵素の触媒作用によって起きるのですが、ATPとNAD（P）Hを生成するには、光栄養生物では光のエネルギーが利用され、化学無機栄養細菌では無機物の酸化で放出されるエネルギーが利用されます。このようにして生じたグリセルアルデヒド-3-リン酸は、一部分がジヒドロキシアセトンリン酸になり、残っているグリセルアルデヒド-3-リン酸の一部分と反応してフルクトース-1,6-ビスリン酸になります。これは炭素六原子からなる糖のリン酸化合物で、これからフルクトース-6-リン酸が生じ、さらにフルクトースとグルコースが生じます。フルクトースとグルコースが結合するとショ糖が生じ、グルコースが多数結合すればデンプンが生じます。もちろん、これらの化合物が生じるためには、種々の酵素の関与が必要ですし、いろいろな反応中間体を経なければなりません。このようにして糖（やデンプン）が生合成されると、それらからさらにいろいろな化合物が生合成されます。

しかし、これだけで終わってしまうと、二酸化炭素の受け皿がなくなります。そこで、グリセルアルデヒド-3-リン酸とジヒドロキシアセトンリン酸のそれぞれの一部分とほかの糖質のリン酸化合物とが反応して、いろいろな反応中間体を経て、リブロース-5-リン酸が生じます。これが酵素の作用によってATPでリン酸化され、リブロース-1,5-ビスリン酸になります。この化合物が再び二酸化炭素と反応して、3-ホスホグリセリン酸を生じ、この一連の反応がサイクルを形成していることがわかります（図6-2）。このサイクルは「カルビン-ベンソン（Calvin-Benson）サイクル」（還元的ペントースリン酸回路ともいう）と呼ばれます（コラム10「カルビン-ベンソンサイクル」参照）。

ハッチ-スラック経路

高等植物の中でも、サトウキビやトウモロコシは、有機物を作るのにルビスコの触媒作用で二酸化炭素を固定するのではないことがわかりました。これらの植物では、ホスホエノールピルビン酸がホスホエノールピルビン酸カルボキシラーゼという酵素の作用で二酸化

図6-2　改良型カルビン-ベンソンサイクル

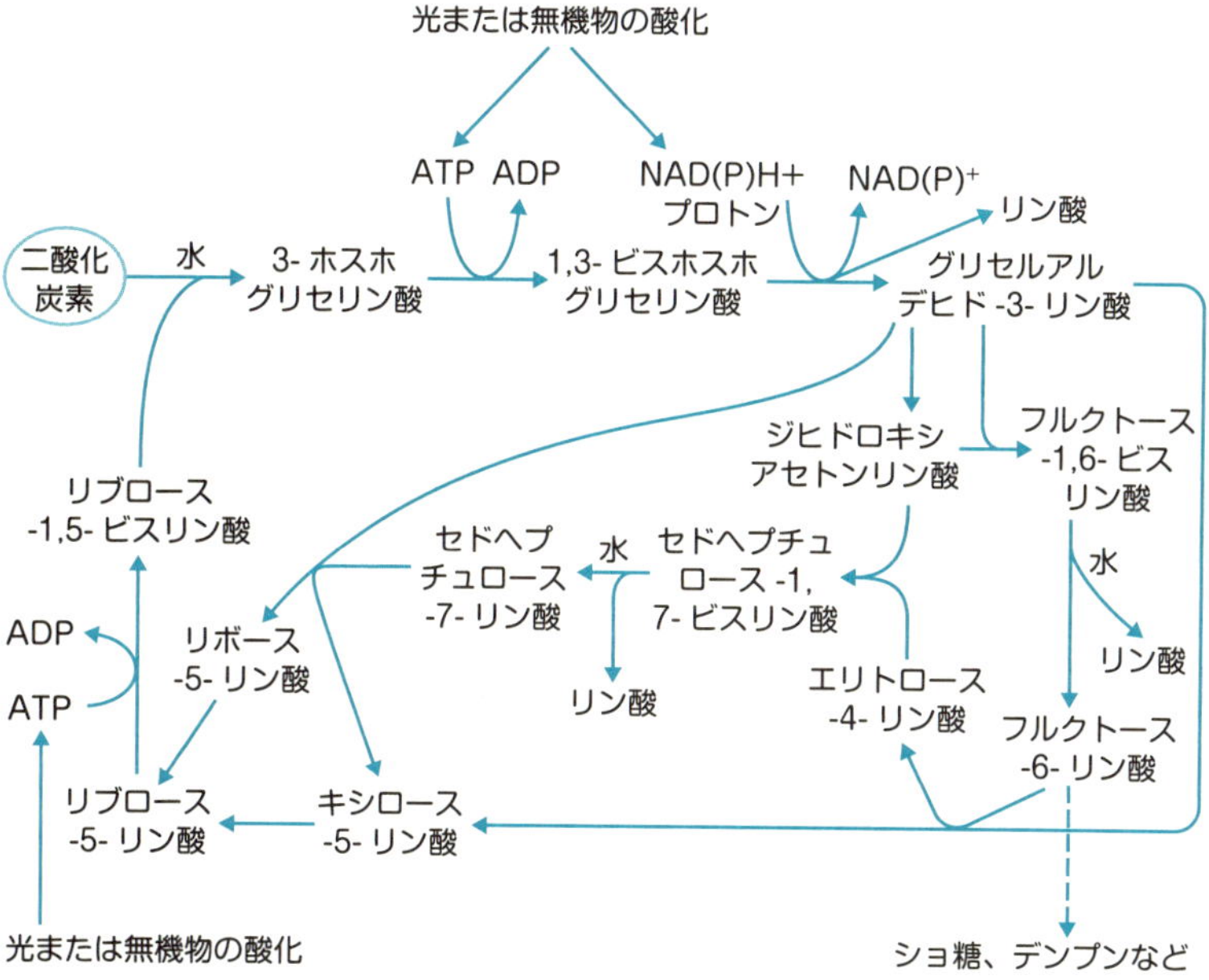

炭素を固定し、最初にできる化合物はオキサロ酢酸です（式6-2）。オキサロ酢酸は、リンゴ酸になって別の場所に移り、分解されて二酸化炭素を放出します。この二酸化炭素をルビスコの作用で固定して、カルビン-ベンソンサイクルに似た経路で有機物を生合成します。この前半の経路は「ハッチ-スラック（Hatch-Slack）経路」（C_4ジカルボン酸経路ともいう）と呼ばれます（図6-3）。

ハッチ-スラック経路による二酸化炭素の固定の仕方は、微生物では見つかっていませんが、この経路で二酸化炭素を固定するサトウキビやトウモロコシが、現在、バイオエタノールの原料になっていることを思えば、上記二種類の二酸化炭素固定反応の違いは地球環境と無関係とはいえないでしょう。

C_3-植物とC_4-植物

カルビン-ベンソンサイクルでは、二酸化炭素が固定されて最初にできる化合物が「3-ホスホグリセリン酸」という3個の炭素原子からなる物質（C_3-化合物）です。これに対して、ハッチ-スラック経路では、最初に生じるのは「オキサロ酢酸」という4個の炭素原子からなる物質（C_4-化合物）です。そこで、カルビン-ベンソンサイクルで二酸化炭素を固定する植物を「C_3-植物」、ハッチ-スラック経路で二酸化炭素を固定する植物を「C_4-植物」と呼びます。C_3-植物とC_4-植物とでは、二酸化炭素を捕まえる反応が違うので、光の利用効

コラム10 カルビン - ベンソンサイクル

このサイクルはM.カルビン(M.Calvin)博士とA.A.ベンソン(A.A.Benson)博士が、長年の共同研究で確立したものであるにもかかわらず、カルビン博士だけがノーベル賞を受賞しました。そのため、一般に「カルビンサイクル」と呼ばれていますが、このような事情を知る人は、「カルビン - ベンソンサイクル」と呼んでいます。また、「還元的ペントースリン酸回路」とも呼ばれます。

彼らの確立したサイクルでは、エネルギー源として光のみが、また生体還元剤としてはNADPHのみが用いられています。その後、このサイクルは光を利用しない化学無機栄養細菌にも存在することがわかりました。光を利用しない生物における二酸化炭素からの有機物の生合成では、無機物の酸化で遊離されるエネルギーが利用され、生体還元剤としてはNADPHとNADHの両方が用いられます。したがって、図6-2に示したサイクルは「改良型カルビン - ベンソンサイクル」というべきでしょう。

非酸素発生型光栄養細菌のうち、紅色硫黄細菌などは、改良型カルビン - ベンソンサイクルで二酸化炭素を固定しますが、緑色硫黄細菌は改良型カルビン - ベンソンサイクルを持っていません。この細菌の二酸化炭素固定系は、「還元的カルボン酸回路」(還元的TCA回路)と呼ばれ、生体還元剤はNAD(P)Hのほかに、還元型フェレドキシンと還元型フラビン(酵素に結合したFADの還元型)で、エネルギー源はもちろん光です。メタン生成菌の二酸化炭素固定系もカルビン - ベンソンサイクルとは違う反応系です。

式6-2

$$\text{ホスホエノールピルビン酸＋二酸化炭素＋水} \xrightarrow{\text{ホスホエノールピルビン酸カルボキシラーゼ}} \text{オキサロ酢酸＋リン酸}$$

図 6-3　**ハッチ - スラック経路による二酸化炭素の固定**
（維管束鞘細胞内の炭素固定経路はカルビン-ベンソンサイクルを簡略化して記したもの。ただし、このサイクルは大気中の二酸化炭素を取り込むのではないため、カルビン-ベンソンサイクルとは若干異なる）

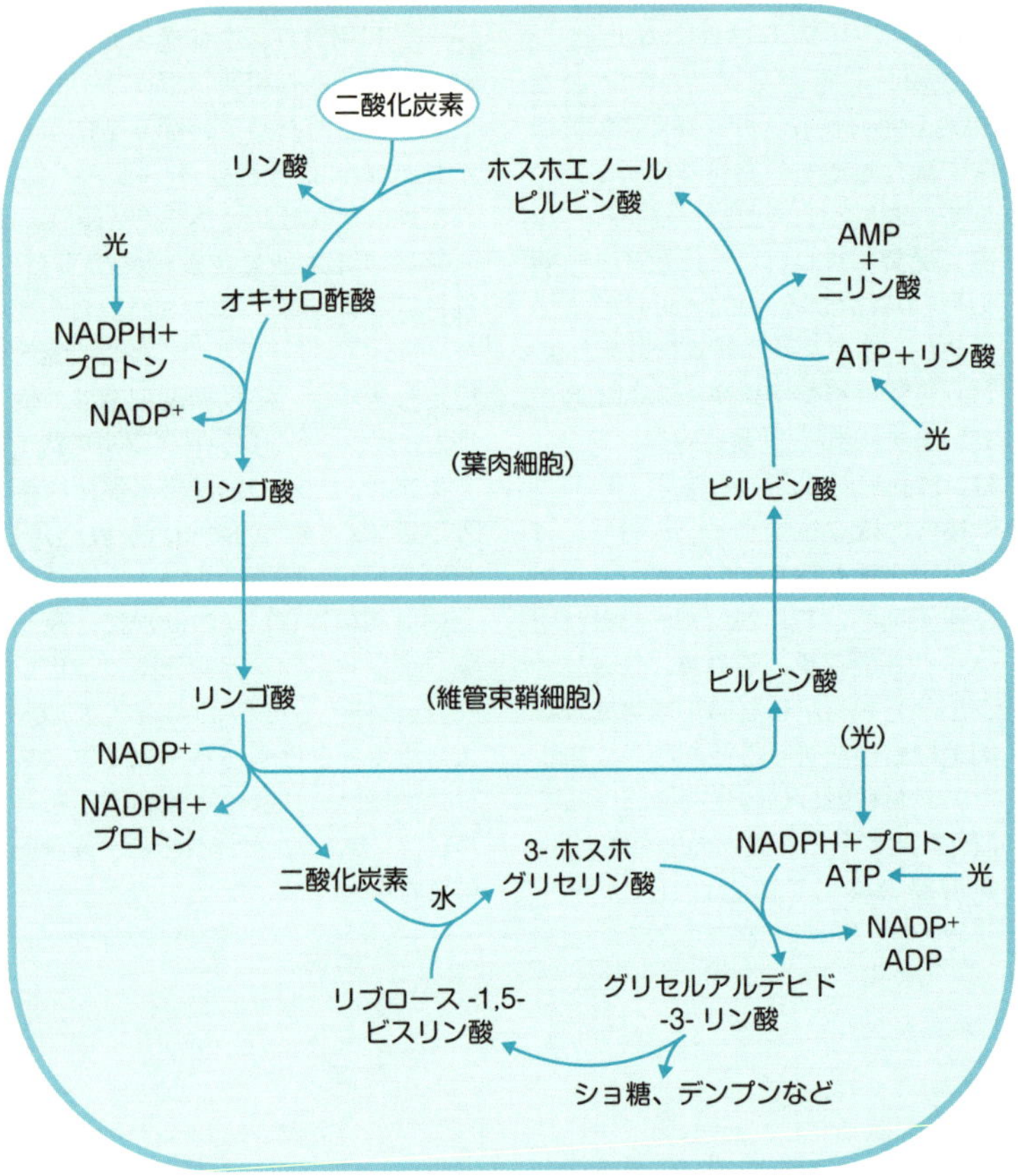

率などが異なります（表6−2）。

単位時間あたり、および葉の単位面積あたりの二酸化炭素固定量は、C_4−植物のほうがC_3−植物の2倍程度あります。また、真夏の晴れた昼間の太陽の明るさは10万ルクスくらいですから、C_3−植物は二酸化炭素を固定するのに真夏の晴れた昼間には光量の10～20パーセントしか利用できません。これに対して、C_4−植物は光量をほぼ100パーセント利用できます。また、C_3−植物が二酸化炭素を固定する速さは、大気中の二酸化炭素の濃度（0・038パーセント、最近では0・040パーセントの場所もあるようです）では、最高速度の半分くらいでしかありません。これに対して、C_4−植物はもっと低い二酸化炭素の濃度で最高速度で二酸化炭素を固定します。植物の中には、光合成をしている最中に、有機物を酸化する光呼吸をする

表 6-2　C_3- 植物とC_4- 植物の比較

比較する事項	C_3-植物	C_4-植物
植物の例	ホウレンソウ、ダイズ、イネ	サトウキビ、トウモロコシ、ヒエ
光合成の最適温度（℃）	10～25	30～40
二酸化炭素の固定量（100cm²の葉が1時間に固定するmg）	15～40	40～80
光合成の速さに及ぼす光の強度の影響	1万～2万ルクスで飽和	自然光なら強いほどよい
水利用効率	低い	高い
光合成の速さに及ぼす二酸化炭素の濃度の影響	空気中の二酸化炭素の濃度（0.038%）で最高速度の約半分の速さ	C_3-植物より低い濃度で飽和
光呼吸	強い	非常に弱い

ものがあります。C_3植物は光呼吸の活性が強いのですが、C_4植物は光呼吸をほとんどしません。また、植物は光合成をするとき〝光合成装置〟を冷却するための蒸散などに水を消費します。使われた水の量に対する生産された植物体の乾燥重量（乾燥重量／水量）を「水利用効率」といいますが、これもC_4植物のほうがC_3植物より大きいのです。つまり、C_4植物は、C_3植物より乾燥に耐えられるということです。

このように見てくると、C_4植物が、いろいろな点でC_3植物に勝っているようですが、生育温度の点では、日本などの温帯地方ではC_3植物が勝っています。ただし、夏は日本でも気温が30℃以上になる地域も多いので、C_3植物よりC_4植物が有利ではないかと思うこともあります。真夏に青々と育った水稲のところどころにひときわ背丈の高いヒエが目立つことがあります。イネはC_3植物で、ヒエはC_4植物です。そこで、米を常食とするわれわれにとって、イネがC_3植物であるのはうらめしい限りです。そこで、イネをC_4植物に変える研究もなされています。仮にC_4植物のイネができたとしても、いわゆるブランド米が同じ味を保っているかどうかは保証の限りではありません。しかし、もし、バイオエタノールの原料になる米を作るとすれば、味はどうでもよく、デンプンを多く含んでいて、速く成長するイネが必要となります。このように考えると、将来的にはC_3植物とC_4植物の存在を知っておくことも無駄ではないでしょう。

多肉植物の二酸化炭素固定反応

ベンケイソウ、サボテン、アロエなどのような多肉植物の二酸化炭素固定反応もC_4植物の場合と同じく、ホスホエノールピルビン酸と二酸化炭素を結合させることから始まります。この反応による二酸化炭素の固定は夜間に行なわれ、生じたオキサロ酢酸は還元され、リンゴ酸として一時貯蔵されます。そして、昼間、リンゴ酸は分解されて二酸化炭素を生じ、これからカルビン-ベンソンサイクルによって糖やデンプンなどが生じます。気孔を夜間に開き、高温の昼間は閉じて水の蒸散を防ぐ工夫がなされていますが、午後遅く、リンゴ酸が消費されつくすと、気孔が開き、空気中の二酸化炭素をカルビン-ベンソンサイクルによって固定して、糖やデンプンが作られます。このように、多肉植物の二酸化炭素固定反応は、C_3-植物とC_4-植物のものを混ぜたようなメカニズムになっており、このような様式により二酸化炭素を固定する植物は「カム（CAM）[*2]植物」と呼ばれます。

細菌の中には、上述した以外の二酸化炭素固定経路を持つものもありますが、それらの経路はやや複雑なので、ここでは省略します。くわしくは、拙著「独立栄養細菌の生化学」（アイピーシー、1999年）を参照してください。

*2 **CAM**
Crassulacean acid metabolism の略で、ベンケイソウ型有機酸代謝のこと。

6-3 メタン生成菌によるメタンの生成

よどんだ川や沼の底からぶくぶくと泡が立ち上がっていると、〝メタンが出ている〟と多くの人がいうでしょう。よどんだ川や沼の底には、メタン生成菌が生息していて、メタンを生成しています。ただ、メタン生成菌のみで複雑な有機物からからメタンを生成できるわけではありません。メタン生成菌は嫌気性微生物で、よどんだ川や沼の底にはメタン生成菌のほかに種々の嫌気性微生物が生息していて、これらの微生物が有機物を分解し、生じた水素ガス、二酸化炭素、酢酸などを使ってメタン生成菌がメタンを生成しています。

このように数種類の嫌気性微生物の共同作用による有機物の分解とメタンの生成は、嫌気的条件下での環境浄化に役立っています。メタン生成菌を含む嫌気性微生物による有機物の分解は、有機物を非常に多く含む廃水の処理に応用されており、一般に「メタン発酵による処理」と呼ばれていますが、正確には「メタン発酵法による処理」と表現したいと思います。

メタン生成菌は呼吸によりメタンを作る

メタン生成菌によるメタンの生成反応は「メタン発酵」と呼ばれてきましたが、近年、この反応は発酵ではなく、呼吸であることがわかりました。以前は、メタン生成菌は二酸化炭素を水素ガスで還元してメタンを生ずると考えられていたのですが、現在では、この微生物は水素ガスを二酸化炭素で酸化してATPを作り生育しており、その結果としてメタンが生じることがわかったのです。ちょうど、水素ガスを酸素ガスで酸化して水ができる反応の、酸素ガスに相当するのが二酸化炭素で、水に相当するのがメタン（と水）です。

この微生物においては、ATPは有機物のリン酸化合物を経由して生合成される（基質レベルのリン酸化による）のではなく、ATP合成酵素によって生成されることがわかりました。それで、メタン生成菌によるメタンの生成反応は、国際的には、「二酸化炭素呼吸」（あるいは炭酸呼吸）と呼ばれています。

ほとんどのメタン生成菌は、水素ガスを二酸化炭素で酸化してメタンを生成しますが、それに加えて二酸化炭素のほかに、ギ酸、メタノール、メチルアミン、酢酸などを炭素源としてメタンを生ずるものもあります。そこで、これらの化合物からメタンを生ずる過程も、二酸化炭素呼吸と呼んで良いかという疑問が起きます。

まず、これらの化合物からメタンが生じる反応を考えてみましょう。ギ酸は、数段階の反応を経てメチル基になり、それがメチル-補酵素M（メチルCoM）になり、メタンになります（式6-3）。メタノール（式6-4）やメチルアミン（式6-5）の場合は、それぞれのメチル基がメチル-補酵素Mになり、メタンが生じます。

さらに、酢酸の場合は、式6-6、6-7、6-8によりメチル-補酵素Mになりメタンを生じます。

このように、これらの化合物からのメタン生成は、メチル-補酵素Mと補酵素Bの反応で行なわれます。ATPの生合成も、水素ガスを二酸化炭素で酸化する場合と同じく、呼吸におけるATP生成過程で行なわれます。したがって、いずれの場合も、呼吸という点では問題がありません。メタンはいずれの場合も、式6-3の反応によって生成されます。これらのことから、基本的な水素ガスの二酸化炭素による酸化の場合に準じて、二酸化炭素呼吸と呼ばれると考えれば良いでしょう。

しかし、わが国では、メタン生成菌によるメタンの生成反応を、いまだにメタン発酵と呼んでいます。メタン生成菌を利用して嫌気的に有機物を処理する場合、ほかの数種類の嫌気性微

式 6-3

メチル CoM＋CoB →（メチル CoM レダクターゼ） メタン＋CoM-CoB

式 6-4

メタノール＋CoM → メチル CoM＋水

式 6-5

メチルアミン＋CoM → メチル CoM＋アンモニア

(CoM は補酵素 M、CoB は補酵素 B、CoM–CoB はヘテロジスルフィド)

式 6-6

酢酸＋ATP → アセチルリン酸＋ADP

式 6-7

アセチルリン酸＋CoA → アセチル CoA＋リン酸

式 6-8

アセチル CoA＋CoM＋水 → メチル CoM＋CoA＋二酸化炭素＋2 プロトン＋2 電子

(CoA は補酵素 A)

生物との共同作用を利用しているのですから、二酸化炭素呼吸で有機物を処理するというのも問題です。そこで、すでに触れたように、メタン生成菌を利用して有機物を処理する工程を「メタン発酵法」と称するのはいかがでしょうか。

メタン生成のメカニズム

メタンがメタン生成菌により作られることは、18世紀の終わり頃にはわかっていましたが、この細菌が二酸化炭素と水素ガスからメタンを生合成するメカニズムがわかったのは、1980年頃のことです。

メタン生成のメカニズムは「メタノサーモバクター・サーモオートトロフィカス」[*3]（*Methanothermobacter thermoautotrophicus*）、「メタノサルシナ・バーケリ」（*Methanosarcina barkeri*）などでよく研究されています。

コラム11 メタン菌とメタン生成菌

「メタン菌」という表現をよく見かけますが、メタンを生成するのは「メタン生成菌」であり、メタンを酸化するのは「メタン酸化細菌」ですから、メタン菌というあいまいな表現は避けるべきではないでしょうか。

ちなみに、メタン生成菌は古細菌に属し、メタン酸化細菌は真正細菌です。もっとも、最近、嫌気性メタン酸化菌が見つかり、これも古細菌であることがわかりました。この古細菌はメタンを硫酸塩で酸化するので、メタンを利用できる硫酸呼吸菌であり、地球深層部で生育することができる可能性があります。

＊3 **メタノサーモバクター・サーモオートトロフィカス**
以前は、「メタノバクテリウム・サーモオートトロフィカム」（*Methanobacterium thermoautotrophicum*）と呼ばれていました。

メタン生成菌には、メタン生成に関与する数種類の化合物が知られています。「メタノフラン」（MF）、「テトラヒドロメタノプテリン」（H_4MP）、補酵素M（CoM）、補酵素B（CoB）、補酵素F_{420}（F_{420}）、補酵素F_{430}（F_{430}）です。これらのうち、補酵素F_{420}はメタン生成菌以外の少数の細菌にも存在しますが、ほかはメタン生成菌に特有の化合物です。

メタン生成菌によるメタン生成では、二酸化炭素は、まずメタノフランと結合してホルミル-メタノフランになります。次にホルミル基がテトラヒドロメタノプテリンに移され、ホルミル-テトラヒドロメタノプテリンになり、3回二電子還元されて、メチル-テトラヒドロメタノプテリンになります。このメチル基が補酵素Mに渡され、メチル-補酵素Mが生じます。この化合物が補酵素Bの存在下にメチル-補酵素Mレダクターゼの作用でメタンを生じます。この反応でメタンが生じると、最初の反応である二酸化炭素とメタノフランの結合が促進されます。最後の反応と最初の反応は物質的にはつながっていませんが、機能的にはつながっており、1つのサイクルが成り立っていると考えられます。この一連のメタン生成過程を「C_1-サイクル」といいます（図6-4）。

このサイクルの3つのステップでメタン生成中間体が、また1つのステップでヘテロジスルフィド（これも中間体ともいえます）が還元されますが、これらの還元反応は細胞外の水素ガスから供給される電子によって行なわれます。つまり、これらの還元反応は、細胞外の水素ガスから放出された電子と細胞内のプロトンによって行なわれるのです。ですか

図 6-4　水素ガスと二酸化炭素からのメタン生成経路（C_1- サイクル）の概略
（MF:メタノフラン、H_4MP:テトラヒドロメタノプテリン、CoM:補酵素M、CoB:補酵素B、F_{420}:補酵素F_{420}、F_{430}:補酵素F_{430}。関与する酵素は本文の記述にとくに関係あるもののみ記した）

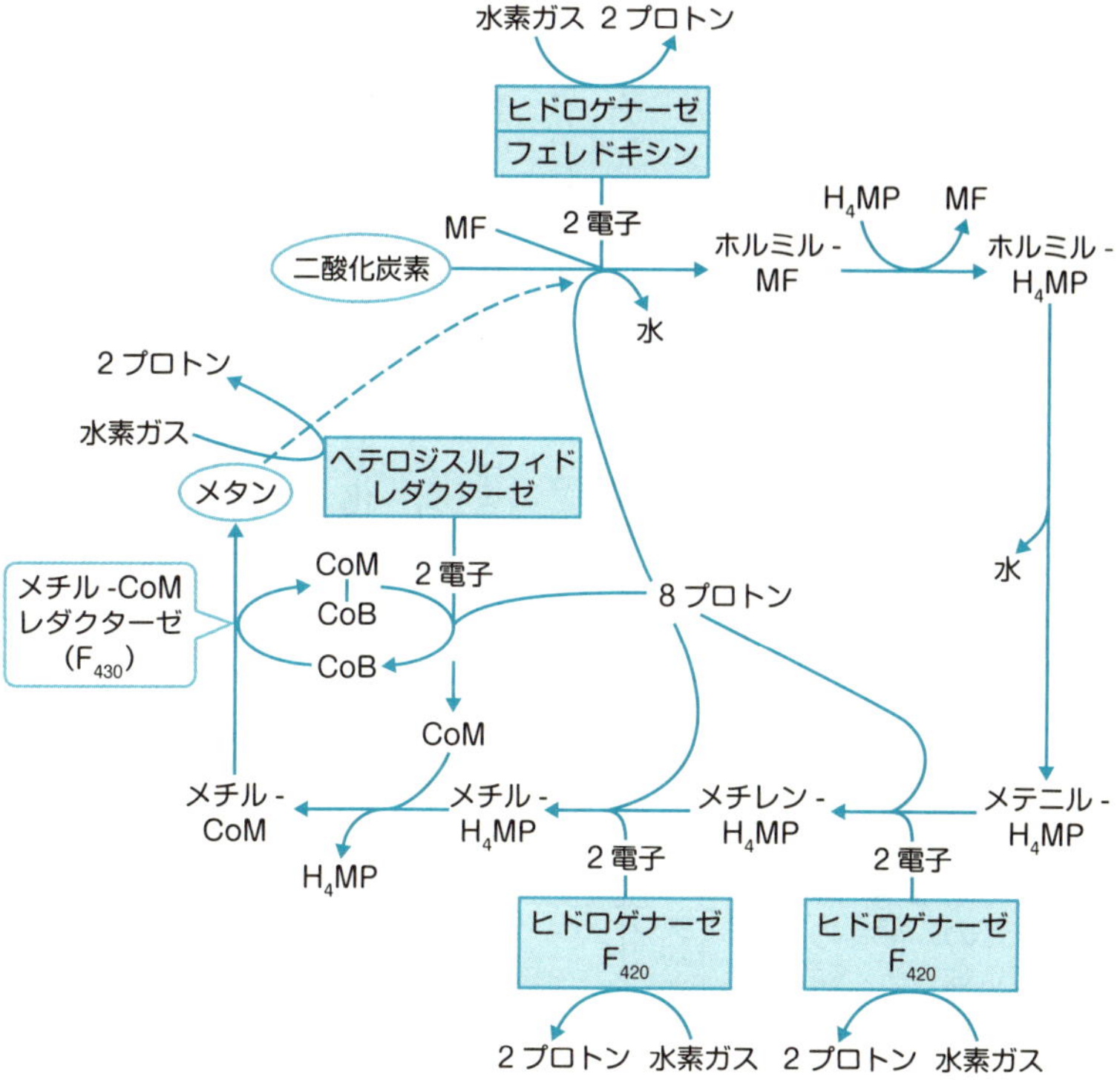

ら、1分子のメタンの生成に伴って、細胞内では8個のプロトンが消費されます。そこで細胞内がアルカリ性になり、細胞外のプロトンがATP合成酵素の内部を通過して細胞内に入り、ATPが生合成されると考えられています（図6-5）。このとき細胞膜の膜電位が必要ですが、式（6-9、6-3a、6-10）の反応によって遊離されるエネルギーによって供給されます。

そして、少なくとも水素ガスを二酸化炭素で酸化する反応過程のみで生育するメタン生成菌には、有機物のリン酸化合物からリン酸基をADPへ渡してATPを作るという発酵におけるATPの作り方は存在しません（ただし、後述するように、一酸化炭素を利用できるメタン生成菌には発酵におけるATPの作り方が存在します）。

ところで、メチル-補酵素Mと補酵素Bを反応させ、メタンを生ずる反応を触媒するメチル-補酵素レダクターゼは、補酵素F_{430}を持っています。補酵素F_{430}は、ポルフィリンのニッケル結合物です。一般に、ポルフィリンのいろいろな金属錯体は、生体内で重要な役割を果たしています。鉄の結合物はヘム、マグネシウム（および亜鉛）の結合物はクロロフィル、コバルトの結合物はビタミンB_{12}、ニッケルの結合物が補酵素F_{430}です。自然は、ややずぼらして（あるいは省エネで）、ポルフィリンという有機物骨格に種々の金属を結合させ、様々な機能を持たせたのかもしれません。

図 6-5　メタン生成菌が水素ガスと二酸化炭素からメタンを生成し、それに共役してATP を生成する過程の概略

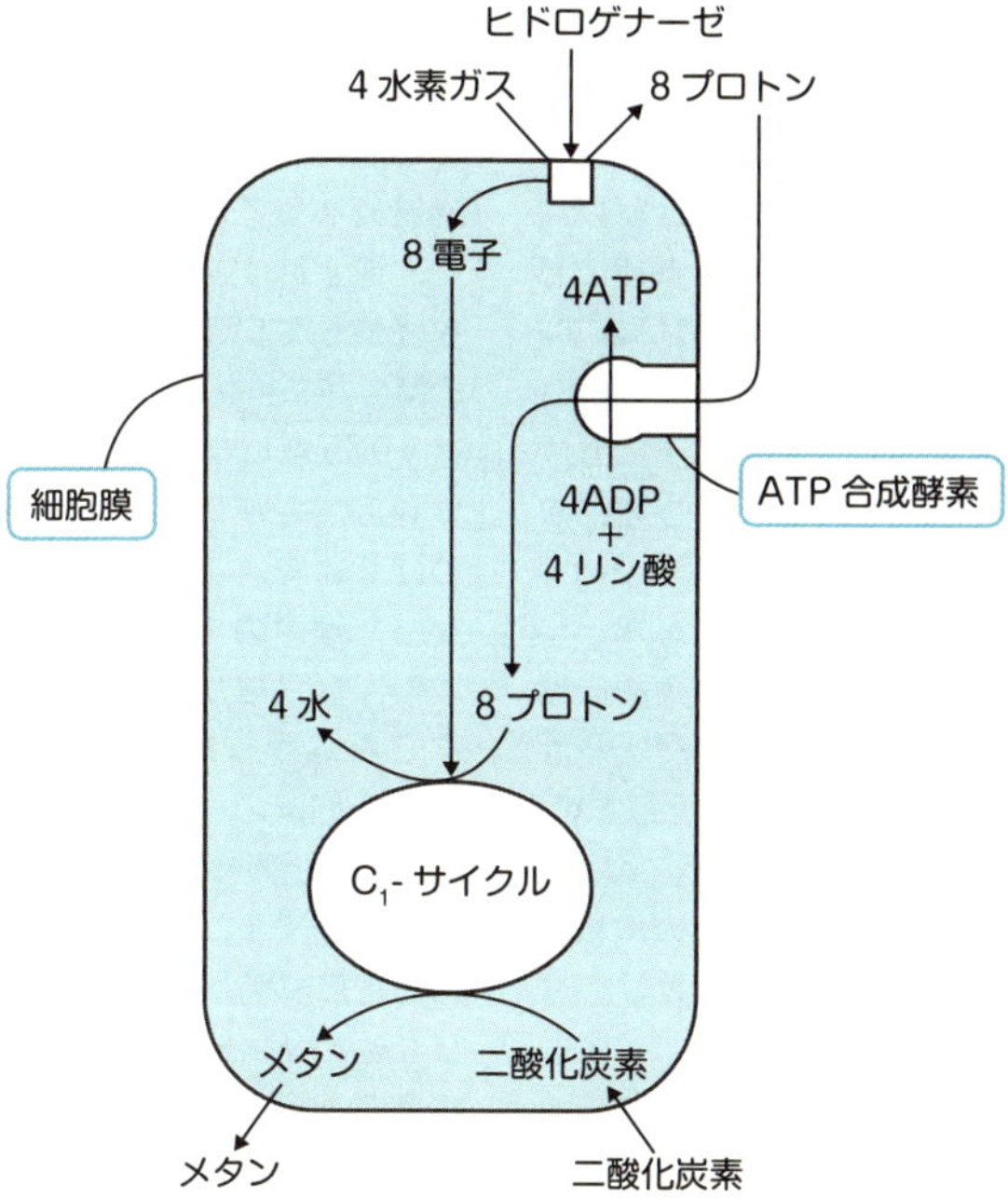

式 6-9

メチル -H_4MP＋CoM → メチル -CoM＋H_4MP＋7.1kcal

式 6-3a

メチル -CoM＋CoB → メタン＋CoM-CoB＋10.7kcal

式 6-10

CoM-CoB＋水素ガス → CoM＋CoB＋9.5kcal

コラム12 ニッケルの生物機能

ニッケルは、1970年代以降いくつかの酵素の活性に必要なことがわかり、現在では生元素(生物の機能に必要な元素)の仲間入りをしています。メタン生成菌の補酵素 F_{430} のほかに、水素ガスを水素イオンと電子に分ける反応を触媒する(逆反応も触媒する)ヒドロゲナーゼという酵素のいくつかのものは、ニッケルを必要とします。また、一酸化炭素の代謝に関与する一酸化炭素デヒドロゲナーゼ(CODH)もニッケルを必要とします。以上は原核生物の酵素の話ですが、細菌のほか、ナタマメなどの真核生物にも存在するウレアーゼという尿素をアンモニアと炭酸へ加水分解する触媒となる酵素もニッケルを持ちます。

ナタマメのウレアーゼは、1926年にJ.B.サムナー(J.B.Sumner)博士によって結晶化されました。この研究は、タンパク質を初めて結晶として得た点で画期的だったのみでならず、それまで酵素作用は神秘的なものと思われていたのに対し、酵素は物質であることを示した点でも有名で、博士は1946年ノーベル化学賞を受賞しています。それなのに、この酵素がニッケルを持つことは、やっと1975年になって実証されました。ウレアーゼがニッケルを持つことがわかるまで、これだけ長い時間がかかった理由の1つは、サムナー博士以後、なかなかウレアーゼの結晶が得られなかったからです。今では、種々の細菌のウレアーゼもニッケルを持つことがわかっています。

胃潰瘍や十二指腸潰瘍の原因菌であるピロリ菌[ヘリコバクター・ピロリ(*Helicobacter pylori*)]が強酸性の胃の粘膜表面で生息できるのは、尿素を分解してアンモニアを作り、細菌細胞の周辺のpHを生育可能な程度まで上げているためです。現在、この細菌の駆除に抗生物質が使われていますが、ウレアーゼのニッケルを標的とした医薬の研究も進められています。

6-4

メタン生成菌と環境

メタンは温室効果が大きな気体で、メタンの発生はとくに地球温暖化に関して問題になるため、極力抑制しなければなりません。自然界では、どんなところでメタンが発生しているのでしょうか。

メタンは、よどんだ川の底や沼の底でも作られていますが、沼地を含む自然湿地や水田、そして反芻動物による発生が大きいといわれています。最近、陸生植物による好気的条件下でのメタン生成の重要性も議論されていますが、これは地球大気全体のメタン量の増加にはそれほど影響するものではないといわれています。[25]

ヒトでも、3人に1人、あるいは2人に1人の腸内にはメタン生成菌が生息しており、このようなヒトでは呼気やおならにメタンが排出されています。[26] シロアリの腸管内にもメタン生成菌が生息しており、巨大な蟻塚からはかなりの量のメタンが発生しています。ただ、蟻塚からはメタンはあまり放出されておらず、ほとんどが酸化されて二酸化炭素になっているという報告もあります。しかし、ごく最近の情報では、シロアリの体内にはメタン酸化細菌は生息していないので、そこでメタンが酸化されることはなく、やはり、シロアリはメタンの発生源になっているということです。

深海底下の堆積層中にメタンが氷状になって存在する「メタンハイドレート」は将来のエネルギー源として注目されています。多くはメタン生成菌によって生成されたものだといわれてきましたが、地球創生期に取り込まれた炭化水素の中のメタンが海底まで上昇してきたとの仮説が出されています。メタンを構成する炭素原子の同位体比（$^{12}C/^{13}C$）が、生物起源のメタンの場合は非生物起源のメタンの場合より大きいと考えられていますが、非生物起源のメタンでも地底深層部を通過している間にこの比が大きくなるということのようです。[23]

水田からのメタン発生の抑制

自然界でよく問題になるのは、水田からのメタンの発生です。水田には田面水が張ってあるため、その土壌は表面の約1センチメートルの厚さ（酸化層）を除いて嫌気的になっており、その部分でメタン生成菌によってメタンが生成されます。環境問題に関する国際会議などで、「日本の水田からは多量のメタンが発生している」と非難されたことがありますが、原理的には、日本に限らずどこの国の水田からもメタンが多量に出るはずです。この非難は、日本では以前、水田からのメタンの発生を抑制する努力がなされていないと思われていたためでしょう。

たとえば、カナダでは水田の土壌の酸化層にアンモニア酸化細菌やメタン酸化細菌を生息させ、これらにメタンを酸化させる研究がなされています。アンモニア酸化細菌はメタンをメタノールに酸化します。メタノールはメタン生成菌によって再びメタンになるので、このようにして生じたメタノールは直ちに除去してやらなければなりません。そのためには、メタノールのような炭素1原子の化合物（C_1化合物）を食べて生育する細菌（C_1化合物資化細菌）を共存させ、これにメタノールをバイオマスに変えさせると、メタン発生を抑制することができます。バイオマスは、やがて酸化され、二酸化炭素を生ずることにはなりますが、二酸化炭素はメタンよりはるかに温室効果は小さいのです。また、メタン酸化細菌の場合、メタノールはさらに酸化されるので、メタンの発生は抑制されますが、これも二酸化炭素は生じます。

ところがわが国では、イネの秋落を防ぐため水田の中干をしてきました。メタン生成菌も硫酸還元菌と同じく嫌気性微生物であるため、中干により生育が抑制されます。つまり、水田からのメタンの発生が中干で抑制されます。[27] このことは実験的にも証明されており、わが国ではからずもずっと以前から水田からのメタン発生を抑制してきたのです。最近では、もっと積極的に水田からのメタン発生を防止しようという試みもなされています。[28] たとえば、非結晶性鉄酸化物を細かくしたもの（製鋼工程で生じる鉱滓を細かくしたもの）や、使い捨てカイロの鉄粉を水田の土壌に混入すると、メタンの発生をかなり防げることがわかってきました。[28] このような操作によるメタン発生の抑制は、メタン生成菌によるメタン生成の抑制だけによるのではなく、メタン酸化細菌によるメタンの酸化の促進にもよるようです。

自然湿地からのメタンの発生

永久凍土分布域では、森林の火災や伐採によって、植物の枯死体や、コケや地衣類の集積層が失われると、永久凍土の融解が進行して、陥没した土地に周辺から水が流入します。水で被われた土の下部は嫌気的になっており、そこからメタンが盛んに発生していることが報告されています。[29]

永久凍土地域の森林の火災や伐採がメタン発生を引き起こすことになり、この火災を防ぎ、伐採を阻止して、メタン発生を制御する必要があります。しかし、伐採の阻止は難しいですし、火災の防止にいたっては不可能に近いかもしれません。このような永久凍土に生じる水没した土地をも含めて、自然湿地からのメタン発生を制御するのは非常に困難です。

反芻動物の呼気から発生するメタン

メタンは、ウシなどの反芻動物の呼気の中にも多量に含まれています。反芻動物の胃は4室にわかれており、最も大きな第一胃はルーメンとよばれます。ルーメンには、メタン生成菌を含むいろいろな嫌気性微生物が生息しており、反芻動物の食べた餌を嫌気的に分解して、その動物の栄養に供するのですが、多くの嫌気性微生物は有機物の水素原子を水素ガスとして放出することによって有機物を酸化してATPを生成しています。ところが、水素ガスの放出を触媒するヒドロゲナーゼという酵素は、水素ガスを放出する反応を触媒するだけでなく、水素ガスを吸収する逆反応をも触媒するので、周囲の水素分圧が高くなると、これらの微生物の多くは、水素ガスの放出によってATPを生成できなくなります。さらに、二酸化炭素も分圧が高くなると押し戻されます。そこで、一緒に棲んでいるメタン生成菌が水素ガスを二酸化炭素で酸化してメタンにし、水素ガスと二酸化炭素が逆戻りしないようにすると、ほかの多くの嫌気性微生物が順調に生育できるようになり、メタン生成菌自身も順調に生育できるのです。これらの微生物が順調に生育すると、微生物が生合成した脂肪酸なども反芻動物に供給されますし、増殖した微生物も反芻動物の栄養源になります。

このような仕組みで、とくに反芻動物の呼気にはメタンが出ていますから、地球温暖化を抑制するには、反芻動物の呼気中のメタンを減らす必要があります。そのためには、ウシなどに、呼気中のメタンを減らすような餌を与える必要があるという意見も出されています。そして、餌の種類や状態を適当に選べば、呼気中のメタン量を減少させうることがわかってきています[30]。たとえば、飼料を粉末状や粒状にすると良いとか、可溶性炭水化物、比較的消化の良い繊維質を含むビール滓、長鎖の多不飽和脂肪酸などを飼料として与えると良いといったことがわかりつつあります。しかし、反芻動物の呼気中のメタン量を減らすという問題を解決するには、まだこれから多くの研究をしなければならないでしょう。

ところで、酪農が古くから盛んなヨーロッパなどでは、飢えたウシに急にデンプン質の多い餌を与えると、ウシが病気になり、死んでしまう場合もあることが経験されているようです。通常の場合、デンプンが解糖系でゆっくり分解されると、遊離される水素原子は最終的には水素ガスになり、二酸化炭素も生成されます。メタン生成菌がこれらの気体をメタンにしてくれるので、ウシは正常に行動できます。ところが、飢えているウシにデンプン質の多い餌を与えると、ルーメン内の微生物の解糖系でデンプンが急速に分解され、多量の水素原子を処理する必要があります。この水素原子をヒドロゲナーゼの作用で水素ガスにして、さらにその水素ガスをメタン生成菌によってメタンにするという一連の反応の能力が間に合わず、水素原子はNAD^+の還元で処理しなくてはなりません。そのため、NAD^+がすべてNADHになってしまい、NADHを再酸化してNAD^+にしないと、解糖が連続的に進行しません。そこで、NADHの再酸化のため、ピルビン酸が使われ、多量の乳酸が生じます。ルーメン内に多量の乳酸が生じて、ウシの病気をひき起こすことになるのです。しかし、逆に、この現象を利用して、ウシに1日あたり、ある程度多量の炭水化物を飼料として与えて、乳酸がウシの害にならない程度に生じるように、ルーメンとそれに続く第二胃での発酵を盛んにすればメタンの発生量を抑制できるといわれています。

廃水とメタン生成菌

非常に多く有機物を含んだ廃水を浄化するのに、最初から好気性微生物で処理（活性汚泥法）することは困難です。まず、メタン生成菌を含む嫌気性微生物で処理（メタン発酵法）して有機物の量をある程度減らすと、後の好気性微生物による処理が楽になります。メタン発酵法で有機物を処理すると、生じたメタンが燃料として利用できます。メタン発酵法で生じる気体は、60〜70パーセントがメタン、30〜40%が二酸化炭素で、少量の硫化水素を含んでいます。[26]

燃料としてこの気体を利用するには、硫化水素を除去しなければなりません。現在は、鉄の小塊を充填した脱硫塔を通過させて硫化水素を除くのが一般的なようですが、すでに述べたように、好酸性鉄酸化細菌による脱硫も可能です。ただし、副産物として生じる親水性単体硫黄が不純物を多く含み、利用価値が低いのが難点です。

このようにして得られたメタン（を含む気体）は、1立方メートルあたり4000〜6000キロカロリーの熱量を持つ燃料として使用できます。しかし、この方法で大規模にメタンを得ようとする場合、発酵槽（消化槽）の保温などにメタンを使用する必要があり、メタンの燃料としての効率は机上の計算ほどに大きくはなりません。そのため、比較的低温でも活発にメタンを作るメタン生成菌の探索も行なわれており、すでにいくつかの菌株が得られているようです。また、メタンを発電に利用するバイオガス発電も行なわれています。

メチル水銀とメタン生成菌

河口や海の湾の底にできる嫌気的堆積物（ヘドロ）の中などに水銀イオンが存在すると、毒性の強いモノメチル水銀が生成され、これを食べた魚などの体内に蓄積されます。この魚などを食べるのは危険です。モノメチル水銀は、メタン生成菌によって作られるのではないかと考えられていましたが、硫酸還元菌がこの化合物の生成の主役であり、メタン生成菌が硫酸還元菌の作用を助けていることがわかってきました。

嫌気的な堆積物の中で起きる水銀イオンのメチル化は、硫酸還元菌の生育阻害剤であるモリブデン酸塩の添加によって阻害されますが、メタン生成菌の生育阻害剤である2-ブロモエタンスルホン酸塩の添加によっては、むしろモノメチル水銀の生成量が増加することから、モノメチル水銀の生成に硫酸還元菌が関与していることがわかったのです。[31]

しかし、現実はそう簡単ではありません。硫酸塩が多いところでは、その還元で生じた硫化水素のため、モノメチル水銀の生成が阻害されます。しかし、ある種の硫酸還元菌とメタン生成菌が共存していると、硫酸塩がなくても両細菌ともよく生育し、モノメチル水銀が生成されます。硫酸還元菌の中には、硫酸塩がなくてもピルビン酸を発酵して生育するものがあり、硫酸還元菌単独でモノメチル水銀を生成します。ピルビン酸を発酵で水素ガスと二酸化炭素と酢酸に分解することにより、生育できる硫酸還元菌の場合はとくに、メタン生成菌が水素ガスと二酸化炭素と酢酸をメタン生成のために消費してくれると順調に生育することができ、モノメチル水銀の生成量も増加することになります。ですから、河口や海の湾の底のヘドロ中に水銀イオンが存在する場合、モノメチル水銀を生成するのは硫酸還元菌ですが、メタン生成菌の共存がモノメチル水銀の生成量を増加させるのです。なお、硫酸還元菌が水銀イオンをメチル化する1つの経路は、アセチル補酵素A、コリノイド酵素を経由するものです。

6-5 一酸化炭素を利用する細菌

一酸化炭素から有機物を合成する細菌がいますが、これについてはまだあまりよくはわかっていません。このような細菌が、たとえば道路わきの土壌中に沢山生息していると、自動車の排気ガス中の一酸化炭素を消費してくれて、空気が一酸化炭素で汚染されずにすむでしょう。一酸化炭素を利用する細菌には、嫌気性細菌も好気性細菌もありますが、学問的にとくに興味深いのは、好気性細菌の場合です。好気性細菌は、呼吸をしなければならないのに、一酸化炭素は強力な呼吸毒です。つまり、呼吸酵素は一般に一酸化炭素で強く阻害されるはずなのに、一酸化炭素を利用する細菌の中には、一酸化炭素の存在下で呼吸をして生育するものがいます。このような細菌が、一酸化炭素の存在下で、いかにして呼吸をすることができるかについての研究はまだあまり進んでいません。

一方、一酸化炭素を利用する細菌における一酸化炭素からの有機物の生成のメカニズムは、ある程度わかってきました。このような細菌には、ニッケルを有する特別な一酸化炭素デヒドロゲナーゼ（CODH）があります。この酵素は、分子の表面に基質（酵素の作用を受ける物質）の結合する場所が3箇所あります。そのうちの2箇所に、それぞれ、外部から取り込まれた一酸化炭素と別の経路で生成されたメチル基が結合します。そして、この2つが酵素分子上で反応してアセチル基が生じます。次に、3番目の結合場所に補酵素Aが結合して、先に酵素分子上で生成されたアセチル基と反応し、アセチル補酵素Aが生じます（図6-6）。アセチル補酵素Aは、種々の化合物の生合成の原料になります。

一方、別の経路でのメチル基の生成は、一酸化炭素からギ酸を経てホルミル基が生じ、テトラヒドロ葉酸（H_4FA）と結合して順次還元され、メチル-テトラヒドロ葉酸が生成される経路です。このメチル基がビタミンB_{12}を補欠分子族とする酵素（コリノイド酵素）の触媒作用で、一酸化炭素デヒドロゲナーゼへ渡され、アセチル基の生成に用いられます。このようにして、一酸化炭素から有機物が生合成されるのです（図6-6）。

「メタノサルシナ・アセチボランス」（*Methanosarcina acetivorans*）というメタン生成菌は、一酸化炭素から酢酸を生合成しますが、生合成反応の途中で、アセチル補酵素Aを生じ、この化合物を利用して種々の有機物を生合成することができます。さらに、アセチル補酵素Aから酢酸が生じるとき、アセチルリン酸を経由するので、この化合物のリン酸基がADPに渡され、ATP

図 6-6　一酸化炭素からアセチル補酵素 A が生合成される経路の概略
（CODH:一酸化炭素デヒドロゲナーゼ、CoA:補酵素A、酵素：コリノイド酵素）

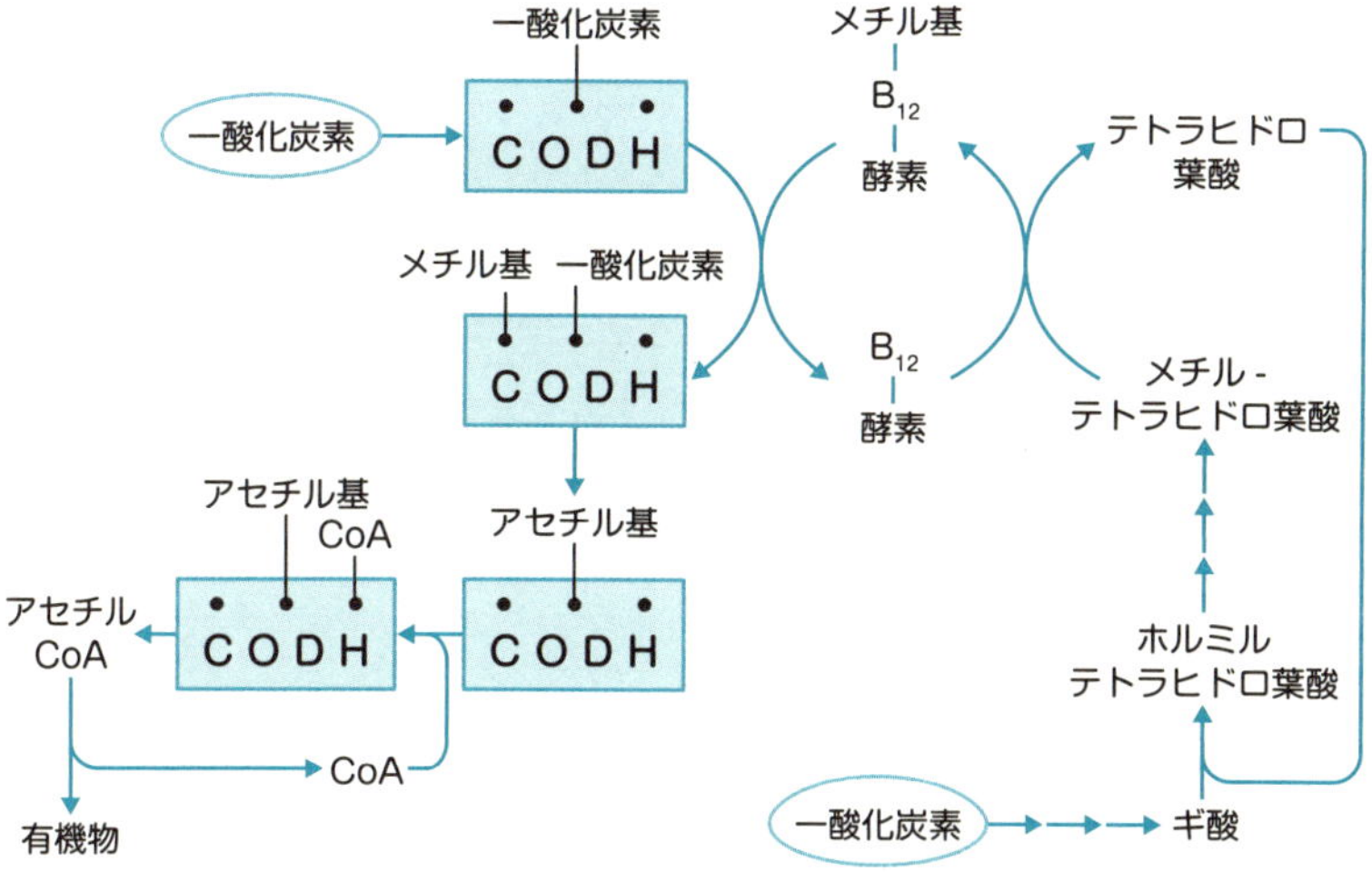

が生じます。したがって、このメタン生成菌が一酸化炭素を利用するときには、基質レベルのリン酸化、つまり発酵におけるATP生成反応も存在することになります。一酸化炭素を利用するときの基質レベルのリン酸化も、生物進化のごく初期におけるエネルギー獲得系の1つではないだろうかと考えられています。

第7章

地球のマグマ活動と古細菌

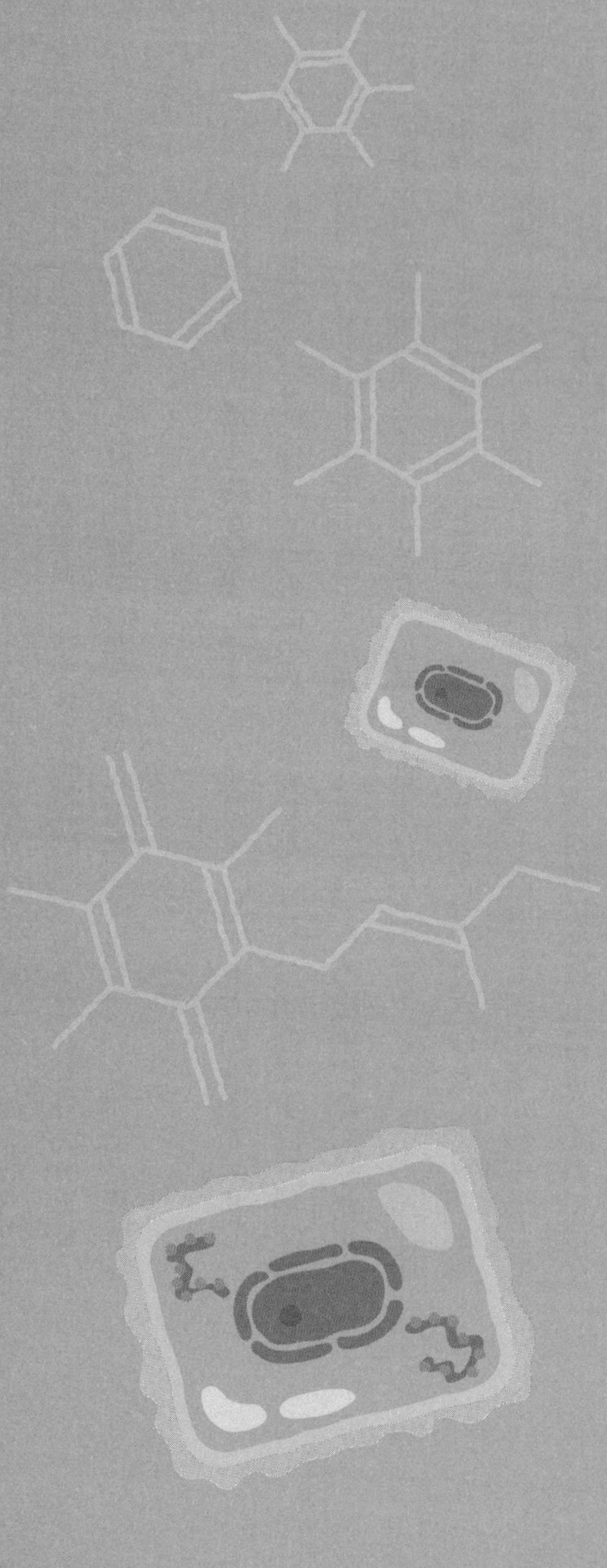

7-1

超高温で生育する微生物

１９８３年、２６５０メートルの深海底に存在する熱水噴出孔付近、温度３５０℃のところに微生物が生育しているというニュースが世間を驚かせました。そんな高温で生物が生きているとは不思議ですが、２６５０メートルの海底では、２６５気圧の圧力がかかっており、高温であっても、水が液体状態で存在するから生物が生息しているのだと理解されました。

その高温、高圧の場所から微生物を採集してきて、実験室で培養した研究者がいました。２５０気圧、２５０℃という条件下でその微生物を培養したところ、40分に1回分裂するという速さで増殖し、メタンを発生することが観察されました。その微生物は、単一種ではなく、何種かの混合物でしょうが、メタンの発生が見られたということは、その微生物混合物の中にメタン生成菌がいたことを示しています。このようなことから、メタン生成菌は、地球の歴史において、まだその表面が現在よりもっと高温であった頃から生息していたのではないか、つまり、この微生物は生物進化のごく初期に地球上に現れたのではないかと考えられるようになりました。また、地球表面が現在のような温度になっていても、熱水噴出孔や温泉のような高温のところで生息していたのではないかとも考えられます。

7-2 古細菌

　このように超高温で生育する微生物が話題になっていた頃、リボ核酸（ＲＮＡ）のヌクレオチドの並び方（塩基配列）を調べて、興味深い結果を得た研究者たちがいました。ＲＮＡは、アデニル酸、シチジル酸、グアニル酸、ウリジル酸という4種類のヌクレオチドがいろいろな順番に多数結合（重合）したポリマー（ポリヌクレオチド）です。

　生物の細胞には、タンパク質を生合成する場所であるリボソームがあり、そこには何種類かのＲＮＡがあります。１９７７年、米国のＣ．Ｒ．ウオウス（C. R. Woese）博士とＧ．Ｅ．フォックス（G. E. Fox）博士は、メタン生成菌のリボソームに存在する16Ｓという大きさのＲＮＡ（16Ｓ ｒＲＮＡ、真核生物の場合は18Ｓ ｒＲＮＡを用います）の塩基配列を調べて、興味深い事実を発見しました。16Ｓ ｒＲＮＡの塩基配列は、大腸菌や枯草菌などの細菌間では似ており、また真核生物間でも似ていますが、メタン生成菌のものは、真核生物のものとはもちろん、大腸菌など細菌のものとも異なっていたのです。そしてメタン生成菌間では似ていました。そこで、ウオウス博士とフォックス博士は、メタン生成菌は嫌気的条件下で二酸化炭素と水素ガスだけ（ほかに微量の無機化合物は必要）を使って生きていることから、一番原始的な生物だろうと考え、この細菌を「古細菌」と呼び、生物界は、真核生物、（大腸菌のような）真正細菌および古細菌の3つの生物群（ドメイン）から構成されているとしました。その後、分子生物学的性質などをもとにして考えると、メタン生成菌は進化的に一番古い生物ではなく、むしろ真正細菌のあるものよりも新しいということがわかりました。しかし、古細菌（アーキアともいう）という第3の生物群があることは確かなこととなりました。

その後、メタン生成菌の細胞膜を構成するリン脂質の構造に大きな特徴のあることがわかりました。真核生物も真正細菌も、その細胞膜を構成するリン脂質は、1分子の*sn*-グリセロール-3-リン酸（*sn*は立体構造を表すための記号）に2分子の高級脂肪酸（炭素数が16個以上の脂肪酸）がエステル結合したものが基本構造になっています。それに対して、古細菌の細胞膜リン脂質は、1分子の*sn*-グリセロール-1-リン酸骨格に2分子の炭素数20個の炭化水素（テルペン）、あるいは2分子の*sn*-グリセロール-1-リン酸骨格に2分子の炭素数40個の炭化水素（テルペン）がいずれもエーテル結合したものが基本構造であることがわかりました。古細菌のリン脂質の、前者を「ジエーテル型脂質」、後者を「テトラエーテル型脂質」といいます。

その後、種々の原核生物を調べてみると、*sn*-グリセロール-1-リン酸骨格の炭化水素エーテルを基本構造とするリン脂質からなる細胞膜を有するものは、16S rRNAの塩基配列にもメタン生成菌のものと似た特徴があり、すべて古細菌の仲間に入ることがわかりました。なお、*sn*-グリセロール-3-リン酸の炭化水素エーテルを基本構造とするリン脂質を細胞膜の成分に持つ2、3の真正細菌がみつかっていますが、古細菌の持つ*sn*-グリセロール-1-リン酸骨格とは、立体構造が異なっています。したがって、*sn*-グリセロール-1-リン酸の炭化水素エーテルを基本構造とするリン脂質は、古細菌にしか存在しません。[32]

図7-1 **リン脂質の構造**
((a)エステル型、(b)ジエーテル型、(c)テトラエーテル型。Xはエタノールアミン、セリンなど)

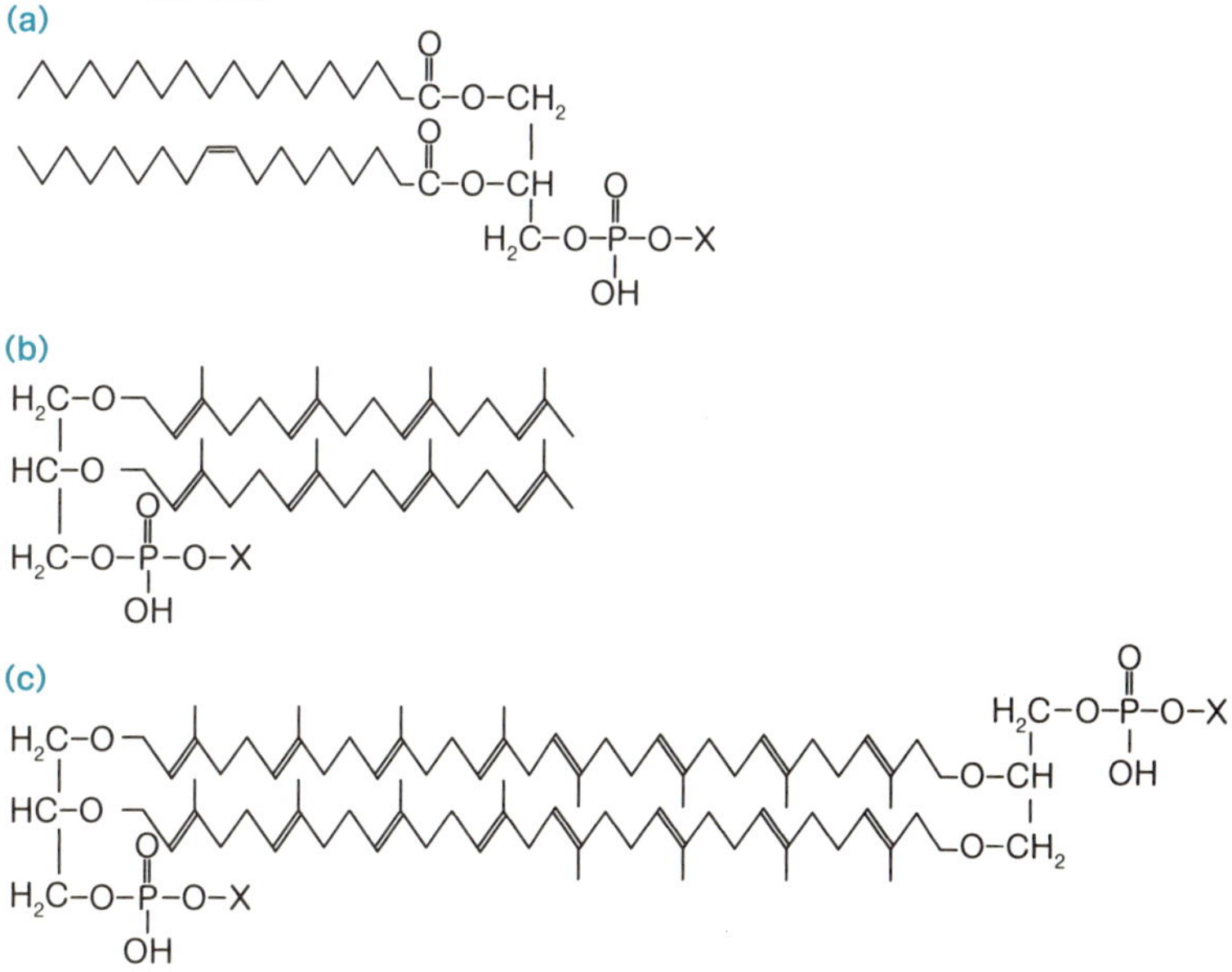

古細菌の特徴

古細菌の大きな特徴の1つは、細胞膜を構成するリン脂質の構造にあります。そして、古細菌の中には、高温、強酸性、高塩濃度など生物にとって極限の環境下で生育するものが多くあります。このような生物にとって、極限環境下では、グリセロールリン酸のエステル構造よりエーテル構造が安定であるというわけではありません。完成したエーテル結合は熱に強いのですが、その生成中間体はエステル結合と同じくらいの熱安定性です。また、エーテル構造の方がエステル構造のものより生合成しやすいというわけでもないようで

コラム13 100℃で生育する微生物

ところで、250気圧、250℃でメタン生成菌が生育したという話はどうなったでしょうか。

多くの研究者は、ATPは150℃で分解するので、250℃で生物が生育するとは考えられないと考えています。実際、250℃で微生物が生育したという話は、微生物の増殖の測定にミスがあったためで、誤りでした。[33] 培養中に増加してきたものは、微生物ではなく、ほかの物質だったというわけです。しかし、発生したメタンが培養時間と共に増加したのは、どういうことだったのでしょうか。

結局、微生物が250℃で生育したという話は消えていきました。けれども、深海底の熱水噴出孔付近からは、最適生育温度が約100℃の微生物が続々と見つかっています。今や「100℃に熱すれば細菌はみんな死滅する」とはいえなくなったのです。幸い、今のところ病原菌はすべて100℃で死滅しますが、もし100℃で生育する病原菌が現われたら、大変なことになるでしょう。

す。したがって、古細菌の細胞膜のリン脂質がなぜグリセロールリン酸の炭化水素エーテルを基本構造とするか、まだその理由が明らかになっていません。

このような特徴のほかに、古細菌は、ストレプトマイシンに抵抗性があるなど、抗生物質に対する挙動が真正細菌とは異なっています。また、真正細菌の細胞壁は、ペプチドグリカン（ムレイン）といって、*N*-アセチルグルコサミン、*N*-アセチルムラミン酸および数種類のアミノ酸からなる高分子化合物からできています。一方、古細菌の細胞壁は、*N*-アセチルムラミン酸の代わりに*N*-アセチルタロサミノウロン酸が入ったシュードムレインでできていたり、糖タンパク質でできていたりします。ムレインはリゾチームで分解されますが、シュードムレインはこの酵素で分解されません。

そして、古細菌のさらなる特徴は、その多くが生物にとっての極限環境で生育することです。ただ、最近、生物にとって極限でない環境で生育する古細菌も多く存在することがわかってきました。これは多くが16S rRNAを対象とした分子生物学的な解析により明らかになったもので、培養実験で確かめられたものではありません。現在までに培養可能なことがわかっている古細菌は、生物にとっての極限環境で生育するものが多くあります（表7-1）。[34] 以下に個々の例で見ていきましょう。

メタン生成菌

古細菌の発見のきっかけになったメタン生成菌は、水素ガスと二酸化炭素のみ（ほかに少量の無機塩）存在する嫌気的条件下で生育することができますが、この条件は生物にとって極限環境です。加えて、最適生育温度が88℃の超好熱性メタン生成菌もいます。たとえば、「メタノコッカス・ヤナシアイ」（*Methanococcus jannaschii*）は、地殻プレート湧出地帯に生息していて、地球内部から出てくる水素ガスと周辺に存在する二酸化炭素を利用して生きています。このことは、この微生物が地球のマグマ活動と大いに関係があることを示しています。

硫黄化合物を酸化、還元する高度好熱菌

伊豆や別府、あるいは米国のイエローストーンなど硫黄温泉から分離された古細菌「スルフォロバス・アシドカルダリウス」（*Sulfolobus acidocaldarius*）は、pH1〜5、60〜85℃で単体硫黄や硫黄化合物を酸素ガスで酸化して生育します。ただし、研究室でこれを培養する場合は、有機物を好気的に酸化する条件下で生育させるのが普通のようです。

深海底の熱水噴出孔付近からは、pH1・5〜5、99℃、嫌気的条件下で水素ガスを単体硫黄で酸化して生育する「アシディアヌス・インフェルヌス」（*Acidianus infernus*）や、pH5〜7、

100℃、嫌気的条件下で水素ガスを単体硫黄および三価鉄イオンで酸化して生育する「ピロバクラム・アイランディカム」(*Pyrobaculum islandicum*)という古細菌が得られています。

そのほかに、硫黄化合物の酸化還元ではありませんが、pH5〜9、100℃でピルビン酸を酢酸と水素ガスと二酸化炭素に嫌気的分解(発酵)して生育する「ピロコッカス・フリオスス」(*Pyrococcus furiosus*)という古細菌も得られています。以上の古細菌は、非常な酸性や非常な高温、あるいはその両方で生育するのが特徴です。

高度好塩菌

かつては、死海に生物は生息していないと考えられていましたが、古細菌が生息していることがわかりました。この古細菌は、20パーセント食塩水中[*1]で生育します(26パーセント食塩水中でも生育できるものもあります)。このような古細菌では「ハロバクテリウム・サリナルム」(*Halobacterium salinarum*)がよく知られています。この古細菌の細胞内には、細胞外のナトリウムイオンのモル濃度とほぼ同じくらいのモル濃度のカリウムイオンが存在します。このことから、高濃度の食塩(のナトリウムイオン)中で生きるためには、高濃度のカリウムイオンの存在が必要であると思われます。

この古細菌の野生株は濃紅紫色をしています。塩田が末期に赤色を呈するのは、この古細菌のためです。また、岩塩の中にときおり見られる赤い斑点は、その昔生息していた

*1 **20パーセント食塩水**
1リットルの水に250グラムの食塩を溶かすとできます。

この古細菌（高度好塩性真正細菌の場合もありえます）が、生きているかどうかは別にして、岩塩の中に閉じ込められたものです。

さらに、高濃度の食塩の存在に加えて、pHが8・5～11・0という アルカリ性条件で生育することのできる古細菌が、北アフリカの大地溝帯に存在するアルカリ性湖に生息しています。「ナトロノモナス・ファラオニス」(Natronomonas pharaonis)

表7-1 いろいろな古細菌のいくつかの特徴

古細菌		生育温度（℃）最低	最適	最高	生育pH	ATP生成反応
メタン生成菌	メタノコッカス・ヤナシアイ（*Methanococcus jannaschii*）	50	85	86	3～6.5	水素ガスを二酸化炭素で酸化
	メタノコッカス・イグネウス（*Methanococcus igneus*）	45	88	91	5～7.5	水素ガスを二酸化炭素で酸化
好酸性硫黄依存好熱菌	スルフォロバス・アシドカルダリウス（*Sulfolobus acidocaldarius*）	60	80	85	1～5	単体硫黄を酸素ガスで酸化
	アシディアヌス・インフェルヌス（*Acidianus infernus*）	60	88	95	1.5～5	水素ガスを単体硫黄で酸化
超好熱菌	ピロコッカス・フリオスス（*Pyrococcus furiosus*）	70	100	103	5～9	ピルビン酸を嫌気的に分解
	ピロバクラム・アイランディカム（*Pyrobaculum islandicum*）	74	100	103	5～7	水素ガスを単体硫黄や三価鉄イオンで酸化、有機物をチオ硫酸塩で酸化
高度好塩菌	ナトロノモナス・ファラオニス（*Natronomonas pharaonis*）	37			8.5～11	20%食塩水中で有機物を酸素ガスで酸化
	ハロバクテリウム・サリナルム（*Halobacterium salinarum*）	30			7	20%食塩水中で有機物を酸素ガスで酸化

がよく知られています。

マグマ活動との関連性

古細菌には、生物にとっての限界条件下で生育するものが多いのですが、このような条件の環境は、地球マグマが地上（海底をも含む）に顔を出している場所、たとえば熱水噴出孔、硫黄温泉、地溝帯の湖などがあります。ただ、高度好塩菌（ハロバクテリウム属などの古細菌）は、高食塩濃度のところに生息しているということだけで地球のマグマ活動との関係はわかりません。

しかし、類似の古細菌であるナトロノモナス属などは、地溝帯の塩湖のようなアルカリ性の高濃度食塩水（食塩だけでなくほかの塩類をも含む）中に生息していることから、地球のマグマ活動と関係があると考えられます。というのも、アルカリ性塩湖は、地殻の裂け目に吸い込まれた水がマグマに到達して熱せられて地表に吹き上げられ、炎天下で濃縮されて再び地殻内部へ吸い込まれ、また吹き上げられる、ということを繰り返してできたと考えられ、ここに生息している古細菌はマグマ活動と大いに関係があるのです。

ハロバクテリウム属などの古細菌は、ナトロノモナス属の古細菌が次第にアルカリ性で生息する性質を失い、高濃度食塩水中で生息する性質を残したものであると考えると、やはり地球のマグマ活動と関係があるといえます。ところが最近、煮沸しても死なない高度好塩菌も存在することがわかりました。ということは、高度好塩菌の中にも地球のマグマ活動と直接関係しているものがあるということになりそうです。

第8章

生命の起源当時の生物は何を食べていたか

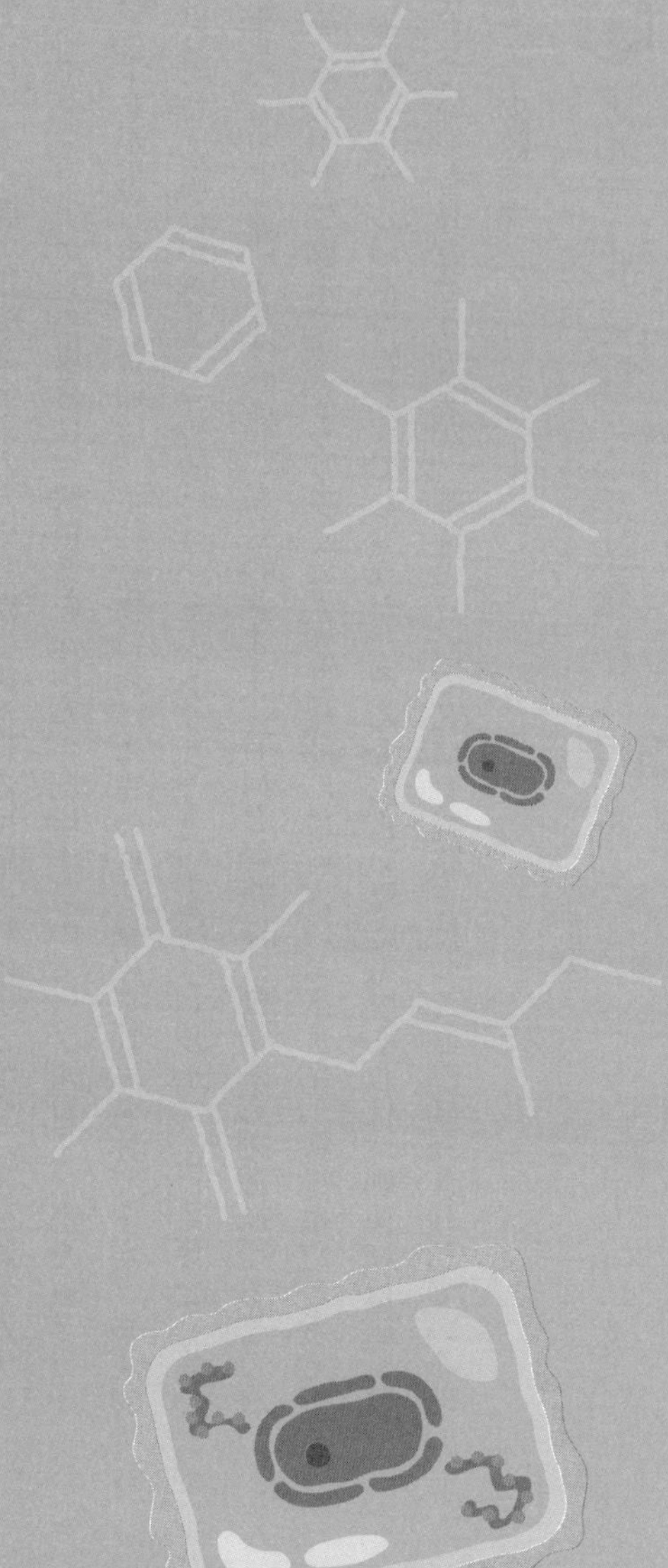

8-1 解糖系は最古のエネルギー獲得系ではない

解糖系とは、1分子のグルコースが嫌気的に2分子のピルビン酸（または乳酸）にまで分解され、その間に正味2分子のATPが生成される反応過程のことです。出発物質がデンプンやグリコーゲンの場合は、解糖系を途中から利用するので、グルコースあたり3分子のATPが生じます。普通は、主に動物におけるこの反応過程を呼ぶ名称ですが、微生物にも同じ反応系があり、一般的には「エムデン-マイヤーホフ-パルナス（Embden-Meyerhof-Parnas、EMPと略します）経路」といわれます。EMP経路は、動物から細菌に至るまで存在するATP生成系ですから、多くの人が進化的に最も古いエネルギー獲得系だと考えています。しかし、本当にそうでしょうか。そんなに古い反応系であれば、細菌には広く存在していても良さそうですが、細菌のうちでEMP経路を持つことがはっきりしているのはごく少数です。

アルコール発酵する微生物

乳酸菌や、炭水化物を発酵する力の強い「クロストリジウム（*Clostridium*）属細菌」、大腸菌などは、EMP経路でグルコースを代謝します。アルコール発酵もグルコース（およ

図 8-1　エムデン - マイヤーホフ - パルナス経路（a）およびエントナー - ドウードロッフ経路（b）によってエタノールが生成することを示す図

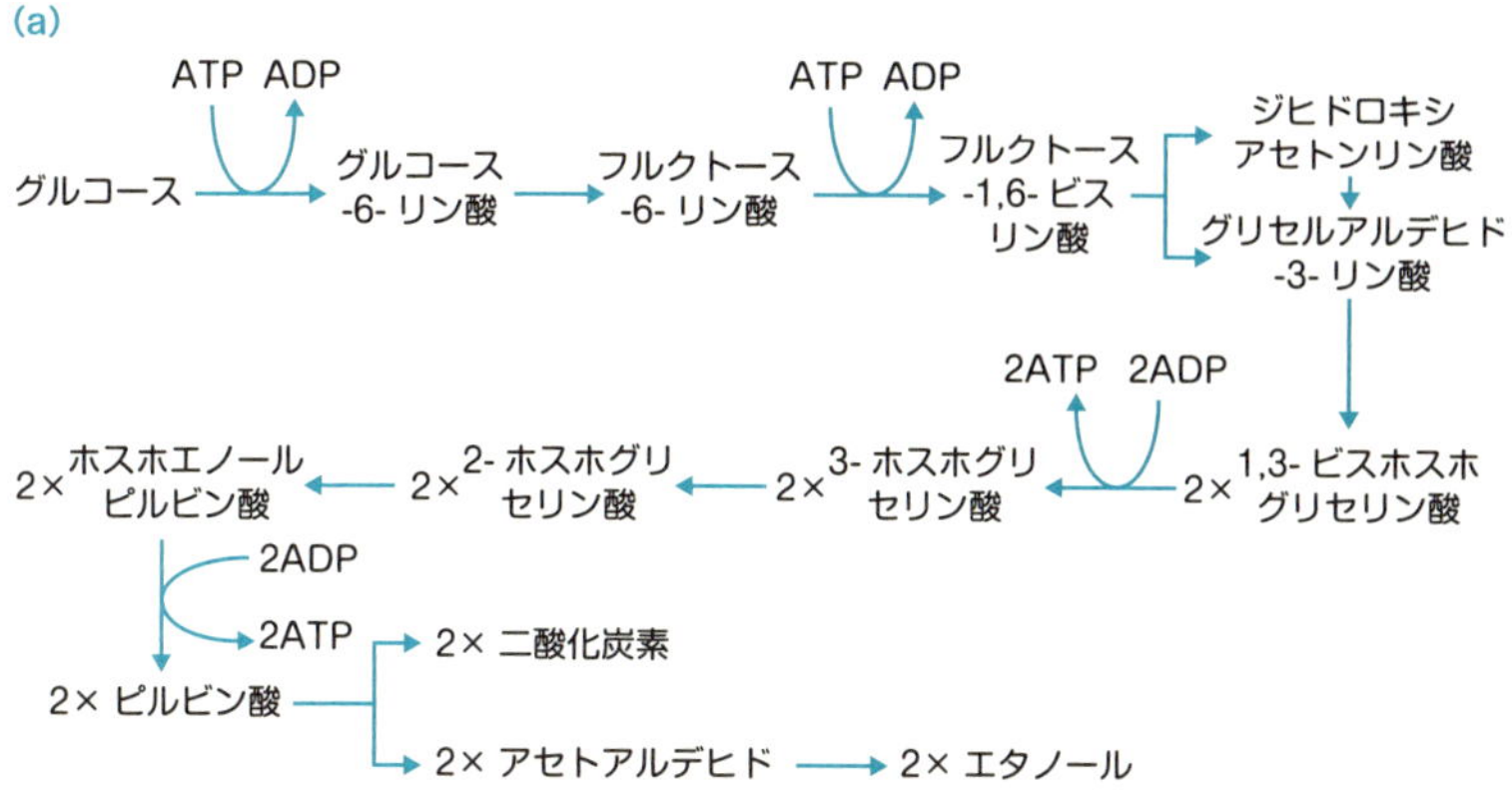

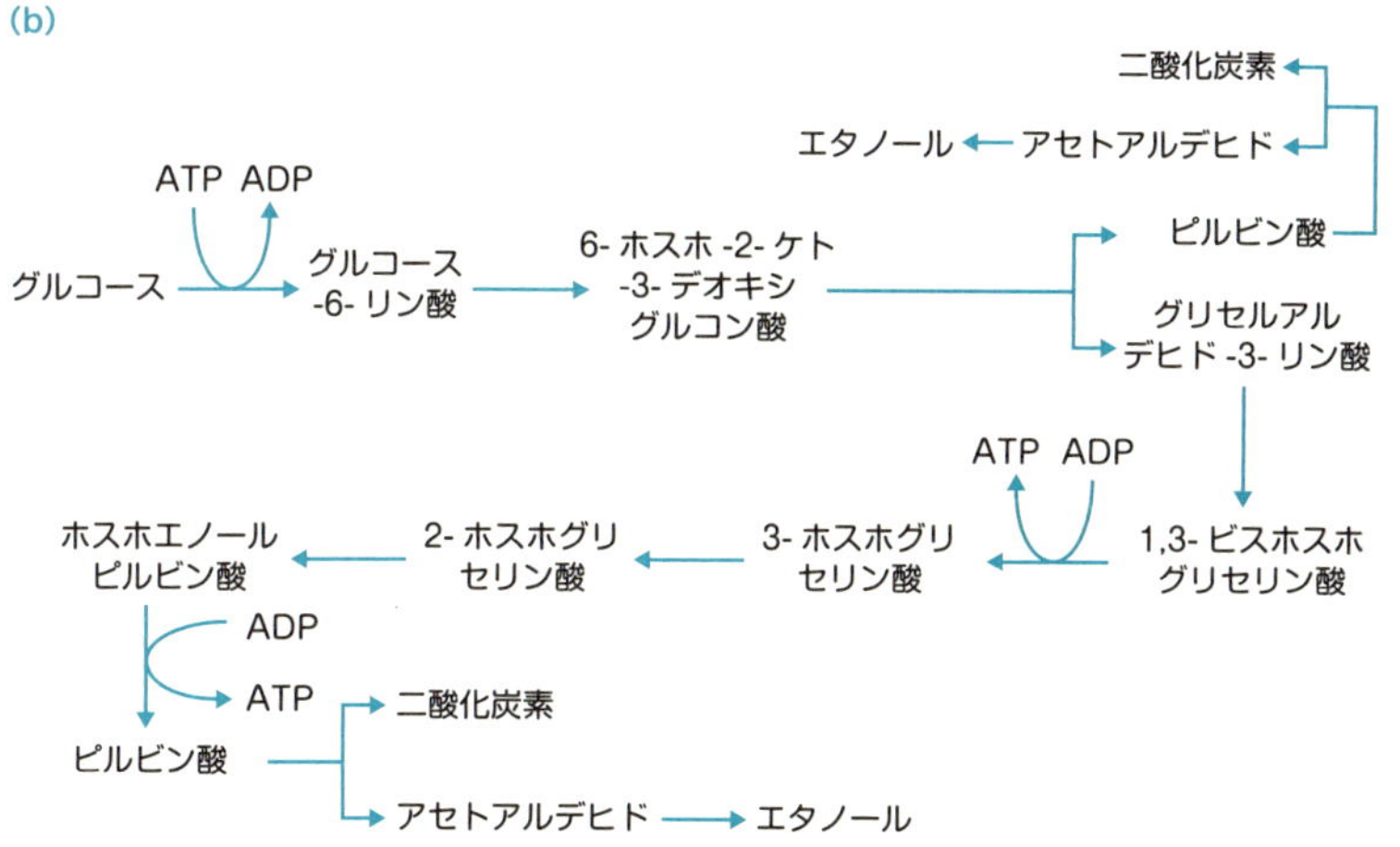

びフルクトース）を出発物質として、ピルビン酸経由で行なわれるので、アルコール発酵をする微生物もEMP経路を持っていることが予想できます。

純粋アルコール発酵[*1]をする微生物は、酵母とザイモモナス属細菌のみです[*2]。酵母の行なうアルコール発酵は、EMP経路を利用します。一方、ザイモモナス属細菌の行なうアルコール発酵は、EMPとは違う「エントナードウードロッフ（Entner-Doudoroff、EDと略します）経路」を利用します。酵母は、真核生物ですが、ザイモモナスは細菌です。純粋アルコール発酵をする数少ない細菌が行なうアルコール発酵系がEMP経路でないということは、細菌の中でもEMP経路を持つものはそう多くはないことを示すと考えて良さそうです。EMP経路では、1分子のグルコースの分解で正味2分子のATPが得られるのに対して、ED経路では1分子のグルコースの分解で正味1分子のATPしか得られません。ATP生成の効率からすると、ED経路がEMP経路より進化的に古いことが期待されます。ということは、EMP経路は、進化的に最も古いエネルギー獲得系ではないと思われます。

フリーな糖は存在したか

EMP経路にしてもED経路にしても、出発物質としてフリー（還元基がブロックされていない）のグルコース（EMP経路ではフルクトースも利用されます）を必要とします。生命の起源

＊1　**純粋アルコール発酵**
1分子のグルコースを2分子のエタノールと2分子の二酸化炭素にする発酵のこと。

＊2　**酵母とザイモモナス属細菌のみ**
厳密にいうと、ほかに2、3種の細菌がありますが、それほど有名ではありません。

以前に、化学進化（コラム14「化学進化とは」を参照）で種々の有機物が生成されていたであろうことは実験によって示されています。たとえば、いろいろなアミノ酸、乳酸、ペントース（炭素5原子からなる糖）に核酸塩基が結合した化合物などは、化学進化の実験で合成されています。しかし、フリーの状態の糖、とくにグルコースなどのヘキソース（炭素原子6個からなる糖）の化学進化の実験による合成は示されていません。還元基がフリーの糖とアミノ酸が共存するところへ、化学進化に必要なだけの強力なエネルギーが投入されると、両者は反応して糖の還元基はブロックされるでしょう。

ホルムアルデヒドがアルカリ性条件下で縮合して、ヘキソースを生じることは実験的に示されていますが、これには強アルカリ性という環境が必要です。それに、原始地球上には、糖の生成に必要なだけの濃度のホルムアルデヒドが存在したことはないといわれています。太古の地球の深海熱水は強アルカリ性だったともいいますが[35]、ホルムアルデヒドからのヘキソースの合成実験にしても、ほかの物質、とくにアミノ酸の共存下で行なわれたものではありません。

これらから、生命の起源の頃の地球表面には、還元基がフリーのヘキソースは存在しなかったと考えていいでしょう。還元基がフリーのグルコースやフルクトースは、酸素発生型光栄養生物の光合成によって初めて生じたといわれています。とすると、シアノバクテリアが出現したと考えられている現在から約32億年前（実際にはもっとずっと後らしい）だっ

コラム 14 化学進化とは

原始地球の大気は、水蒸気、水素ガス、メタン、アンモニア、二酸化炭素などから構成されていたと考えられています(ただし、アンモニアの存在は疑問視されています)。生命の誕生以前に、このような簡単な無機物(メタンは有機物ですが)から、生命体を作るのに必要な有機物が無生物的に生成された過程を「化学進化」といいます。この過程は空想的なものではなく、実験的に証明されています。

1953年、米国のS.L.ミラー(S.L.Miller)博士が、メタン、アンモニア、水素ガス、水蒸気の混合気体中で火花放電を繰り返すことにより、グリシンや乳酸などが生じることを実験で示しました。それ以後、多数の研究者によって似たような実験が行なわれ、このような簡単な無機物を出発物質として、かなり複雑な有機物まで無生物的に生成されることがわかっています。このような実験結果からすると、原始地球の表面では、放電、熱、加速粒子、隕石落下の衝撃などにより、簡単な無機物からいろいろな有機物が生成され、蓄積して生命の誕生の準備がなされたのでしょう。

さらに、種々のアミノ酸の混合物をポリリン酸に溶かして100℃で100～150時間加熱すると、タンパク質様物質が生じたり、種々のアミノ酸粉末混合物を溶岩のかけらのくぼみに乗せて170℃で数時間加熱した後、溶岩とその上で溶融しているアミノ酸(のポリマー)を1パーセント食塩水に投げ入れると、顕微鏡で見ると食塩水中に細菌細胞のように見える無数の微細な球状液滴が生じるといった実験結果も得られています。

最近では、原始地球の窒素ガス大気中下の海水に隕石が降り注がれ、その衝撃で隕石中の炭素からアミノ酸や酢酸などが生じたという考えがあり、それを実証した実験もなされています。[36] さらに、有機物は地球外で造られ、隕石や彗星によって地球に運ばれたという考えもあります。しかし、地球外から有機物が運ばれたとしても、無機物から有機物が生成したことには変わりありません。要するに、ここから先、生命の起源への道はまったくわからないのです。

たとしても、グルコースが嫌気的に分解されてATPを生成するED経路やEMP経路は、生命の起源（約35億年前）よりは遅れて出現したと考えられます。マルトースのような二糖やデンプンのような多糖も、還元基がフリーのグルコースが生じてから、つまり酸素発生型光栄養生物の光合成によって生成されたと考えられます。また、後述するように、生命の起源当時にもピルビン酸は生じたと考えられますが、仮により古くから、エネルギーを投入してピルビン酸からグルコースのリン酸エステルが生成される糖新生経路が存在したとしても、わざわざエネルギーを投入して生成した糖をエネルギー生成の出発物質とすることは考えられません。当時は、ATPの生成が優先したでしょうから、ピルビン酸はもっぱらアセチルリン酸を経てATP生成に使われたでしょう。

8-2 生命の起源当時の生物のエネルギー獲得系

それでは、生命の起源当時（およびその直後）、生物はどのような反応でエネルギーを獲得していたのでしょうか。核酸の塩基配列などに基づいて、生物の進化を考察してみると、生命の起源に近いところに位置している生物に多いのは、超好熱性生物（すべて原核生物）

です。最近では、生命は、地球表面（とくに海洋）の温度がまだ100℃近くあった頃に（あるいはほとんどの地球表面の温度は現在に近い温度でも、熱水噴出孔付近や温泉などで）誕生したのではないか、という考えが有力です[37]。熱水噴出孔付近で生命が誕生したのではないかということは、地質学的にも示唆されています[38]。また、生命が誕生したのは地下深層部の高温の場所だったという仮説も提唱されています[23]。

そうすると、生命の起源に近い時期に生息していた生物は、これまで述べてきた超好熱菌に見られるようなエネルギー獲得反応でATPを作っていたと考えることができます。原始地球上（の生物圏）に、酸素ガスは存在しなかったのが有力な説ですから、嫌気的条件下で水素ガスを二酸化炭素、単体硫黄あるいは三価鉄イオンで酸化するか、ピルビン酸を分解するなどしてATPを作っていたのでしょう。

水素ガスを消費する微生物

ところで、生命が誕生したとき、まわりには生命体の構成に使われなかった沢山の（いわば食い残しの）有機物があったと考えられます。最初の生命体は、その有機物を嫌気的に酸化したり発酵したりして、ATPを生成していた可能性があります。化学進化では乳酸などが多く生じるそうですから、たとえば乳酸を酸化してATPを作っていたと考えてもよさそうです。酸化といっても、嫌気的条件下ですから、乳酸の水素原子を水素ガスとして大気中へ放出します。乳酸は酸化されてピルビン酸になり、アセチルリン酸を経て、酢酸になり、その間にATPが生じます。一方、乳酸の酸化（脱水素）やピルビン酸のアセチル補酵素Aへの変化の際に生じる水素ガスは、別の生命体が二酸化炭素で酸化してメタンを生成していたのでしょう。このように、水素ガスを処理してくれる生命体が存在しないと、水素ガスが逆戻りして、乳酸やピルビン酸の水素ガス放出による酸化がうまく進行しません。

水素ガスを処理してくれる生命体は、やがてメタン生成菌へと進化していきました。そして、周辺に存在する二酸化炭素で熱水噴出孔など地球内部から放出される水素ガスを酸化し、メタンを生成して生育するようになったのではないでしょうか。実際、このように2種の微生物が水素ガスを介して共生できることは、現在の微生物に関しても知られています。かつて、エタノールと二酸化炭素からメタンを作ることができる微生物として「メタノバクテリウム・オメリアンスキイ」（*Methanobacterium omelianskii*）が注目されたことがありましたが、後に、エタノールを嫌気的に分解して水素ガスを放出する細菌と、メタン生成菌との混合培養物であることがわかり、この微生物の名称は抹殺されました。しかし、この〝微生物〟のおかげで、水素を放出して生育する微生物は、水素を消費してくれる微生物と共存すると、両者共、順調に生育できることが証明されたのです。

最近では、水素ガスを介して共生しうる2種の微生物が合体して、水素ガスを放出するほうはミトコンドリアになり、水素ガスを処理するほうは核を持つ細胞へと進化して真核生物が出現したのではないかという仮説が提唱されています。

呼吸の進化

ピルビン酸からアセチルリン酸を経てATPを作る過程は、発酵におけるATPの生成方法の1つです。ピルビン酸を水素ガスの放出で酸化していたのが、やがて水素原子を単体硫黄や硫酸塩で酸化する系が生じました。そこにはフェレドキシンやシトクロムが出現し、原始的呼吸系が誕生し、硫黄呼吸菌や硫酸還元菌が出現しました。そして後述するように、糖質が利用できるようになると、嫌気的に糖を分解してピルビン酸を生じる系、つまりED経路あるいはEMP経路が追加され、現在見られるような糖代謝系が発達したのでしょう。

一方、メタン生成菌へ進化したほうは、発酵によるATP生成系を持たず、水素原子の電子を二酸化炭素へ渡すのにフェレドキシンやシトクロムを用いるようになったりして、原始的呼吸系を持つようになりました。そして、単体硫黄で水素ガスなどを酸化する硫黄呼吸菌や、水素ガスを三価鉄イオンで酸化する鉄呼吸菌が出現しました。これらの硫黄呼吸菌や鉄呼吸菌に発酵におけるATP生成過程が存在するかどうかはまだ明らかでありません。しかし、メタン生成菌の中で一酸化炭素を利用できるものが現れ、一酸化炭素から酢酸を生合成する途中で基質レベルのリン酸化によりATPを生ずるようになりました。つまり、メタン生成菌の中にも発酵におけるATP生成過程を持つものが現れました。一酸化炭素を利用するメタン生成菌は、酢酸からメタンを生成することができるので、水素ガスと二酸化炭素のみからしかメタンを生成することができないものより進化的に少し新しいと考えられるでしょう。つまり、水素ガスを二酸化炭素で酸化し、呼吸におけるATP生成過程のみでエネルギーを獲得していたメタン生成菌が、やがて基質レベルのリン酸化過程を獲得し、呼吸におけるATP生成過程と発酵におけるATP生成過程の両方を持つようになったと考えられます。

第7章で触れたように、ピロバクラム・アイランディカムという超好熱菌は、水素ガスを単体硫黄や三価鉄イオンで酸化して生育しますし、ペプトンなどをチオ硫酸塩で酸化しても生育します。しかし、この古細菌は、グルコースを利用して生育することができません。この古細菌は、生物進化の初期に出現した生物に近いエネルギー獲得系を持っていると考えられますが、そのようなエネルギー獲得系には糖代謝過程は含まれていないようです。

すでに乳酸やピルビン酸を利用してATPを生成していた真正細菌や古細菌は還元基がフリーのヘキソース（とくにグルコース）を利用できるようになると、ED経路あるいはEMP経路によって、ピルビン酸を生成する系を付け加えました。たとえば、超好熱菌であるピロコッカス・フリオススは、ピルビン酸を発酵して生育します。グルコースを直接利用することはできませんが、マルトースやセロビオースを利用でき、EMP経路に似た糖代謝系（変形EMP経路）を持っていることがわかっています。この古細菌は、ピルビン酸の発酵でATPを生成できるので、変形EMP経路は、マルトースやセロビオースが利用できるようになってから、このような化合物からピルビン酸を生成できるように追加されたものでしょう。マルトースやセロビオースのような二糖も、グルコース-6-リン酸からグルコース-1-リン酸を経て作られるので、グルコースと同じく酸素発生型光栄養生物による光合成により生成されたと考えられます。したがって、グルコースが利用できるようになってから変形EMP経路が追加されたのでしょう（糖代謝に関与する酵素は、真正細菌と古細菌が分岐する以前から存在したという考えもありますが、それらの酵素の機能はグルコースが利用できるようになってから追加されたと考えたいと思います）。

ある種の超好熱性メタン生成菌には、糖代謝に関与する酵素が存在することがわかっています。しかし、メタン生成菌は、メタンの生成でATPを作ることができるので、糖代謝系は後で付け加えられたものと思われます。とくに、メタン生成菌の場合は、糖のリン酸化合物を全然生成しないものが多く知られていますから、糖代謝系が一部の種に存在しても、すべてのメタン生成菌にその系が存在するということではありません。

原始地球の環境とエネルギー獲得反応

原始地球の生物圏には、酸素ガスは存在しなかったと考えられていますが、単体硫黄と三価鉄イオン、硫酸塩は、その当時の生物圏に存在したのでしょうか。

水が紫外線で分解されて生じた酸素ガスが硫化水素を酸化して、単体硫黄や硫酸塩が生じたという仮説があります。このような状況なら、当然、二価鉄イオンも三価鉄イオンに酸化されたはずです。また、ほかの仮説では、熱水噴出孔から出る赤外線を感知するための色素系を持った微生物が現れ、これがやがて光栄養硫黄細菌に進化し、光のエネルギーを用いて硫化水素を酸化して、単体硫黄や硫酸塩を生成したと考えられています。

これに対して、硫酸塩の生成に関してはもっと確からしい事実があります。すでに述べたように、火山の噴火で出た二酸化硫黄が水と反応して亜硫酸（塩）になり、生じた亜硫酸（塩）はこれを不均化する嫌気性細菌によって硫酸塩と硫化水素になるなどして、原始地球に生命が誕生した頃には、単体硫黄と三価鉄イオン、硫酸塩が存在していたと考えられます。

もし、生命が、まだ地球表面が現在の温度まで冷却される以前の100℃くらいのとき（あるいは局所的な高温の場所で）誕生したとすると、そのエネルギー獲得反応は、乳酸やピルビン酸の嫌気的分解、水素ガスの二酸化炭素、単体硫黄、硫酸塩、三価鉄イオンなどによる酸化であった高い可能性を持ちます。地底深層部で生命が誕生したと考える場合でも、そこに生息している微生物は、メタンを硫酸塩で酸化してエネルギーを獲得していたと考えられています。[23] さらに、光のエネルギーを利用して硫化水素や単体硫黄を硫酸塩に酸化するか、または二価鉄イオンを三価鉄イオンに酸化する光栄養細菌も生物進化のごく初期から生息していた可能性が高いです。しかし、グルコースを嫌気的に分解してエネルギーを獲得する反応系は、生物進化のごく初期には存在しなかったでしょう（図8-2）。

図 8-2　生物進化の初期段階におけるエネルギー獲得系の変遷
（↓: 基質レベルのリン酸化（発酵におけるATPの生成）、⇩: ATP合成酵素によるATPの生成（呼吸におけるATPの生成）。エネルギー獲得系はこの図の上から下へ進化したと思われる）

水素ガス ＋ 二酸化炭素 → メタン
⇩ ATP

乳酸 → ピルビン酸 → 酢酸 ＋ 二酸化炭素 ＋ 水素ガス
⇩ ATP

水素ガス ＋ 三価鉄 → 二価鉄 ＋ プロトン
⇩ ATP

水素ガス ＋ 単体硫黄 → 硫化水素
⇩ ATP

水素ガス ＋ 硫酸塩 → 硫化水素
⇩ ATP

メタン ＋ 硫酸塩 → 硫化水素 ＋ 二酸化炭素
⇩ ATP

グルコース → 解糖系 → ピルビン酸 → 乳酸 , エタノール
↓ ATP（解糖系）

グルコース → 解糖系 → ピルビン酸 → 酸化酵素系 → 二酸化炭素
↓ ATP（解糖系）　⇩ ATP（酸化酵素系）

あとがき

もう大分以前のことですが、日本学術会議の微生物研究連絡委員会で、ある医学系の委員が「微生物の研究は、何かもの（アミノ酸や抗生物質など）を造る微生物か、病原菌についてするべきで、環境に関わる微生物など研究してもしようがない」というような主旨の発言をされたことがあります。もちろん、これに対しては、基礎微生物学の研究にたずさわっている人たちが一斉に反論しましたが、微生物の研究の専門家でもこのようなお考えを持っていらっしゃるのですから、一般の方たちが環境に関わる微生物にあまり興味を示されなくても無理からぬことでしょう。ただ、最近は、廃水の処理や生ゴミを肥料にするときなどに微生物が使われることは、かなりの人がご存知かもしれません。しかし、とくに本書に記述した、無機物だけで生きてゆける微生物、すなわち無機栄養微生物は、わが国では微生物学の専門家でもあまり興味を示されない対象であります。本文で述べましたように、この微生物の中には、地球上の物質循環に関与しているものが多いのです。この微生物の力は、本書で述べたことを知っていただければご理解いただけると思います。

本書で取り上げた地球と微生物と人間との関係を研究する学問分野は「生物地球化学」として、欧米ではかなり以前から関心がもたれてきました。わが国では、これは生物学と地学と化学をくっつけたものでしょうとおっしゃる先生方が多いのですが、英語では「Biogeochemistry」というひとつの単語で表されます。この学問分野は、（微）生物を介して、人間と地球表面のインタラクションを研究する学問分野でありますので、もちろん環境問題とも密接に関係しています。

この学問分野は、実際に物事を処理する技術を研究するものではないのですが、そこで扱われている「こういう環境問題にはこういう微生物が密接に関係している」ということをよく知って、次のステップとして実際にそれらの微生物を用いた技術を身につけていただくと、環境問題等に関する物事がよく理解できるのではないでしょうか。そういう意味で、本書では、環境に関わる微生物の生理・生化学的なことを述べ、その環境問題への関わり、および応用について述べました。微生物の中には従来から知られている病原菌のような悪いものに加えて、コンクリートを腐食したり家を壊したりするようなものまでいますが、地球表面の有機物ごみを分解して掃除してくれるのは微生物でありますし、とくに無機栄養細菌が地球上の物質循環を支えてくれているおかげで、私たち人間が普通に生活することができるということをわかっていただければ幸いです。

本書は、筆者が、大阪大学理学部、東京工業大学理学部、同生命理工学部、日本大学理工学部で研究して得た成果を元にして執筆しました。多くの共同研究者諸氏に心から感謝します。中でも東京工業大学時代には福森義宏助教授（現　金沢大学大学院自然科学研究科教授）に、日本大学理工学部時代には谷川　実准教授に大変お世話になったことを深く感謝します。また、コンクリートの腐食の研究に関しては、（株）フジタの渡辺直樹氏、同渡部嗣道博士（現　大阪市立大学生活科学部教授）、日本下水道管理（株）元社長　牧　和郎氏に大変お世話になりました。さらに、宅地の盤膨れの研究に関しては（株）ヨウタ会長　陽田秀道博士の協力に負うところが大であります。これらの方々にも深く感謝します。

現在、筆者はある癌研究のグループに所属させてもらっており、そこで得た研究成果の一部を本書の中で紹介しました。このグループを統括する山岸一枝博士（ＦＡＰ美白歯科研究会代表）には大変お世話になっており心より感謝します。

末筆になりましたが、（株）技術評論社の大倉誠二さんおよび（株）トップスタジオの金子卓也さんには本書の内容をうまく編集していただくなど大変お世話になりました。深く感謝申しあげます。

山中　健生

(23) ゴールド，T.（丸　武志訳）(2000). 未知なる地底高熱生物圏，大月書店．(第8章にも関係がある)
(24) 竹田みぎわ，柴田大輔 (2008). 植物バイオ燃料をめぐる視点，化学と生物，Vol.46, pp.286-290.
(25) Keppler, F., Hamilton, T. G., Braβ, M. & Rockmann, T. (2008). Methane emissions from terrestrial plants under aerobic conditions, Nature, Vol.436, pp.187-191.
(26) 古賀洋介 (1988). 古細菌 (UP バイオロジー), 東京大学出版会．(第7章にも関係がある)
(27) 木村真人 (1995). メタン生成環境としての水田を考える，微生物の生態 20, 微生物のガス代謝と地球環境（松本　聡編), 学会出版センター，pp.57-83.
(28) Furukawa, Yu. & Inubushi, K. (2002). Feasible suppression technique of methane emission from paddy soil by iron amendment, Nutrient Cycling in Agroecosystems, Vol.64, pp.193-201.
(29) 川東正幸 (2008). カーボンシンクがカーボンソースに変わるとき：豹変する土壌生態系，化学と生物，Vol.46, pp.405-411.
(30) Johnson, K. A. & Johnson, D. E. (1995). Methane emission from cattle, Journal of Animal Science, Vol.73, pp.2483-2492.
(31) Compeau, G. C. & Bartha, R. (1985). Sulfate-reducing bacteria : Pricipal methylator of mercury in anoxic estuarine sediment, Applied and Environmental Microbiology, Vol.50, pp.498-502.

第7章

(32) 古賀洋介 (2004). Bacteria, Archaea, Eucarya の分化—鏡像異性体脂質に基づく仮説—, 生化学，第 76 巻，第 4 号，pp.349-358.
(33) 大島泰郎 (2012). 極限環境の生き物たち—なぜそこに棲んでいるのか，技術評論社．
(34) 石野良純（編）(2009). アーキア：第三の不思議な生物，蛋白質核酸酵素，Vol.54 No.2, pp.101-147.（第8章にも関係ある）

第8章

(35) 高井　研 (2011). 生命はなぜ生まれたのか—地球生物の起源の謎に迫る（幻冬舎新書), 幻冬舎．
(36) Furukawa, Y., Sekine, T., Oba, M., Kakegawa, T. & Nakazawa, H. (2009). Biomolecule formation by oceanic impacts on early Earth, Nature Geoscience, Vol.2, pp.62-66.
(37) 大島泰郎 (1995). 生命は熱水から始まった（化学のとびら 24), 東京化学同人．
(38) 丸山茂徳，磯崎行雄 (1998). 生命と地球の歴史（岩波新書), 岩波書店．

第4章

(9)山岸一枝，八木伸也 (2012). おならの分析で大腸癌を発見，Newton, 2012 年 1 月号，pp.125.

(10) 木村英雄 (2013). 硫化水素 (H_2S) の生理機能と医療応用，生化学，第 85 巻，第 2 号，pp.63-75.

(11) 北村　博 (1978). 光合成細菌による有機性廃水処理，微生物の生態 5, 環境汚染をめぐって (微生物生態研究会編), 学会出版センター．

(12) Hildbrandt, T. M. & Grieshaber, M. K. (2008). Redox regulation of mitochondrial sulfide oxidation in the lugworm, Arenicola marina, Journal of Experimental Biology, Vol.211, pp.2617-2623.

(13) Goubern, M., Andoriamihaja, M., Nubel, T., Blachier, F. & Bouillaud, F. (2007). Sulfide, the first inorganic substrate for human cells, The FASEB Journal, Vol.21, pp.1699-1706.

(14) 長沼　毅 (2008). 食べない動物チューブワームと微生物の不思議な共生，化学と生物，Vol.46, pp.291-295.

(15) 栗原靖夫 (1999). コンクリートを腐食からガードする抗菌コンクリートの開発，セメント・コンクリート，No. 633, pp.44-49.

第5章

(16) Blake II, R. C., Howard, G. T. & McGinness, S., (1994). Enhanced yields of iron-oxidizing bacteria by in situ electrochemical reduction of soluble iron in the growth medium, Applied and Environmental Microbiology, Vol.60, pp.2704-2710.

(17) 松本伯夫，中園　聡，大村直也，斉木　博 (1996). 電気を餌にして育つ微生物，化学と生物，Vol.34, pp.704-705.

(18) Tamegai, H., Yamanaka, T. & Fukumori, Y. (1993). Purification and properties of a 'cytochrome a_1' -like hemoprotein from a magnetotactic bacterium, *Aquaspirillum magnetotacticum*, Biochimica et Biophysica Acta, Vol.1158, pp.237-243.

(19) 福森義宏，田岡　東 (2007). 細菌の磁気オルガネラの構造と細胞内局在：マグネトソームはどのようにして細胞の中央に保持されるか，化学と生物，Vol.45, pp.154-156.

(20) 石川洋平 (1995). 黒鉱—世界に誇る日本的資源を求めて (地学ワンポイント 4), 共立出版．

(21)Yamanaka, T., Miyasaka, H., Aso, I., Tanigawa, M., Shoji, K. & Yohta, H. (2002). Involvement of sulfur- and iron-transforming bacteria in heaving of house foundations, Geomicrobiology Journal, Vol.19, pp.519-528.

第6章

(22) 丸山茂徳 (2008). 科学者の 9 割は「地球温暖化」CO_2 犯人説はウソだと知っている，宝島新書．

参考文献

全般

・山中健生 (1999). 独立栄養細菌の生化学 , アイピーシー .

・Yamanaka, T. (2008). Chemolithoautotrophic Bacteria; Biochemistry and Environmental Biology, Springer Japan.

第1章

(1)Warburg, O. (1956). On the origin of cancer cells, Science, Vol.123, pp.309-314.

(2)Yamagishi, K., Onuma, K., Chiba, Y., Yagi, S., Aoki, S., Sato, T., Sugawara, Y., Hosoya, N., Saeki, Y., Takahashi, M., Fuji, M., Ohsaka, T., Okajima, T., Akita, K., Suzuki, T., Senawongse, P., Urushiyama, A., Kawai,K., Shoun, H., Ishii, Y., Ishikawa, H., Sugiyama, S., Nakajima, M., Tsuboi, M. & Yamanaka, T. (2012). Generation of gaseous sulfur-containing compounds in tumour tissue and suppression of gas diffusion as an antitumour treatment, Gut, Vol.61, pp.554-561. (第 4 章にも関係がある)

第2章

(3)武森重樹 (2011). 生命をあやつる P450, 学会出版センター .

(4)Taketani, S., Ishigaki, M., Mizutani, A., Uebayashi, M., Numata, M., Ohgari, Y. & Kitajima, S. (2007). Heme synthase (ferrochelatase) catalyzes the removal of iron from heme and demetalation of metalloporphyrins, Biochemistry, Vol.46, pp.15054-15061.

第3章

(5)大山卓爾 , 伊藤小百合 , 大竹憲邦 , 末吉　邦 (2006). 硝酸イオンによるダイズ根粒の肥大生長と窒素固定阻害機構 , 化学と生物 , Vol.44, pp.752–759.

(6)Ribbe, M., Gadkari, D. & Meyer, O. (1997). N_2-fixation by *Streptomyces thermoautotrophicus* involves a molybdenum-dinitrogenase and a manganese-superoxide oxidoreductase that couple N_2 reduction to the oxidation of superoxide produced from O_2 by a molybdenum-CO dehydrogenase, Journal of Biological Chemistry, Vol.272, pp.26627-26633.

(7)青木国夫 , 飯田賢一 , 石山　洋 , 大矢真一 , 菊池俊彦 , 樋口秀雄 (編) (1978). 硝石製煉法 , 硝石製造弁・硝石編 (江戸科学古典叢書 12), 恒和出版 .

(8)Vincent, S. (ed.) (1995). Nitric Oxide in the Nervous System, Academic Press, London.

索引

さ行

た行

な行

は行

ま行

や行

ら行

わ行

■執筆者略歴

山中健生（やまなか・たてお）

1932年高知県に生まれる。県立高知丸の内高等学校から大阪大学理学部に入学、化学生物学コース（生物学科）卒、同大学院で生物化学専攻、理学博士。1960年大阪大学理学部助手、同助教授。1982年東京工業大学理学部教授、1991年同生命理工学部教授。1993年同大学を停年退官、同名誉教授。1993年～2002年日本大学理工学部教授。2002年～2012年高知工科大学客員教授。1964年～1966年米国カリフォルニア大学サンディエゴ校客員研究員。

主要著書：文献に引用したものの他、「微生物のエネルギー代謝」（学会出版センター）、「微生物学への誘い」（培風館）など多数。

知りたい！サイエンス

地球《ちきゅう》とヒトと微生物《びせいぶつ》

―― 身近《みぢか》で知《し》らない驚《おどろ》きの関係《かんけい》

2015年 5月20日　初版　第1刷発行

著　者　山中健生《やまなかたてお》
発行者　片岡　巌
発行所　株式会社技術評論社
　東京都新宿区市谷左内町21-13
　電話　03-3513-6150　販売促進部
　　　　03-3267-2270　書籍編集部
印刷・製本　株式会社加藤文明社

ISBN978-4-7741-7310-8　C3045
Printed in Japan

●装丁
中村友和（ROVARIS）

●本文デザイン
トップスタジオ（阿保裕美）

●編集、DTP
トップスタジオ

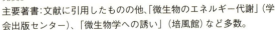